裝潢建材

原理性質施工應用全圖解

全面涵蓋各類世界建材×

通用技術調查室——著

洪淳瀅——譯

推薦序 （依姓氏筆畫排序）

　　木材的選擇取決於需求，舉例來說若是用於日本社寺建築，必須慎選適合的產地與木材個性。木材個性（性質）是依據其生長的地理環境來判斷。基本上木材性質的軟跟硬是有些不同的，社寺建築所使用的木材，其性質需要比較偏軟才不容易有變形、曲翹或裂開的問題，因此木材需要生長在相對較無風的環境。然而，未符合條件的並非是不好的木材，而是另有用途，也就是所謂的適材適所。

　　《裝潢建材》針對原木製材有相當深入的介紹與解說。原木下段是裁切社寺建築中比較高品質要求的構件，如正殿的樑與柱。樹頭的部分就是取其木紋有豐富變化的特性來使用於裝飾的部分。中段與下段則用於相對較看不見卻非常重要的位置，大多使用於與地基實際接觸的地檻，利用其針一級檜木類的天然高防腐特性（如阿拉斯加扁柏或日本檜），能有效的降低白蟻侵襲的風險。或用於接近於屋頂上方的結構，因木節並不影響結構力量，但卻能有效地降低建築成本。相信本書對於有心研究木材的專業人士或設計師是一大助力。

博森林業專務／

林炯廷

　　這是本能夠循序漸進認識材料、達到通透建材，頗具學習和參考價值的工具書！同時也是台灣少見將建材這門知識，做了系統性整理的專書。日本精工精造的施作與台灣略有不同，卻是提供設計者一次專而深刻的沉思。此外，台灣較為缺乏的建材資料，像是和紙、土壁等都有相當豐富的圖照資料。不只適合建築相關科系的學生或有興趣入行的人閱讀，更是值得設計者放一本在辦公室做為參考的用書。

青埕建築整合設計設計總監／

郭俠邑

建築是人類生活的空間，各種機能都可以顯示時代人類智能的進步，然而對於原始自然的感動最終會成為心靈深處渴望的寄託，而構成人類觸碰、使用和感知的就是建材，這是我們能再與大自然共同存在的重要連結。若說金屬象徵冰冷的現代感，那麼木頭則是溫暖的舒適感；紅磚是質樸溫馨的想念……，這些都已跨越時代和空間的藩籬，在設計者的構想下有了完美的融合。

然而，如果只是運用視覺效果來展現材質，這樣的建築空間只會失去靈魂。所以不妨重新認識建材，從各種素材或從原生態到各種可能，結合過去傳統和現代科技，在新與舊之間反覆的學習和探索。這是現代設計師應該看待建材之於建築的想法。

一郎木創設計總監／
陳威廷

建材是建構居所空間的材料，是設計者在不同時代、不同文化背景下，因地制宜賦予建材不同個性與空間涵義。而建材素材也是最具體而直接的表現工具，不僅能給予機能上的作用，亦能展現出如同日系美學「真」的簡質美感受。

所謂隔行如隔山，在全民知識扁平化的時代，裝潢可說是既繁瑣又與生活息息相關的知識領域，從看得到的材料表面以及看不到的底材與施工過程，無一不是裝潢領域都該深究領會的學養。我一直以來都很喜歡閱讀日本的建築工具書，條理分明、章節段落式的編排，加上圖文並茂的解說，把原本生硬艱澀的冷知識，變得具有親和力，容易讀懂也深入淺出。本書則將裝潢建材的知識做得更加專業深入，從建材分類、剖材分析，加上材料實際照片，甚至是取材來源、材料性質、製造過程，入手後如何施作、塗裝，都有相當詳盡的介紹。對於初入門者或專業人士，都是一本相當優良的知識工具書。

日作空間設計總監／
黃世光

PART 1
木材＋
木質材料篇

007

PART 2
石材＋磁磚＋
玻璃篇

069

PART 3

泥作材料＋塗料篇

139

PART 4
其他材料篇

167

1

木材＋
木質材料篇

板材的製造工程

POINT

● 板材主要是取自於樹幹下段部分，經過反覆進行各種乾燥過程以降低含水率後，再依照產品尺寸進行切割、舌槽邊接加工或表面處理。

板材的尺寸或品質好壞取決於圓木。從最靠近圓木樹根的部位算起，依序稱為樹頭、樹幹的下段、中段和上段。[譯注1] 樹頭是指離地面高度 4 公尺左右的部位，由於這個部位靠近地面較方便修剪，所以不易產生樹節，而且因為直徑大是最常被利用的部位。樹幹下段則是指從地面測量起 4 ～ 8 公尺之間、具有木紋的部位，此部位比樹頭容易產生樹節；樹幹中段與樹幹上段則最易產生樹節，用途也因此受限，只能用來製作針葉樹合板或木屑材等。

就價格而言，以樹頭最貴，其次是樹幹下段，反之，樹幹中段與樹幹上段則相當廉價。普遍最常使用的部位是樹幹下段，但有些高級板材也會從樹頭取材製造。

板材加工

加工時使用的原板大小，是切割成較大尺寸的板材。原板的取得是將圓木先切割出結構材後，再從周邊部位取材；但也有將圓木都切割成原板的情形。以柳杉為例，主要是從靠近樹皮的周邊部位取材，

因為該處的樹節和紅肉相對少。總的來說，從圓木取得的原板從無樹節到有樹節、白肉到紅肉、或紅白肉混合的邊心材（日本稱源平材）等，各種板材都有。

取得原板後，接下來便是乾燥工程。經過加工後的板材含水率高達 80 ～ 100%。因此，為了充分乾燥必須將原板堆疊，然後整堆送入乾燥機內，乾燥程序依照不同樹種或乾燥方式，還有生產者的講究而有許多做法。雖然較理想的方式是天然乾燥，但考慮到經濟性，通常還是會搭配人工乾燥來加速乾燥速度。

以下是柳杉的例子。首先將柳杉放置在低溫乾燥機內乾燥一週，然後移到高溫乾燥機持續乾燥約 2 ～ 3 天。這個時期的含水率會降至 15 ～ 20% 左右[譯注2]。接著，採用天然乾燥法使木材中的含水率得以平均分布。如此一來，木材產生變形或開裂翹曲的情況就能大大降低。當乾燥完成後，便可依照產品尺寸大小進行切割和舌槽邊接加工等作業。活節或死節通通以木栓嵌入處理。最後，表面用打磨等方式收尾。

譯注：1 日本是依生長順序將圓木樹幹細分成「下、中、上」三段，日文是稱為「二番玉（ni-bann-ta-ma）、三番玉（sann-bann-ta-ma）、四番玉（yonn-bann-ta-ma）」。樹頭稱為「根段材」，日文為「元玉」。
2 板材含水率應控制在 20% 以下，但並非愈少愈好。

圖 1　圓木的各部位名稱

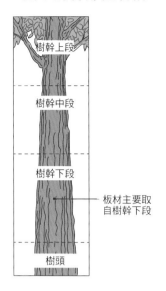

樹幹上段

樹幹中段

樹幹下段

板材主要取自樹幹下段

樹頭

圖 2　製材與木紋的關係

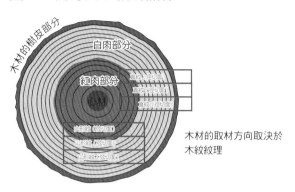

木材的樹皮部分

白肉部分

紅肉部分

直紋 (徑切面)
直紋 (徑切面)
直紋 (徑切面)

乙材

山形紋 (弦切面)
山形紋 (弦切面)
山形紋 (弦切面)

木材的取材方向取決於木紋紋理

④原板的取材尺寸必須比板材的使用尺寸大

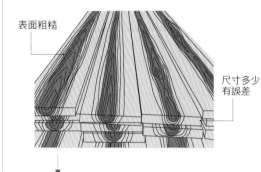

表面粗糙

尺寸多少有誤差

⑤板材堆疊後進行人工乾燥

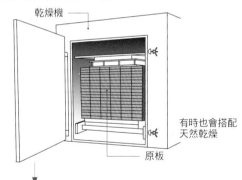

乾燥機

有時也會搭配天然乾燥

原板

圖 3　板材的製造工程

①採購圓木

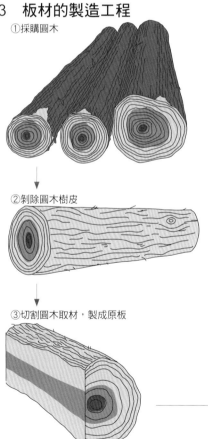

②剝除圓木樹皮

③切割圓木取材，製成原板

⑥最後進行舌槽邊接加工或完成面處理

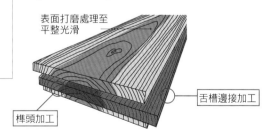

表面打磨處理至平整光滑

榫頭加工

舌槽邊接加工

日產針葉樹的板材①

POINT
- 柳杉在市面上不但容易取得、價格親民，且心材與邊材的界線明顯易辨。而扁柏的樹脂含量高，具有一定的硬度與黏度，加工性優良。

柳杉

柳杉是日本的自產木，也是生產量最多的樹種之一，不但在市面上容易取得，價格也相當親民。柳杉的性質依產地而異。例如日本九州約 35 ～ 45 年生的柳杉，雖然木肌略粗但質軟；其他像吉野杉、魚梁瀨杉與秋田杉[譯注1]是產自於廣為人知的優質柳杉產地，其柳杉的紋理細密又具有美麗色澤。另外，木材加工或乾燥等工法若不同，也會造成性質上的差異。所以，選擇適當的業者也是相當重要的一環。

柳杉的色差相當明顯，紅肉（心材）與白肉（邊材）可一目了然。混合有紅、白肉兩種色澤的板材稱為「邊心材」。一般而言，板材大多採用邊心材，無預算限制的話，也能全部選用紅肉。紅肉的顏色會隨著時光流逝，逐漸加深，因此在視覺上可營造出一股沉穩的氣息。而且，紅肉的耐水性相當優良也適用於洗臉更衣室。

邊心材具有天然的條紋。但是，這種天然色差在 2 ～ 3 年的期間內就會慢慢褪去，變成比較沉穩的色澤。另外，樹節的多寡也關係到品質的好壞，木材等級可分成無樹節材、上小節材、以及一等材等[譯注2]，依等級不同，價格是天壤之別。因為無樹節材相當昂貴，所以實際上會以上小節材為主要考慮項目，局部也有使用一等材。

扁柏

在日本，扁柏的造林面積僅次於柳杉，除了北東北（青森縣、岩手縣、秋田縣）與北海道之外，林地遍布日本全國。扁柏的樹脂含量高，具有一定的硬度與黏度。就材料而言，不但易於加工，連開裂狀況也顯少出現。紅肉部分呈現淡粉紅色，以穩定、漸層的方式連接白肉部分。無論中西式家具都適合，是用途廣泛的樹種。

扁柏的特徵是具有獨特的香氣。雖然香氣會受材料或使用方法影響，但一般而言，芳香都能維持數年。然而也有人無法接受這種香氣，所以選用前最好拿樣品給用戶試聞。扁柏也與柳杉一樣，實際上以上小節材為主要考慮項目。不過，即便等級分類與柳杉相同，價格還是比柳杉貴些。

譯注：1 奈良縣的吉野杉、高知縣的魚梁瀨杉與秋田縣的秋田杉被喻為「日本三大美杉」。

2 一等材指的是有樹節、稍微彎曲，當做結構材也無妨的木材；上小節材則是指一個表面以上有樹節、節眼直徑小於 10mm 且少於 4 個，木材長度小於 2m 的木材。

柳杉（紅肉）

帶有紅肉部分的柳杉心材。不但具有強度與耐水性，其紅白相間的美麗色調更是一大特色。照片是紅肉且無樹節的優質板材

吉野杉板材、紅肉無樹節｜110×2,000mm（30mm厚）｜參考價格：JPY 29,600/坪（吉野中央木材）

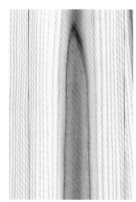

柳杉（邊心材）

同時具有柳杉紅肉與白肉的板材。特徵是漸層的色調

吉野杉板材、邊心材無樹節｜110×2,000mm（15mm厚）｜參考價格：JPY 31,040/坪（吉野中央木材）

柳杉（弦切面）

張貼數塊柳杉弦切面板材的例子。照片是採用人工植林、樹節較少的因幡杉

因幡杉[譯注3]BS-09 弦切面、紅、自然OIL&WAX塗裝｜110×1,820mm（15mm厚）｜定價：JPY 13,958/m²（五感）

柳杉（徑切面）

和左圖相同的因幡杉，張貼數塊柳杉徑切面板材的例子。木紋相當美麗

因幡杉 BS-01 徑切面、紅、自然OIL&WAX塗裝｜110×1,820mm（15mm厚）｜定價：JPY 19,047/m²（五感）

柳杉（有樹節）

根據柳杉紅白肉以及樹節分布的情況，可判斷出板材等級。照片是紅肉、有小樹節的一等板材

吉野杉板材、紅肉一等材｜110×2,000mm（15mm厚）｜參考價格：JPY 21,120/坪（吉野中央木材）

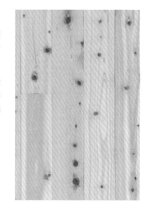

扁柏（有樹節）

張貼數塊德島縣出產的阿波檜有樹節的板材例子。粉紅色調搭配小樹節，顯得相當對襯

阿波檜[譯注4]AH-20、有樹節、自然OIL&WAX塗裝｜108×1,920mm（15mm厚）｜定價：JPY 4,532/m²（五感）

扁柏（弦切面）

張貼數塊扁柏弦切面板材的例子。特徵是具有竹筍般的木紋

木曾檜[譯注5]KH-04、無樹節、蜜蠟WAX塗裝｜80×1,820mm（15mm厚）｜定價：JPY 12,002/m²（五感）

扁柏（徑切面）

黃白系的色調，使徑切面木紋呈現直條紋圖樣

扁柏板材、徑切面、上小節材、無樹節、長度不一｜105×1,900mm（15mm厚）｜參考價格：JPY 51,770/坪（小川製材所）

譯注：3 「因幡」是日本古代的令制國之一，位於現今的鳥取縣東部。
　　　4 「阿波」是日本古代的令制國之一，位於現今的德島縣。
　　　5 「木曾」山脈又稱中阿爾卑斯山脈，位於日本長野縣西南部一帶。

1 — 木材＋木質材料篇

日產針葉樹的板材②

POINT

● 落葉松含有大量樹脂，因此必須進行脫脂處理，通常都是製成窄幅板材；短葉赤松則因為砍伐自天然林，所以可製成寬幅板材；羅漢柏具有特殊香氣，使用前務必先以樣品試聞，確認用戶的接受度。

落葉松

日本各地如北海道或岩手縣、長野縣等都有出產落葉松板材。因為落葉松的木纖維是以樹幹軸為中心、呈螺旋狀走向，所以容易發生扭曲或變形等情況。因此應選擇有充分乾燥的板材。另外，落葉松含有大量樹脂，表面恐有樹脂滲透現象，為此在使用前必須經過脫脂等滲透防止處理。

由於落葉松屬於針葉樹，因此材質上雖較為柔軟但不易留下傷痕。然而缺點是木材黏度低，容易產生開裂狀況。而且，大多是用直徑較小的落葉松加工，因此只能製造窄幅板材，沒有寬幅板材或厚板等產品。從外觀看來，白肉跟紅肉的差異小，只有些微的色差而已。樹節偏多、價格上雖然會依等級而異，但整體而言價位相對低廉。

短葉赤松（日本赤松）

短葉赤松以岩手縣或福島縣、長野縣出產的品種最為著名。木材表面偏柔軟。紅肉與白肉的色差不大，搭配無樹節或樹節少的材料使用，更可凸顯松木弦切面的特有紋路，營造莊嚴、寧靜的氛圍。雖然價格會隨著等級浮動，但大部分價格偏高且都是從天然林砍伐的板材，所以取得寬150 公釐等的寬幅板材也不是問題。

羅漢柏

說到羅漢柏，則不得不提青森羅漢柏。不但香氣逼人，還含有大量具殺菌效果的精油。不過，因為香氣過重，也有人無法接受，所以選用前務必以樣品測試用戶對香氣的接受程度後，再做選擇。此種板材的耐水性極強，除了鋪在浴室以外，也適合鋪設於用水區域等場所。表面為淡黃色，紋理緻密且有黏度。

另外，石川縣的能登羅漢柏也相當出名。在當地又被稱為「能登檔」，有 ku-sa-a-te、ma-a-te、ka-na-a-te 等多種不同的品種。其中較常使用的板材是性質相較穩定的 ku-sa-a-te。ku-sa-a-te 是較平價的樹種，最好選擇有充分乾燥的產品。雖然材料廉價，但耐水性可不容小覷。

落葉松

張貼數塊落葉松弦切面板材的例子。照片是岩手縣出產的日本落葉松。紅肉的色彩相當鮮豔

日本落葉松 KK-02、有樹節、無塗裝｜120×1,820mm（12mm厚）｜定價：JPY 5,872/m²（五感）

短葉赤松（日本赤松）

張貼數塊短葉赤松弦切面板材的例子。照片是日本山陰地方出產的美作赤松。紅肉的色彩會隨著歲月流逝加深

美作赤松 MA-01、無樹節、無塗裝｜150×1,820mm（15mm厚）｜定價：JPY 11,628/m²（五感）

青森羅漢柏

青森縣出產的羅漢柏。色調均勻且紋理細密。與秋田杉、木曾檜並稱日本三大美林

青森羅漢柏 HIBA-001FNP、無樹節｜90×1,820mm（15mm厚）｜定價：JPY 70,000/坪（escompo）

能登羅漢柏

張貼數塊石川縣能登出產的能登羅漢柏板材的例子。造林面積廣泛，木材色調是均勻的褐色系

能登羅漢柏｜105×3,960mm（15mm厚）｜參考價格：JPY 9,100/m²（日之木）

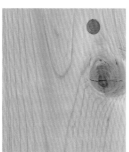

花柏

具有類似扁柏的觸感。木質軟且輕量。雖然照片上有樹節，但也有無樹節的板材

花柏板材、有樹節、無塗裝｜137×1,900mm（15mm厚）｜定價：JPY 4,807/m²（Greenwood）

日本鐵杉（栂）

張貼數塊高知縣四萬十川上流出產的劍栂板材的例子。特徵是緻密的木紋與粉紅色的色調

劍栂 KT-09、有樹節、自然 OIL 塗裝｜150×1,950mm（15mm厚）｜定價：JPY 11,151/m²（五感）

冷杉（樅木）

日本國內自然生長的品種。整體色調偏白，年輪間距大。照片是經年輪浮雕處理

優質冷杉 FF015、年輪浮雕處理、自然塗裝｜145×1,900mm（15mm厚）｜定價：JPY 104,200/2 捆（1 捆 6 塊）（日東板材）

庫頁冷杉（北海冷杉）

張貼數塊北海道出產的庫頁冷杉板材的例子。色調偏白、木質軟

北海道產庫頁冷杉的板材、有樹節｜96×3,650mm（15mm厚）｜參考價格：JPY 8,400/m²（日之木）

日本金松（高野槙）

黃白系的色調具有扁柏般的光澤。耐溼性佳。與扁柏等並列為「木曾五木」[譯注]之一

高野槙板材、無樹節｜118×1,820、2,740、3,640mm（15mm厚）｜定價：JPY 17,142/m²（永井製材所）

泡桐

磨到明顯浮現木紋時便呈銀白色的色調。在針葉樹當中屬於較輕質的木材。收縮率小，因此不易產生開裂、彎曲等狀況

泡桐 No.28、無塗裝｜150×1,820mm（15mm厚）｜參考價格：JPY 4,180/m²（高正）

譯注：位於日本長野縣的木曾路，盛產不同種類的高級木材，因此有「木曾五木」之稱，其中以扁柏最為珍貴。

進口針葉樹的板材

POINT

- 進口針葉樹的板材大多是松科。可用來打造明亮簡約的鄉村風。由於寬幅板材、厚板等產品容易取得,因此相當好用。

進口針葉樹的板材多為平價的松科樹種。最普遍使用的是北歐與俄羅斯出產的歐洲赤松、北歐或奧地利出產的挪威雲杉、法國出產的法國濱海松、美國或加拿大出產的西黃松等。

歐洲赤松

歐洲赤松時常被冠以指果松、赤松、紅木等產品名販賣。之所以稱做紅木是因為心材帶有些微紅色的緣故。由於此種木材表面不堅硬,因此不推薦給會在意傷痕的用戶使用。

紅肉與白肉的色差大,以目視觀察表面就能區分出等級的高低,色調有均勻的和參差不齊的,樹節從大樹節到無樹節等有相當多等級。不過,一般常使用的是有樹節的廉價產品。適合用做休閒家具的材料。其他像寬幅板材等產品日本也有進口。

挪威雲杉

挪威雲杉通常以椵樹、白木之名販賣。分布在北歐、德國、奧地利等地,與紅木一樣被用於結構用的集成材。因乾燥後收縮率小,質地軟且易於加工,但缺點是表面容易產生傷痕。色調上呈淡黃偏白,紅肉與白肉的色差不大,表面有許許多多大小不一的樹節。另外,日本也有進口像寬幅板材或厚板等特殊尺寸的產品。

法國濱海松

法國濱海松也稱為海岸松,出產地以法國、亞奎丹政區為中心。在日本以波爾多松(BordeauxPine)等產品名販賣。此種木材與歐洲赤松等相比,不但硬且重。由於會滲出樹脂,所以在進行聚氨酯(優麗旦)塗裝時,必須塗上樹脂密封膠。另外,雖然也可考慮寬幅板材,但是依照不同的加工方法,也有可能產生扭曲變形或開裂的狀況。

指果松

張貼數塊指果松板材的例子。樹節和紅肉、白肉混合，散發樸素感。產自於北歐的赤松

指果松實木板材 111 [FSPS07-123]、Arbor 針葉樹白木用蠟油｜111×3,850mm（15mm 厚）｜參考價格：JPY 9,000/m²（MARUHON）

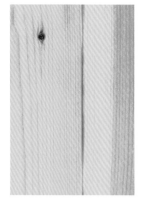

赤松

亦產自於北歐的赤松。照片為紅肉搭配白肉的部分。日本從北歐與俄羅斯進口不少此種木材

赤松實木板材 [RP-1P110-M]、無塗裝｜110×1,820mm（15mm 厚）｜定價：JPY 6,666/ 箱（8 塊入）（木之床 .net）

法國濱海松

張貼數塊法國出產的濱海松板材的例子。表面有許多弦切面形成的褐色系色調

濱海松實木板材 140 [FMTS10-123]、Arbor 針葉樹白木用蠟油｜140×2,000mm（21mm 厚）｜參考價格：JPY 13,500/m²（MARUHON）

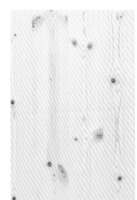

西黃松

張貼數塊美國西部出產的西黃松板材的例子。表面有偏黃色的樹節，帶有濃厚的鄉村風氣息

西黃松實木板材 171 [FPPS02-123]、Arbor 針葉樹白木用蠟油｜171×4,000mm（17mm 厚）｜參考價格：JPY 11,000/m²（MARUHON）

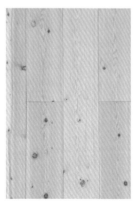

洋松（北美黃杉）

張貼數塊別稱為花旗松的洋松板材的例子。照片是使用樹齡 80 年以上的大直徑木材，製成寬300mm 的寬幅板材

洋松板材 DF-01、無塗裝｜300×3,000mm（20mm 厚）｜定價：JPY 15,167/m²（五感）

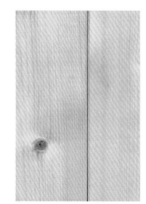

SPF（統稱美松[譯注]）

SPF 取自雲杉（Spruce）、松木（Pine）、冷杉（Fir）的頭文字。主要是北美與加拿大造林的樹種。SPF 的特徵是邊角為圓角

D-5 SPF 2'×6' T&G 板材、無塗裝｜125×3,660mm（35mm 厚）｜參考價格：JPY 6,000/m²（林友家工業）

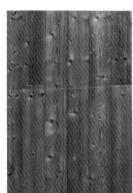

椴樹（挪威雲杉）

張貼數塊有樹節的椴樹板材的例子。經熱處理使其具有尺寸安定性

椴樹實木板材 130 [FESS01-122]、Arbor 植物油｜130×1,818mm（18mm 厚）｜參考價格：JPY 14,500/m²（MARUHON）

落葉松

張貼數塊日本落葉松板材的例子。產自於西伯利亞的樹種。呈金黃色、高質感的色調

日本落葉松 NR-09、自然 OIL& WAX 塗裝｜135×1,820mm（15mm 厚）｜定價：JPY 8,780/m²（五感）

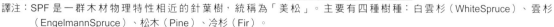

譯注：SPF 是一群木材物理特性相近的針葉樹，統稱為「美松」。主要有四種樹種：白雲杉（WhiteSpruce）、雲杉（EngelmannSpruce）、松木（Pine）、冷杉（Fir）。

1
木材＋木質材料篇

日產闊葉樹的板材

POINT
● 板材是使用日產闊葉樹，有色調明亮的橡木（櫟木）、櫸木等樹種，也有色調略為暗淡的栗木等樹種。

日本產的闊葉樹板材由於產量少、價格偏高，因此通常不使用。雖然加工量以北海道居多，但從東北地方購入的圓木也很多。其中最具代表性的有橡木與榆木、梣木（白蠟木）等。任何一種板材都是能用於製作家具的硬木。不過，因為生產量不多，寬幅板材或厚板的數量相當少，因此市面上流通的大多是長度不一的板材或指接材。就品質而言，中國出產的大直徑木是以最新設備處理的良木，所以在品質上略勝日產一籌。

橡木（櫟木）

橡木曾經是板材的代表，包含木質地板貼皮在內，此種樹種的色澤紋理被廣泛使用於住宅裝潢。也或許是因為看膩的關係，九〇年代到二〇〇〇年初頭的這段期間，不受設計者青睞，直到二〇〇〇年中期，流行趨勢轉向，橡木的人氣才得以隨著梣木等樹種再度回升，至今仍是受歡迎的樹種之一。橡木的木材特性堅固且厚重，以闊葉樹來看，木紋略粗糙。

櫸木

說到日本的闊葉樹板材，則不能不提櫸木。櫸木產地遍及日本全國，大多做為結構材用於神社寺院或舊民家。此外也用做茶道館的樓板材(地板)。櫸木相當容易產生開裂或彎曲等狀況，因此最好使用充分乾燥後的板材。也因為樹種堅固強壯，使得表面不易產生傷痕。表面的木紋較粗，塗裝後會浮現深淺不一的紋路。多為生產量不多且長度不一的產品。寬幅板材或厚板非普遍流通的產品，因此價格偏高。

栗木

栗木的產地遍布日本全國。因為耐水性佳，自古大多用於住宅的地檻。岩手縣南部的栗木、熊本縣的肥後栗木等都相當有名。由於木材較穩定的特質，使充分乾燥後的產品，能被煤氣公司用於地暖氣系統。雖然色調偏淺茶色，但木紋相當清楚。即使經年變化後也依然能保持美麗的色彩。生產量不多，且產品大多長度不一。寬幅板材或厚板相當少。

橡木（櫟木）

張貼數塊橡木板材的例子。照片是日本北東北地方出產的栗駒橡木。穩重感的色調

栗駒[譯注1] 橡木板材 KN-03、小樹節、自然 OIL&WAX 塗裝｜90mm× 長度不一（15mm 厚）｜定價：JPY 12,698/m²（五感）

櫸木

張貼數塊櫸木板材的例子。照片是日本產的櫸木。色調由淡褐色漸深至深紅色。漩渦狀木紋相當稀奇

櫸木板材 HK-10、小樹節、自然 OIL&WAX 塗裝｜90mm× 長度不一（15mm 厚）｜定價：JPY 43,856/m²（五感）

栗木

張貼數塊栗木板材的例子。照片是日本岩手縣出產的栗木。色調略帶淺灰色、木紋清楚

南部本栗[譯注2] 實木板材 NK-03、小樹節、無塗裝｜90mm× 長度不一（15mm 厚）｜定價：JPY 11,463/m²（五感）

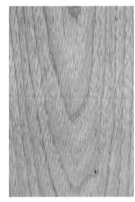

胡桃木

特徵為略帶淺灰色且色調濃淡分明、木紋清楚

胡桃木板材 WN-130-C、聚氨酯（優麗且）透明絕緣漆塗裝｜130× 1,820mm（15mm 厚）｜參考價格：JPY 7,576/m²（丸嘉）

梣木（白蠟木）

特徵為縱木紋和清楚的紋理。色調明亮柔和

梣木 No.50、無塗裝｜120× 1,820mm（15mm 厚）｜參考價格：JPY 7,800/m²（高正）

楓木

張貼數塊楓木板材的例子。整體的色調均勻。柔和的木紋搭配透明塗層相當醒目

板屋楓（日本產楓木）板材 IK-03、自然 OIL&WAX 塗裝｜90mm× 長度不一（15mm 厚）｜定價：JPY 13,874/m²（五感）

山毛櫸

張貼數塊山毛櫸板材的例子。照片中是帶有淺粉紅色調、表面有小斑點的板材。營造迷人的氛圍

陸奧[譯注3] 山毛櫸（日本產山毛櫸）板材｜MB-02、小樹節、自然 OIL&WAX 塗裝｜90mm× 長度不一（15mm 厚）｜定價：JPY 15,579/m²（五感）

日本山櫻

張貼數塊日本山櫻板材的例子。色調呈柔和的褐色系

陸奧本櫻板材 HS-03、小樹節、可對應地暖氣系統、自然 OIL&WAX 塗裝｜90mm× 長度不一（15mm 厚）｜定價：JPY 13,051/m²（五感）

譯注：1 栗駒是指位於日本岩手縣、宮城縣、秋田縣的栗駒山地。
　　　2 南部本栗的特徵是質硬、不易腐爛，因此有長壽的象徵。
　　　3「陸奧」是日本古代的令制國之一，前身是道奧國，是奧洲、陸中、陸奧三地方的總稱，位於現今的福島縣、宮城縣、岩手縣、青森縣。亦指「廣大區域」。

1 — 木材＋木質材料篇

進口闊葉樹的板材①

● 做為板材用途的進口闊葉樹中，色調較淡的樹種有梣木（白蠟木）、橡木（櫟木）、楓木等。

進口闊葉樹有各式各樣的樹種或等級。為了方便讀者理解，本節與下一節當中，會分別說明色調較淺的樹種和色調較深的樹種。

一般來說，色調較淺的樹種有梣木、橡木、樺木、山毛櫸、楓木、歐洲槭樹（楓木種）等。這些樹種都是從歐洲或北美、中國等國進口。

梣木（白蠟木）

歐洲產的梣木不但性質穩定，木紋也相當均勻。心材的色調偏白，而邊材則偏褐色，經年變化後顏色還會逐漸加深。木材具有相當的硬度與重量，尺寸安定性或加工性都很優良。

北美產的梣木與歐洲梣木相似。市面上也有自稱邊材為白梣木；心材為棕梣木的產品流通。另外，中國產的梣木和日本產的梣木非常雷同。

橡木（櫟木）

以往進口到日本的木材，以歐洲或美國為大宗，然而最近從俄羅斯或中國進口的數量日益增加。邊材為淺色系；心材則是褐色。木紋清楚，但略顯粗獷。雖然材質硬、易於加工，但由於收縮率大，容易產生開裂翹曲，因此選用橡木時，充分乾燥是相當重要的考量關鍵。

特殊的板材除了寬幅板材之外，也有用威士忌酒桶的徑切面板材加工製成的板材。其獨特又極具質感的表面是一大魅力，相對地價格也相當驚人。

楓木

楓木的產地是北美、歐洲與中國。日本稱為「歐洲槭樹」的樹種，是屬於硬楓木的一種。楓木可分成硬楓木的糖槭（糖楓）與軟楓木的紅花槭，雖然乍看之下非常相像，但完全是兩種截然不同的樹種。在性質上，糖槭的硬度約有 25% 左右。心材呈淺茶色；邊材則偏白，樹節不多。經年變化後顏色會逐漸加深成黃色。

梣木（白蠟木）

張貼數塊歐洲梣木板材的例子。
特徵為清楚易見的木紋

歐洲梣木板材 EA-07、自然
OIL&WAX 塗裝 | 90×1,820mm
（15mm 厚）| 定價：JPY 11,396/
m²（五感）

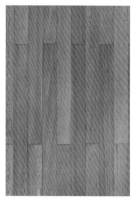

橡木（櫟木）

張貼數塊英國橡木板材的例子。
徑切面有虎斑的紋理

英國橡木 EO-40、自然 OIL&WAX 塗
裝 | 150×1,820mm（15mm 厚）|
定價：JPY 18,024/m²（五感）

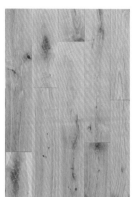

橡木（櫟木）

張貼數塊橡木板材的例子。硬質
且色調深淺為大區域分布

歐洲橡木實木板材 130 [FEKR28-
122]、Arbor 植物油 | 130mm× 長
度不一（15mm 厚）| 參考價格：
JPY 15,000/m²（MARUHON）

橡木（櫟木）

為紅肉多的橡木，邊材也略帶些
微紅肉。徑切面有虎斑的紋理

紅橡木實木板材 [RE-OPC90-O]、自
然塗料塗裝 | 90×1,820mm（15mm
厚）| 定價：JPY 12,380/ 箱（10 塊
入）（木之床 .net）

楓木

張貼數塊楓木板材的例子。楓木
在日本也稱為板屋楓（Acer
pictum Thunb）。明亮的黃褐色
色調上顯現漩渦狀木紋

楓木實木板材 120 [FMPR07-105]、
Arbor 蜜蠟樹脂 WAX | 120mm×
長度不一（15mm 厚）| 參考價格：
JPY 19,500/m²（MARUHON）

樺木

產自於歐洲與北美等地。樺木在
日本也稱為日本樺木（真樺）。
柔和的木紋是其特徵

樺木寬幅實木板材 [KB-
OPC120N-O]、N 等級、自然塗料塗
裝 | 120×1,820mm（15mm 厚）|
定價：JPY 13,333/ 箱（7 塊入）（木
之床 .net）

山毛櫸

產自於歐洲與北美等地。山毛櫸
在日本也稱為「橅（BU-NA）」。
淺黃褐色的色調中隱約可見小斑
點

歐洲山毛櫸板材 BUN-M、頂級、
UNI、無塗裝 | 90×1,820mm
（15mm 厚）| 參考價格：JPY
12,500/ 箱（10 塊入）（丸嘉）

樺木

照片是日本樺木（真樺）的表
面。木紋相當緻密

日本樺木（真樺）實木板材、UNI
[KS-UNI90-M] 無塗裝 | 90×
1,820mm（15mm 厚）| 定價：JPY
7,142/ 箱（10 塊入）（木之床 .
net）

1 — 木材＋木質材料篇

進口闊葉樹的板材②

● 從非洲或東南亞、南美進口的板材色調較深呈褐色系，其木紋因大方且富有高級感，深受消費者喜愛。近年來，有許多樹種因禁止砍伐等因素已難以取得。

目前日本國內的褐色闊葉樹板材全是從國外進口。大多是質地硬、不易留下傷痕，且尺寸安定性佳的樹種。雖然價格依等級而異，但幾乎都是高價板材。

柚木或鐵刀木、花梨木（紫檀木）、印度紫檀等樹種的產地，分布在印尼或緬甸、寮國等地。至於鋸葉風鈴木是產自於中南美，而黑胡桃木或黑櫻桃木則是產自於北美。近年來，因為南美或非洲施行砍伐禁令，日本市面上相當受歡迎的桃花心木或巴西花梨（非洲巴花）都被禁止進口。

柚木

柚木的特徵為色調呈適中的褐色。雖然邊材顏色較淺；心材色調略深，但大致上沒有什麼色差。從木管滲出的柚木醇，在經年變化後，會使表面的色調變得深沉。材質硬且重，但相對的加工性佳。不僅如此，耐水性與防蟻性也佳。產地以印尼和緬甸為主。價格偏高，產品多為長度不一的板材或指接材。

花梨木（紫檀木）

具有玫瑰香氣的深紫色樹種，通通統稱為花梨木。現在可取得的樹種是印尼花梨木（印尼玫瑰木）。該種是用有花梨木之王稱呼的闊葉黃檀的種子進行造林，在印尼當地大多都是有計畫性的造林活動。雖然產品也有一整塊的板材，但主流仍是長度不一的指接型板材。

黑胡桃木

近幾年來，黑胡桃木是具有相當高人氣的樹種。產自於北美。色調近似於黑，具有不規則的深紫色條紋。條紋會依照心材與邊材的顏色不同而有所差異。雖然材質略重且硬，但性質相當安定，不易產生開裂翹曲。再加上加工性十分優良，尤其是表面經過處理之後，會呈現出十分與眾不同的美感。質地略粗，卻又具有美麗光澤。雖然黑胡桃木的產品大多是長度不一的板材或指接材，不過，從市面上也能取得一整塊的板材或寬幅板材。

柚木

經年變化後，茶褐色的色調會愈來愈深，是南洋材的代表樹種。天然木紋的深色條紋，凸顯出高貴質感，相當美麗

柚木 No.13、無塗裝｜120×1,820mm（15mm 厚）｜參考價格：JPY 13,400/m²（高正）

柚木

張貼數塊柚木板材的例子。照片是緬甸出產的緬甸柚木。不同於造林的柚木，是相當珍貴的木材

緬甸柚木 BT-01、自然 OIL&WAX 塗裝｜180×1,820mm（15mm 厚）｜定價：JPY 21,454/m²（五感）

花梨木（紫檀木）

主要產自於以印尼為中心的東南亞。特徵為深茶褐色的色調

花梨木（紫檀木）實木板材 UNI [RO-UNI90-M]、無塗裝｜90×1,820mm（15mm 厚）｜定價：JPY 12,380/箱（10 塊入）（木之床.net）

花梨木

少見的 120mm 寬幅板材

花梨木 FSL1215U、無塗裝｜120mm×長度不一（15mm 厚）｜參考價格：JPY 6,572/m²（WOOD HEART）

印度紫檀

產自於東南亞的樹種。寮國出產的印度紫檀也可稱為寮國花梨木。特徵為茶褐色的色調

槭樹實木板材、無塗裝、UNI｜90×1,820mm（15mm 厚）｜定價：JPY 7,975/m²（Green wood）

鋸葉風鈴木

產自於南美的樹種。帶有獨特的黃色色調。不易乾燥，大多做為襯板使用

鋸葉風鈴木板材、無塗裝｜90mm×長度不一（15mm 厚）｜定價：JPY 9,146/m²（moribayashi）

黑胡桃木

張貼數塊黑胡桃木的板材的例子。產自於北美的胡桃木。顏色濃厚，木紋具有沉穩感。由於含有大量的丹寧酸，經年變化後色調會加深，呈現高貴典雅的質感

黑胡桃木 BW-34、自然 OIL&WAX 塗裝｜（長度不一）610 ～ ×130mm（15mm 厚）定價：JPY 12,802/m²（五感）

黑櫻桃木

張貼數塊黑櫻桃木板材的例子。心材呈褐色系；邊材則是黃白色。在光線照射下，會漸漸偏紅至一定程度，呈現穩定的色調

黑櫻 BC-34、自然 OIL&WAX 塗裝｜（長度不一）610 ～ ×130mm（15mm 厚）｜定價：JPY 21,558/m²（五感）

其他木質地板材料

POINT
- 竹地板具有優異的尺寸安定性和熱傳導率,適用於地暖氣系統。軟木磚是由軟木屑與黏合劑等材料製成,可藉由塗裝改變其特性。

竹地板

竹地板主要是中國製造,原材料為孟宗竹等大型竹子。這類竹子在四年內就能成長到高 20 公尺以上、直徑 15 ~ 18 公分左右。

竹地板的製造方法,是先將竹子縱切,把表面跟內側的皮都切削成 30×5 公釐的長方形竹條,然後再加入雙氧水的熱水煮沸,以達到防菌、防蟲的效果。接著使其乾燥到含水率約 8% 左右後,再進行接著處理。最後,將長方形竹條切削成標準尺寸,打磨表面直到出現光澤即可。至於塗裝與否,可依照產品的需求決定。

產品根據不同的製造方法,可分成平行積層與縱向積層兩種。平行積層是由小竹片平行堆疊而成,表面呈現竹子特有的質感;縱向積層則是由小竹片縱向堆疊而成,表面因積層形成的線條,如徑切面般條條分明。色調上有竹子本身的天然色與碳化加工製成的茶色兩種。

由於尺寸安定性高,熱傳導率也高的特性,因此相當適合用於地暖氣系統。根據所謂的病態建築物症候群(Sick Building Syndrome,簡稱 SBS)所制定的法律,雖然竹地板是公告以外的對象,但黏合劑是使用 F ☆☆☆☆ 的合格產品。

軟木磚

軟木磚主要是從葡萄牙進口。原料為山毛櫸科的軟木橡樹樹皮,軟木磚是利用製造軟木塞時所剩下的軟木屑製造而成。製造工程是把用剩的軟木屑粉碎後乾燥,接著混合黏合劑再放入模具中製成軟木磚。最後,把軟木磚切成薄片經養護後進行塗裝,依照實際尺寸切割成形即完成。

雖然軟木磚呈淺茶色,但是其顏色可隨著作業時間的長短變化濃淡。此外,特性也可以透過塗裝改變。倘若重視質感的話,可選擇無塗裝或塗上自然塗料的產品;若重視耐磨耗性的話,也可選擇陶瓷塗裝或聚氨酯(優麗旦)塗裝的產品。

其他還有浴室用的產品。像是將碳化軟木加壓後固化而成,具有高防水性與耐腐蝕性。即使弄濕了也不容易打滑,同時,因為表面會吸熱因此觸感上相當溫暖。

縱向積層的竹地板

一般的淡黃色的竹地板。堅硬且具有耐久度

優質竹（縱切）板材 BB1TS、亮色、自然塗裝｜90×1,820mm（15mm厚）｜定價：JPY 7,900/m²（muku-flooring.com）

縱向積層的竹地板

使用碳化加工的竹地板

竹地板 FR-004Y15、中等縱向積層（寬幅產品）｜150×1,920mm（15mm厚）｜參考價格：JPY 10,000/m²（仲吉商事）

縱向積層的竹地板

竹（橫切）上等板材 BB2YS

亮色、自然塗裝｜150×1,820mm（15mm厚）｜定價：JPY 7,900/m²（muku-flooring.com）

軟木磚

左邊照片為無塗裝的產品，也有塗蠟的產品。可對應室內穿鞋、地暖氣系統

無塗裝軟木磚 M-5025｜300mm方形（5mm厚）｜參考價格：JPY 8,250/m²（Toa-Cork）

浴室地板用的軟木磚

具有防水性的軟木磚。適度的彈力有助於行走。也適用於牆壁

浴室地板用的軟木磚（Vasco）BA-13（倒角）｜148mm方形（13mm厚）｜參考價格：JPY 30,800/m²（Toa-Cork）

Magee瓊麻

具有結實的質感且耐久性相當優良。100% 瓊麻

Magee瓊麻（磚）N.100-T｜500mm方形（10mm厚）｜參考價格：JPY 3,750/塊（上田敷物工場）

毛料×瓊麻

經線以毛料、緯線以瓊麻共同編織而成的地毯。天然素材獨有的柔滑足感

WS-100 毛料瓊麻（卷材）｜約3,950mm寬（5mm厚）｜參考價格：JPY 11,000/m²（上田敷物工場）

椰纖地毯

混合染色椰纖（65%）與瓊麻（35%）的地毯。適用於人來人往的場所

有色椰纖地毯 CC-BR-2｜500mm方形（10mm厚）｜參考價格：JPY 3,000/塊（上田敷物工場）

椰纖地毯

100% 使用椰纖。大多放在通道入口處當做刮沙墊使用

椰殼纖維 BCB-14-T｜500mm方形（15mm厚）｜參考價格：JPY 3,000/塊（上田敷物工場）

護膝榻榻米

蓆面 100% 使用木漿。產品是無邊榻榻米。因使用藺草的緣故，耐磨耗性相當優良

護膝榻榻米 PT-K3｜820mm方形（29mm厚）｜參考價格：JPY 23,800/塊（上田敷物工場）

板材的表面加工

POINT

● 板材的表面加工目的，有使產品具有不易開裂翹曲或損傷等機能，以及藉由色彩或凹凸效果賦予產品設計感等兩種。

板材進行表面加工的目的可分成機能性與設計性兩種。前者是為了彌補木材的缺點，進行損傷、開裂翹曲等補強作業；後者則是強調樹種的表情，同時賦予別出心裁的設計感。

熱壓處理

熱壓處理是以超過200℃的高熱滾輪，對表面較軟的樹種進行加壓的方法。此種方法可以不用破壞細胞組織就能增加表面密度，使柳杉像扁柏一樣堅硬。樹脂滲出表面所產生的光澤，能凸顯出木紋紋理。除此之外，還有不易髒汙、起毛邊等優點。只是，熱壓處理過的部分在泡水後會膨脹並恢復原狀，所以必須向用戶詳細說明。

熱處理

熱處理是將木材放置在超過 100℃的高溫環境下數小時，用以改善尺寸安定性的方法。適用於可對應地暖氣系統的產品。由於透過加熱可分解高吸溼性的半纖維素並破壞維管束（輸送水分的組織），所以能有效地降低木材的吸水機能，使平衡含水率（EMC）降低至 6 ～ 8% 左右。

氮化熱處理

氮化熱處理是日本的專利技術，又被稱為「S-TECH」。此種方法是在充滿氮氣且無氧的狀態下高溫加壓木材，達到提升木材的尺寸安定性與耐久性。平衡含水率可降低至 3 ～ 7% 左右。

年輪浮雕（立體浮雕木紋處理）、表面手刮處理

年輪浮雕是以燃燒器烤木材表面，再進行噴灑鹽酸等前置作業，最後用砂磨機等工具處理板材表面的手法。具體地說，將俗稱為「春材（ha-ru me）」的木紋質地較軟的部分削除後，較硬的木紋也就隨之浮現，自然形成浮雕效果。而表面手刮處理則是以銼子（刨斧）等工具重覆刮除表面，藉以製造圖樣的手法。現代大部分都改用刨花機進行各種圖樣的加工。只是，這樣一來便很難重現手工作業的細膩質感。

表面手刮處理

宛如龜甲紋般的特殊表面加工刨製手法。材料為梣木（白蠟木）。上油後更能凸顯立體感

龜甲紋、亞麻仁油塗裝｜120×1,820mm（15mm厚）｜參考價格：JPY 11,200/m²（nostamo）

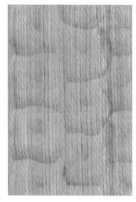

表面手刮處理

四角刨製成圓角的表面加工手法。材料為梣木（白蠟木）

坑紋、亞麻仁油塗裝｜120×1,820mm（15mm厚）｜參考價格：JPY 13,500/m²（Foretto）

表面手刮處理

表面加工成格子狀的凹凸感。採和式風格，另外也有塗漆的產品。材料為梣木（白蠟木）

方格波紋、亞麻仁油塗裝｜120×1,820mm（15mm厚）｜參考價格：JPY 11,400/m²（nostamo）

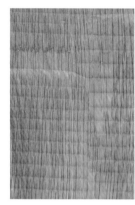

表面手刮處理

表面削成如岩塊般粗糙感。材料為弦切面的橡木（櫟木）

小方格紋、亞麻仁油塗裝、UNI｜120×1,820mm（15mm厚）｜參考價格：JPY 16,900/m²（Foretto）

年輪浮雕（立體浮雕木紋處理）

在柳杉的徑切面無樹節的邊心材部位進行年輪浮雕處理

CJ板材、VG系列｜110×1,950mm（15mm厚）｜定價：JPY 21,000/m²（iikide.com）

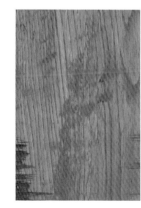

仿古風

松木板材的表面塗裝效果，塗料是以牛奶為主要成分所製成的天然水性乳膠。有棕色和白色等顏色

手工松木（藍鐵色）｜112×3,900mm（15mm厚）｜參考價格：JPY 7,500/m²（nostamo）

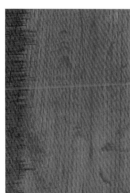

仿古風

橡木板材呈鋸齒痕或經年變化後的復古風情。照片是塗裝暗色系的款式

手工平紋橡木（暗色）｜123mm×長度不一（18mm厚）｜參考價格：JPY 9,800/m²（nostamo）

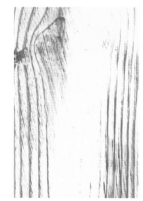

仿古風

與左照片屬同個系列，本產品無塗裝。微微散發出天然的氣息

手工平紋橡木（天然色）｜123mm×長度不一（18mm厚）｜參考價格：JPY 9,800/m²（nostamo）

key word 010
寬幅板材與厚板

POINT
- 寬幅板材在視覺上不僅能創造出寬廣開闊感，就連木紋的特徵也特別突出。而厚板所帶來的舒適踏實感，具有難以取代的獨特魅力。

　　活用木材的魅力可從強調體積著手。一般選擇寬幅板材或厚板也是出自於這項考量。

寬幅板材

　　寬幅板材在視覺上不僅能創造出開闊感，就連木紋也特別突出。相對的，板材的缺點也會被放大，因此最好是選擇等級高的板材。此外，坪數小的房間能看到的地板面積不大，寬幅板材的優點便無法凸顯出來，因此用於坪數大的房間比較合適。

　　雖然寬幅板材的尺寸沒有特別被定義規範，但寬度超過 150 公釐以上的，毫無疑問地就應該被歸類在寬幅板材的分類當中。在這個分類裡還有寬度超過 200 公釐、以及彩色圖案齊備，用大面積上相當出色板材。

　　製造上的要點是乾燥工程。板材的面積大，反翹或開裂也會比一般板材明顯，因此充分乾燥很重要。尤其是可對應地暖氣系統的產品，有經過熱處理的數量可說是少之又少。若只考量設計感，也可選用三層板材。市面上流通的寬 150 公釐以上的寬幅板材，無論材料是闊葉樹還是針葉樹，都是相當受歡迎的樹種。只是，南洋材的數量不多。

厚板

　　厚板的定義非常模糊，就算把厚 20 公釐以上的板材通通稱為厚板，似乎也不奇怪。厚板的魅力在於腳底的觸感，特別是腳踩在地上的舒適踏實感，或者像柳杉材等空氣含量多的板材會釋放出一股微溫熱感，都是難以被取代的特點。

　　厚板的另一項特點是厚度與強度成正比。因此也有將厚板用在二樓樓板的橫樑上，構成二樓樓板和一樓天花板的方法（但在隔音或耐震性能上不是最佳選擇）。

　　由於厚板的體積也不小，所以與寬幅板材同樣相當重視乾燥工程。一旦乾燥狀態不夠徹底，就很容易發生翹曲變形或開裂的情況。市面上主要樹種的厚板多為厚度約 18 公釐，厚度超過 20 公釐的，可選擇的範圍就會縮小到柳杉、扁柏或各種松木板材等樹種。這些樹種的板材既便宜又好用。

扁柏寬幅板材

木曾檜 KH-01、無樹節、蜜蠟 WAX
塗裝｜ 140×1,820mm（15mm 厚）
｜定價：JPY 20,065/m²（五感）

赤松寬幅板材

美作赤松 MA-01、無樹節、無塗裝
｜ 150×1,820mm（15mm 厚）｜定
價：JPY 12,210/m²（五感）

柳杉的寬幅板材與厚板

伊予杉 IS-03、有樹節、自然 OIL&WAX
塗裝｜ 135×3,950mm（30mm 厚）
｜定價：JPY 6,844/m²（五感）

洋松(花旗松)寬幅板材

洋 松 300mm 寬 ｜ 300×3,000mm
（20mm 厚）｜定價：JPY 18,857/
m²（iikide.com）

歐洲檞樹寬幅板材

歐洲檞樹、UNI、無塗裝｜ 120×
1,820mm（15mm 厚）｜參考價格：
JPY 5,600/m²（高正）

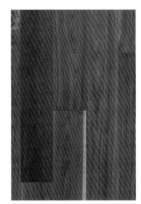

胡桃木寬幅板材

胡桃木實木板材 130 [FWNR17-122]
Arbor 植物油｜ 130mm× 長度不一
（15mm 厚）｜ 參 考 價 格：JPY
22,050/m²（MARUHON）

緬甸柚木寬幅板材

緬甸柚木 BT-09、自然 OIL&WAX 塗
裝｜ 180mm× 長度不一（15mm 厚）
｜定價：JPY 15,802/m²（五感）

忍冬科莢迷屬落葉灌木寬幅板材

忍冬科莢迷屬落葉灌木 SN-01、自然
OIL&WAX 塗裝｜ 120mm×400mm
以上長度不一（15mm 厚）｜定價：
JPY 13,029/m²（五感）

1

木材＋木質材料篇

複合板材

POINT

● 複合板材是在合板等基材上，張貼平切單板或鋸切板材等貼面單板所製成的板材。此外也有只貼合單板的三層板材。

複合板材

板材只要具備必要的機能即可，無須非得選用實木不可。也就是說做為貼面層的板材必須薄才具有經濟性，彩色圖案也較齊全。至於機能性方面，基礎部分（基材）使用合板等能提升尺寸安定性。

複合板材是指在基材上張貼薄板（平切單板）的板材、或者貼有印製木紋圖案的烯烴樹脂膜的板材，規格尺寸以303×1818公釐為主流。量產型板材則是以後者的印刷物為主流。隨著印刷技術的進步，雖然外觀看起來像木材，但質感或經年變化後的模樣卻與木材完全不同。

近年來，有愈來愈多的產品都張貼厚度2公釐以上的平切單板、鋸切板材。而且，張貼後的感覺或觸感幾乎與實木沒有兩樣。另外，重視設計性的產品也不少，雖然相對高價，但是與對應地暖氣系統的實木產品相比，還是便宜很多。其他也有像實木鋸切貼面板「Live Natural Premium」（朝日WOODTEC公司）等產品。甚至連特殊的產品都有，例如把「EW8」（AD WORLD）層積板染色後，貼在加工成3公釐厚度的基材上。

另一方面，表面不易造成凹痕或髒汙的材料，以及寵物（狗）不會滑倒的貼心設計等機能性的提案備受矚目。舉例來說，解決凹痕的問題，有在基材和平切單板或貼膜之間，張貼堅硬薄材的對策辦法；若是髒汙等則有利用塗裝或貼膜的辦法。

三層板材

日本的三層板材大多是從歐洲進口的板材。這些板材都是依照實木的纖維方向反覆張貼三層所製成的產品，其尺寸安定性相當高。中心層的板材與背面的板材是採用安定性高的雲杉；表面則是張貼各種樹種的板材。貼面層厚度為3～4公釐，質感與實木板材大同小異。此外，可依色調或樹節的多寡區分樹種表情，尤以寬幅板材的選擇相當豐富，大多是能對應地暖氣系統的產品。三層板材具有設計性與機能性，因此價格偏高。

單板貼面板

Live Natural、黑櫻桃木、3 塊寬幅
板材接合、長度不一、防刮耐磨塗
裝｜ 303×1,818mm（12mm 厚）
｜參考價格：JPY 10,310/m²（朝日
WOODTEC）

鋸切貼面地板

Live Natural Premium、黑櫻桃木
2P 型、自然塗裝｜ 303×1,818mm
（12mm 厚 + 面板 2mm）｜參考價
格：JPY 19,490/m²（ 朝 日 WOOD-
TEC）

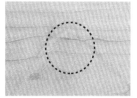

三層板材

歐斯蒙三層板材 D40、天然橡木 #76065｜
190×1,800、2,100mm（15mm 厚）歐斯蒙彩
色面漆（Osmo color）Polyx oil 塗裝｜參考價
格：JPY 16,900/m²（日本 Osmo）

單板貼面板

核桃木 06M free（面板 0.6mm）、AB 等級層
積指定尺寸、浸漬型液態玻璃塗裝｜地板成品
120×909mm（9mm 厚）｜定價：JPY 4,000/
m²（I.O.C）

鋸切貼面地板

橡木 40 透明磨砂（面板 4mm）、AB 等級層
積指定尺寸、｜歐斯蒙透明面漆（Osmo clear）
塗裝｜、立體浮雕木紋處理 180×1,820mm
（15mm 厚）｜定價：JPY 6,400/m²（I.O.C）

圖 1　木的表面特徵

Live Natural 的板材保留天然木的特徵部分（見照片圈圈處）

樹節

樹枝生長時，從樹幹上冒出的
生節

捲皮

樹皮受到損害時，該部分會捲
起形成一個節或變色的部分

脂囊

樹脂流至細胞縫隙並囤積，因
此可見點狀或筋狀的變色脂囊

脂條

因樹液成分（糖分）的關係，
樹幹表面出現與木紋不相干的
點狀或筋狀的變色部位

圖 2　工程木材層積材的製造工程

1. 圓木的造林計畫與修剪　　2. 把砍伐的木材
　　　　　　　　　　　　　　　鋸成薄板　　　　3. 以天然樹脂浸漬薄板

4. 將浸漬完成的　　　　5. 製成集成材　　　6. 可加工成任何尺寸
　　薄板垂直層積

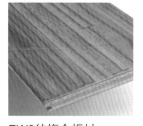

EW8 的複合板材

使用左圖製造工程製成的層積板

EW8 複合鋸切板材型（雙層型）、
核桃色、UV 表面處理｜ 145×
1,818mm（15mm 厚）｜參考價格：
JPY 16,764/m²（AD WORLD）

進口高級板材

POINT

● 歐洲出產的板材不但具有相當多樣化的設計，同時也有半客製化的高級品。而且，對於板材可能發生的開裂或彎曲等狀況也有十足的對策。

進口高級板材的特徵

近年來，有愈來愈多人喜愛每平方公尺 2 萬日圓以上的進口高級板材。其中，最具代表性的有奧地利 MAFI 板材、Listone Giordano 義大利百年皇家御用木地板、Scandinavian Living 北歐（丹麥）生活系列板材等。

這些進口板材大部分都是複合板材，例如奧地利 MAFI 板材，核心層是用邊膠合方式接合的直紋雲杉；表面層與背面層則是採用同一種板材所製。由於表面和背面的板材變化相同，可避免開裂翹曲等狀況的發生，因此大部分的產品都可對應地暖氣系統（但尚未獲得煤氣公司的認定）。其他特徵還有面材厚度約有 4 ～ 5 公釐，可使質感上與實木大同小異，以及黏合劑採用一般的聚醋酸乙烯酯乳膠（俗稱白膠或冷膠，簡稱 PVAC）等。

擁有充足的寬 150 公釐以上的寬幅板材也是進口板材的特徵之一，以奧地利 MAFI 板材來說，就備有許多樹種的 155、185、240 公釐三種尺寸，甚至，有些樹種可以製成最大寬度高達 300 公釐的板材。

主要樹種是以橡木（櫟木）、山毛櫸為首選，表面等級按照樹節多寡與自然開裂的情況可分成三種等級。在表面加工方面，可自由組合凹凸效果的加工方法，例如木油塗裝或毛刷加工、表面手刮處理等。[原注]

另外，奧地利 MAFI 板材中，還有一種稱為「Vulcano」的板材。這是經過熱處理碳化的板材，除了能使表面硬度提高之外，也不容易產生開裂翹曲狀況。若改變碳化處理的溫度與時間，還能把顏色從一般茶色變成接近深茶色的焦茶色。能夠替代難以取得的非洲或南美洲產的熱帶木材。

在這些高級板材當中，等級最高的是 Listone Giordano 義大利百年皇家御用木地板。其表面是 5 公釐厚的鋸切板材（徑切面）；基材則使用 8 層合板。表面塗有多層的玻璃塗膜能提高耐久性；背面則以橫溝增加對地面的抓地力。還可以用鑽石刀進行精密加工，使嵌合處無落差，呈現光滑、平整的平面。

原注：採特別下單的話，交期有兩個半月以上的船運，以及一個月左右的空運可選擇。

MAFI板材

表面刻有波浪狀的沙灘紋路。面板的沙灘紋經熱處理。可雕刻的樣式共有五種。也適用於牆壁、天花板

Fresco BeechVulcano duna 天然木油處理｜185×2,400mm（16、19mm厚）｜參考價格：JPY 33,500/m²（EuroDesignHaus）

MAFI板材

面板是仿修補後的痕跡的設計。隱藏樹節有黑色、金色等五種標準色

虎紋橡木、白色、天然木油處理｜110～240×1,800～2,400mm（16、19mm厚）｜參考價格：JPY 29,900/m²（EuroDesignHaus）

MAFI板材

面板上可自由雕刻各種圖案（屬客製品）

童趣雕刻紋、天然木油處理｜185×2,400mm（16、19mm厚）｜參考價格：JPY 37,900/m²（EuroDesign-Haus）

MAFI板材

與左照片為同個產品，僅圖案不同。面板呈現出紡織品般的細緻雕刻

復古雕刻紋、天然木油處理｜185×2,400mm（16、19mm厚）｜參考價格：JPY 37,900/m²（EuroDesign-Haus）

MAFI板材

照片為排列塊狀木片的設計。也適用於牆壁、天花板。背面張貼網層

多米諾樣式、落葉松、Vulcano、天然木油處理｜200×400mm（19mm厚）｜參考價格：JPY 32,000/m²（EuroDesignHaus）

Listone Giordano義大利百年皇家御用木地板

該產品是由15種樹種與5種尺寸組合而成。照片為表面施加手刮處理的橡木

Rèserve Firenze 1299｜190×1,900mm（19mm厚）｜參考價格：JPY 25,500/m²（EuroDesignHaus）

Listone Giordano義大利百年皇家御用木地板

照片是使用南美洲出產的硬木進行多層加工後製成的產品。寬度有230mm，視覺上相當厚重

LG-Cabreuva km31、香脂木豆實木地板 km31｜230mm× 長度不一（1,500～2,400mm）（16mm厚）｜參考價格：JPY 35,000/m²（Euro-DesignHaus）

Listone Giordano義大利百年皇家御用木地板

多層加工的板材。使用南美洲出產的硬木。有特殊玻璃塗膜處理的產品

紫心木 LG-Morado｜70mm× 長度不一（350～600mm）（9.5mm厚）｜參考價格：JPY 30,900/m²（Euro-DesignHaus）

木材＋木質材料篇

壁板（壁板、護牆板、條狀板）

POINT

● 壁板或護牆板、條狀板主要都是使用針葉樹製造而成。不但色調沉穩與室內裝潢十分好搭配，也是市面上相當受歡迎的產品。

窄幅板材

牆壁與天花板用的窄幅板材，可稱為壁板或護牆板、條狀板。一般常用的尺寸為寬 75 ～ 120 公釐、厚 10 ～ 15 公釐、長 1,800 ～ 4,000 公釐左右的板材。市面上以日產針葉樹的柳杉或扁柏為主，其他有俄羅斯出產的落葉松、中國出產的泡桐、歐洲出產的白木、美國出產的美國紅側柏等。

近幾年來，只在腰牆部分張貼壁板的做法已逐漸沒落，反倒是張貼在牆壁或天花板的案例有日漸增加的趨勢。舉牆壁的例子來說，現代一般都喜愛主題牆（重點牆）的設計，藉以表現出室內的風格等。

柳杉

最容易取得的壁板材料是柳杉。由於柳杉的紅肉與白肉色差大，因此不謹慎選擇的話，就有可能使空間的視覺變得雜亂無章。木材等級依照外觀的樹節數量，可分成一等材、特一等材、上小節材、無樹節材[譯注]。又依木紋可分成山形紋、直紋、水波紋等。其中，直紋板材能取材的數量不多，水波紋板材則因為經常使用在和風建築，所以較昂貴。再者，室內用的板材，一般來說選用上小節材以上的板材較為妥當，其他像兒童房或倉庫等場所，只要用一等材的板材便綽綽有餘。此外，張貼在平常不太特別注視的斜天花板等部位，可省下表面處理的費用，有利於降低成本。

扁柏

扁柏製的壁板是僅次於柳杉也是容易取得的板材。因為不像柳杉紅白分明的色差，所以搭配室內裝潢十分協調。另一個特徵是耐水性強，也可用於浴室，但必須張貼到腰部以上的位置，才能有效延長使用壽命。然而，維護上有比腐蝕更令人頭痛的發霉問題存在。因此最有效的對策就是在入浴後確實地換氣。

花柏

主要產自於日本長野縣或岐阜縣等地。外觀雖然近似於扁柏，但材質比扁柏輕且軟。由於具有耐水性或溼氣、抗酸性的特性，因此經常被用做水桶的材料。這樣的特性也相當適用於浴室。

譯注：台灣方面，木材等級也是依照樹節多寡區分為針一級、二級、三級，以及闊一級、二級、三級等，木構造建築用的結構用材則分為普通結構材和上等結構材兩種等級，詳細請參照〈內政部營建署木構造建築物設計及施工技術規範〉。

柳杉

心材是柔和的黃白色板材。直紋的開裂翹曲比山形紋少

雲杉、實木護牆板、P0520U、徑切面、無樹節、無塗裝、V溝嵌合型｜95×2,000mm（8mm厚）｜定價：JPY 4,644/m²（moribayashi）

扁柏

經年變化後，表面呈沉穩的琥珀色。照片是張貼數塊板材的例子

扁柏、條狀板75、日產材、PHI01-123、無樹節小樹節、Arbor針葉樹白木用蠟油｜75×1,900mm（10mm厚）｜參考價格：JPY 11,800/m²（MARUHON）

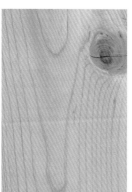

花柏

偏黃色的木紋。樹節略呈茶紅色。耐水性佳，適用於用水區域

花柏板材（日產）、特一等材、有樹節、無塗裝｜137×1,900mm（15mm厚）｜參考價格：JPY 4,807/m²（Green wood）

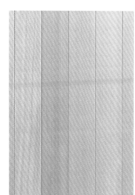

白木

白色木紋中有淺灰色的小樹節。由於不易產生膨脹收縮的現象，因此在北歐也被用於三溫暖等場所。照片是張貼數塊板材的例子

白木、條狀板105、PWW01-123、Arbor針葉樹白木用蠟油｜105×3,900mm（13mm厚）｜參考價格：JPY 7,000/m²（MARUHON）

黃柏

檜科樹種。不易出現白蟻或黴菌滋生，具有獨特的香味。細小的直紋是上等板材。照片是張貼數塊板材的例子

黃柏、條狀板105、徑切面、PBH02-123、Arbor針葉樹白木用蠟油｜105×3,900mm（10mm厚）｜參考價格：JPY 26,000/m²（MARUHON）

美西紅側柏（美國西部側柏）

雖然亦稱為米杉，但不是松科，而是與柏科金鐘柏同類。色調有濃淡差異，顏色相當豐富

美西紅側柏、條狀板135、PWR06-122、Arbor植物油｜135×4,000mm（15mm厚）｜參考價格：JPY 23,000/m²（MARUHON）

雲杉

松科針葉樹。整體帶有淡黃色。照片是張貼數塊直紋板材的例子

雲杉、條狀板105、徑切面、PSR02-123、Arbor針葉樹白木用蠟油｜105×3,900mm（10mm厚）｜參考價格：JPY 24,000/m²（MARUHON）

泡桐

輕質且少有開裂或翹曲等狀況。具調節空氣溼度、隔熱保溫效果佳。淡淡的白色木紋。照片是張貼數塊板材的例子

泡桐、條狀板150、PKI04-105、Arbor蜜蠟樹脂WAX｜150×1,820mm（12mm厚）｜參考價格：JPY 10,500/m²（MARUHON）

和室天花板板材

POINT

● 和風建築主要使用的天花板材料，除了有柳杉製的夾板之外，還有木皮編織板
或貼上竹片的合板等板材。

　　格調高的和室所使用的板材，與廣泛被使用的壁板等板材不同，是採用一種稱做「和室天花板板材」的專用高級材料，形成獨特的發展。

柳杉製的天花板板材

　　用於天花板板材的樹種幾乎全是柳杉。使用的材料是以秋田杉為首的吉野杉、屋久杉和霧島杉等名杉。雖然這些樹種主要是以無樹節的水波紋板材為主，但市面上也有流通直紋板材。

　　最基本的板材是實木板材。大多用於長條式天花板，使用的板材尺寸，又以寬約 390 ～ 455 公釐、長 1,820 公釐以內、厚度約 7 公釐為大宗。另外，也有寬為 600 公釐或 900 公釐寬幅板材，其中以秋田杉最易取得。

　　然而，最常使用的板材並非實木板材，而是張貼用的平切單板。因為張貼方法與實木板材相同，尺寸也幾乎一樣，但是平切單板能集中相近的外觀使木材的表情協調美觀。除此之外，市面上流通的板材尺寸也有因應像方格天花板或竿緣天花板

（天花板椽條）等工法的板材。

網代天花板（竹編天花板）

　　網代天花板的板材大多使用柳杉或花柏切薄後所製成的「夾板」。也會使用像柳杉的樹皮或扁柏的樹皮（檜皮）、竹皮等其他材料。由於外觀像是能替代捕魚用的漁網，故取名為網代天花板[譯注]。尺寸大多為寬 900 ～ 1,000 公釐、長 1,820 ～ 2,000 公釐、厚度 2 ～ 3 公釐左右。

蘆葦合板

　　蘆葦合板顧名思義是把蘆葦或香蒲編織成的簾子張貼在合板上的板材。由於基材是合板，所以工法或收整的自由度相當高，與摩登和風空間也十分搭襯。

　　最常使用的材料是中國出產的天津蘆葦，其次是薩摩香蒲的莖。除了蘆葦以外，還可以用紅胡枝子的代替品仿胡枝子（上色過的枯委加拿大一枝黃花）或竹皮或竹片、竹切割後再煙燻的竹片（煙燻竹片）等材料。

譯注：是利用蘆葦、竹或柳杉等材料，以縱向、橫向和斜邊編織而成的天花板板材。

長條式天花板
（柳杉、直紋）

使用 2.4mm 厚的貼面合板的天花板板材。表面的平切單板是採用珍貴的柳杉木材

新富士系列｜440×4,510mm（2.4mm 厚）等｜參考價格：JPY 21,300/ 塊 等（NANKAI PLYWOOD）

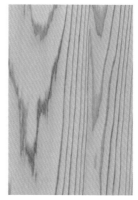

長條式天花板
（柳杉、山形紋）

與左照片同樣的天花板板材。表面呈年輪浮雕般的立體感

大社系列｜440×2,722mm（2.4mm 厚）等｜參考價格：JPY 14,600/ 坪（NANKAI PLYWOOD）

蘆葦合板

以白線編製天津蘆葦後張貼於合板上

108 天津蘆葦合板｜910×1,820mm｜參考價格：JPY 4,500/ 塊（佐佐木工業）

仿胡枝子合板

以「加拿大一枝黃花」取代胡枝子所製成的合板。與左照片屬同類板材。以焦茶色線編製而成

110 仿胡枝子合板｜910×1,820mm｜參考價格：JPY 7,800/塊（佐佐木工業）

網代天花板

將一種茶色藤枝切割、攤平後進行編製，然後張貼於合板上。照片為狀似箭羽紋樣的板材

115 茶竹編｜910×1,820mm｜參考價格：JPY 12,000/塊（佐佐木工業）

網代天花板

以柳杉的直紋單板（0.3mm 厚）編製而成的板材。照片的板材是斜向格子圖案

117 杉直紋編｜910×1,820mm｜參考價格：JPY 11,000/ 塊（佐佐木工業）

竹合板

將黑竹剖半，張貼於合板上。也有橫向張貼的合板

308 黑竹剖半竹片、縱向合板、粗｜910×1,820mm｜參考價格：JPY 32,000/ 塊（佐佐木工業）

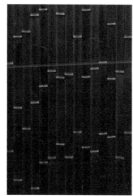

竹合板

將竹片切割成平面後塗成黑色，並張貼於合板上

504 人工染黑平竹片合板、縱向｜910×1,820mm｜參考價格：JPY 46,000/ 塊（佐佐木工業）

地板的表面處理與收整

POINT

● 以木質地板材鋪設地板時，應注意板材的挑選與鋪設方向，其他像踢腳板與門檻、拉門軌道與軌道架等的收整方式也非常重要。

用料與施工方法

鋪設地板所使用的材料是複合板材或實木板材。實木板材可分成條狀地板以及將細條板材縱向連接製成的板材（單片）兩種。條狀地板的長度大多是 3,640 公釐或 4,000 公釐，採兩端舌槽邊接加工。除此之外，也有其他長度不一的板材。[原注1]

一般地板是由木工負責施工。在作業上，先鋪設地板較易於進行，但因為針葉樹實木板材的質地軟、容易產生傷痕，所以當地板採用實木板材時，最好先進行牆壁或天花板基底的施工。木工一天可鋪設的面積，新房屋約為 9 坪；翻修房屋則為 3 坪左右。

以使用舌槽連接的方法來說，為了防止地板發出聲響以及確保樓板剛性，應使用地板釘槍或地板釘加以固定。此外，近年來多為鋪設合板基底，因此這類情況最好再用具有彈力的黏合劑輔助固定。

使用軟木磚等黏合劑固定的地板材時，一般由裝潢業者施工。做法是先用專用的梳目鏝刀將黏合劑均勻地塗抹上去，然後在一定的時間內張貼固定便可完工。

基底最好採用比針葉樹合板平的柳安合板。但是無論採用哪種合板，都要注意不可讓基底的接縫處與地板板材的接縫處重疊。

收整處理

踢腳板是用來接合地板與牆壁的板材，其形狀可分成突出於牆壁（外突式踢腳板）、內嵌至牆壁（內嵌式踢腳板），以及與牆面合為一面（平面踢腳板）等三種類型。最近，因施工性與成本考量，採用外突式踢腳板的事例很多。

踢腳板的設置上必須特別注意與開口部框的接合處理。當柱面與壁面之間的距離[原注2]達 10 公釐時，踢腳板的厚度必須控制在 10 公釐以下。

還有，隨著無障礙空間化的發展，使得門檻的設置數量減少了許多。就連拉門用的軌道也是以內嵌至地面的鋁製 V 型軌道為主流。不過，要把這種軌道直接內嵌至地板時，會影響到地板設計，所以必須事先與木工師傅討論。

原注：1 複合板材是 303×1,818 mm、1 箱 6 塊入（一坪份）等。UNI 長度是 1,820mm 等。
　　　2 指真壁式構造（露柱壁）的柱面與壁面之間的距離。

圖1　板材的施工方法

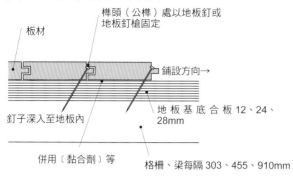

板材
榫頭（公榫）處以地板釘或地板釘槍固定
鋪設方向→
釘子深入至地板內
地板基底合板 12、24、28mm
併用〔黏合劑〕等
格柵、梁每隔 303、455、910mm

依照板材厚度分別選用 38mm 或 50mm 的地板釘

圖2　板材的張貼順序

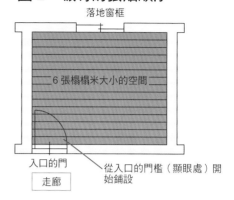

落地窗框
6 張榻榻米大小的空間
入口的門
走廊
從入口的門檻（顯眼處）開始鋪設

板材沿著房間的長邊(橫邊)方向平行鋪設。
相反的，格柵是平行於短邊(豎邊)方向

圖3　踢腳板的收整方式

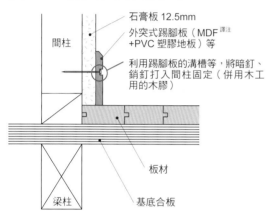

石膏板 12.5mm
外突式踢腳板（MDF[譯注]+PVC 塑膠地板）等
間柱
利用踢腳板的溝槽等，將暗釘、銷釘打入間柱固定（併用木工用的木膠）
板材
梁柱
基底合板

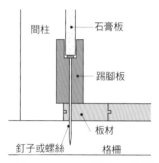

間柱
石膏板
踢腳板
釘子或螺絲
板材
格柵

以前多採這種費工的無縫隙踢腳板的收整方式，但是這種方式會使後續翻修變得相當費工且不好處置

圖4　開口部與踢腳板的接合

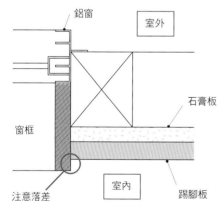

鋁窗
室外
窗框
石膏板
注意落差
室內
踢腳板

收整處理最常見的是直接把踢腳板鋪設到頂住窗框（豎框）處的方式。前提是務必確實測量柱面與壁面之間的距離，踢腳板厚度不可大於此距

圖5　無門檻的收整處理例子

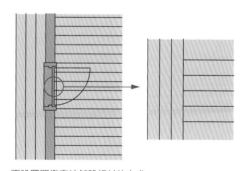

不設置門檻直接鋪設板材的方式

譯注：MDF 板是取自於 Medium Density Fiberboard 的頭個字母，中文譯為中密度纖維板（俗稱密集板）。

牆壁的表面處理與收整

POINT

● 以壁板做為牆壁的完成面材料時，必須平行於壁板的長邊方向組架基底板材，
然後再以銷釘等五金和黏合劑加以固定。

完成面

張貼於牆壁的實木板材，大多採用一種稱為壁板的窄幅板材（120公釐左右）。由於採用大面積的舌槽邊接加工板材，其面的企口接縫能使些微變形變得不明顯。板材的種類相當豐富，有柳杉、扁柏、花柏、赤松、落葉松等。

將實木板材張貼至牆壁是木工的分內工作。一般施工的時間點是在基底組架完成且鋪入隔熱材後進行。當張貼壁板時，可用氣動工具打釘並使用黏合劑加以固定。

基底與張貼方法

以張貼壁板的方式來說，基底板材是平行於壁板的長邊方向組架而成。若是橫向拼組壁板時，因與間柱正好呈垂直狀態，所以直接張貼即可，不需要使用墊木[原注1]輔助。但縱向拼組就需要橫墊木輔助固定。此外，有時也會將壁板直接張貼於合板上，或者因防火構造的需求加貼一層石膏板。此時，釘子必須釘入石膏板下的基底板材。

壁板的施工步驟幾乎與地板相同。為了避免張貼不完全的情況發生，得事先規劃好妥善的版面配置。並且，最好能一邊張貼一邊確認水平或垂直的狀況。即便不幸發生材料歪斜等不如預期的情況時，也可利用榫頭的企口範圍內進行微調。

另外，壁板的取材部位沒有固定，有取自樹頭方向也有取自樹尾方向[原注2]，普遍都採個別舌槽加工方式。因此，當縱向張貼於牆壁時，外觀看起來較容易有不協調的感覺，反之，橫向貼時則顯得較自然、順眼。

角落收整是將壁板的端部切割成45°角後相互銜接，除了利用工具輔助固定或用一端疊在另一端上頭的外突式固定方式之外，也有設置收整條（裝飾板條）或護罩等案例。牆壁的最下端以踢腳板保護。

原注：1 墊木是指為了輔助壁材固定，而設置在壁材下方做為底襯的墊木。依壁材的張貼方向，可分成直墊木和橫墊木。
　　　2 樹頭是指靠近樹根的方向，樹尾則是指樹枝延伸的方向。

圖1 壁板的施工方法

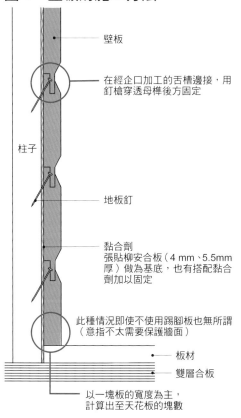

- 壁板
- 在經企口加工的舌槽邊接，用釘槍穿透母榫後方固定
- 柱子
- 地板釘
- 黏合劑 張貼柳安合板（4 mm、5.5mm 厚）做為基底，也有搭配黏合劑加以固定
- 此種情況即使不使用踢腳板也無所謂（意指不太需要保護牆面）
- 板材
- 雙層合板
- 以一塊板的寬度為主，計算出至天花板的塊數

圖3 開口部框緣附近與壁板的接合（S=1:5）

①框緣剖面圖

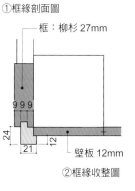

- 框：柳杉 27mm
- 9 9 9
- 24
- 21
- 12
- 壁板 12mm

②框緣收整圖

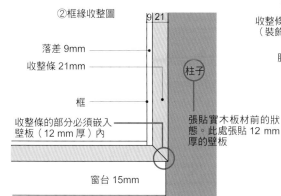

- 9 21
- 落差 9mm
- 收整條 21mm
- 框
- 收整條的部分必須嵌入壁板（12 mm 厚）內
- 窗台 15mm
- 柱子
- 張貼實木板材前的狀態。此處張貼 12 mm 厚的壁板

圖2 牆外角與牆內角的收整處理（S=1：5）

①外角剖面圖

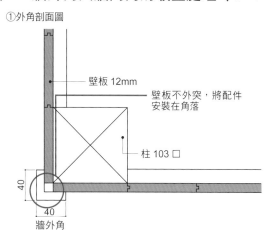

- 壁板 12mm
- 壁板不外突，將配件安裝在角落
- 柱 103 □
- 40
- 40
- 牆外角

②鈍角的牆外角剖面圖

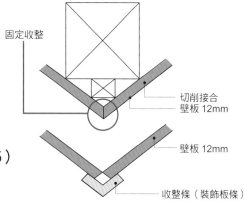

- 固定收整
- 切削接合 壁板 12mm
- 壁板 12mm
- 收整條（裝飾板條）

③大壁式構造（隱柱壁）牆內角剖面圖

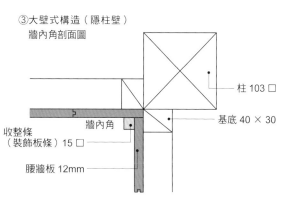

- 柱 103 □
- 基底 40 × 30
- 牆內角
- 收整條（裝飾板條）15 □
- 腰牆板 12mm

天花板的表面處理與收整

POINT

● 天花板的完成面大多使用壁板板材。採用釘槍與黏合劑雙管齊下的方式牢牢固定。施工時必須格外注意企口接縫的處理。

用材與工法

天花板使用的板材與牆壁相同，大多採用稱為壁板的窄幅板材。但是，由於天花板具有不易觸摸、碰撞等因素，所以比起強度，反而更重視外觀或輕質、不易變形等。此外，使用的樹種也與牆壁相同。

重視格局的和室天花板，會使用寬度超過400公釐的大型柳杉板材等。使用這種板材時，應特別注意溼度造成的變形等問題。像是以釘子固定四個邊角的話，可能會產生開裂狀況，所以最好採用固定三個邊角的施工方法，讓第四個邊角保有可以活動的狀態。做為多用途的材料，有被量產化用於和室的長條式天花板（平行張貼寬幅板材的方法），並且附有專用的木吊筋五金配件，把五金固定在吊筋支撐材上，就可垂吊與平頂格柵一體化的天花板。此種方法的特徵是施工性優良。

施工步驟

天花板板材的施工方式和牆壁一樣，都是使用氣動工具打釘，並且用黏合劑加以輔助固定。

天花板基底的構成若是採用長條式天花板的話，支撐天花板板材的平頂格柵必須符合天花板板材的寬度。平頂格柵的支撐材以間距910～1,000公釐與平頂格柵垂直設置而成，其支撐材的吊筋則間距910～1,000公釐。至於吊筋支撐材，雖然也能固定於梁上，但如此一來，上方樓層的振動就會直接傳導到下方樓層的天花板，所以採用個別設置的方式較佳。

至於企口接縫處理方面，可選擇保持原狀，從企口便可直接看到平頂格柵；或者在企口接縫貼上接縫膠帶，讓整體看起來材質均一；或者張貼一種稱為搭板的美觀板材等。若是選擇張貼搭板的方式，則平頂格柵的間距必須有303～500公釐。

施工上的訣竅為不鋪成平坦的平面，而是將中間部位稍微往上提（以8塊榻榻米的房間計算，最大可提高約9公釐）。其中的原因在於，當鋪設成平面的話，完工後中間部位看起來會有下垂的感覺。

圖1　天花板專用的石膏板的收整處理

①先設置牆壁的石膏板時

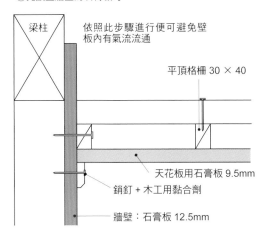

梁柱

依照此步驟進行便可避免壁板內有氣流流通

平頂格柵 30 × 40

天花板用石膏板 9.5mm

銷釘 + 木工用黏合劑

牆壁：石膏板 12.5mm

②先設置天花板的石膏板時

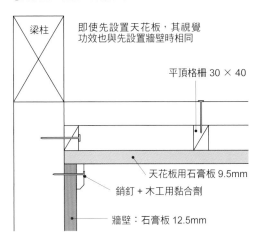

梁柱

即使先設置天花板，其視覺功效也與先設置牆壁時相同

平頂格柵 30 × 40

天花板用石膏板 9.5mm

銷釘 + 木工用黏合劑

牆壁：石膏板 12.5mm

圖2　天花板張貼板材的步驟

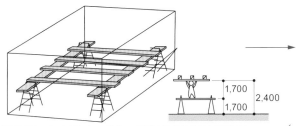

①設置施工架（鷹架）。使施工者的頭部與板材的位置平高

1,700
1,700
2,400

②在房間四周做記號，固定平頂格柵。然後，在外圍的平頂格柵上標示出其他平頂格柵的設置位置

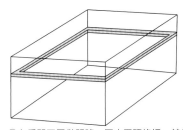

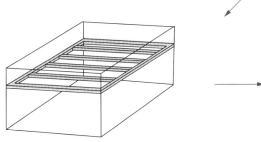

③ 在平頂格柵的兩端，以兩支 50 ～ 65 公釐長的釘子斜釘固定。此時再決定板材的分配設置。

對接時，可採用

30×40 搭配　40 40　30 或　105 間柱　30　等方式

④固定平頂格柵支撐材，以吊筋垂吊。中央部位必須稍微往上提

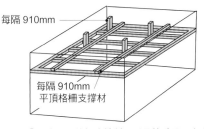

每隔 910mm

每隔 910mm
平頂格柵支撐材

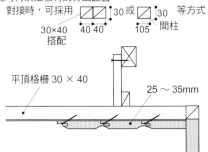

平頂格柵 30 × 40

25 ～ 35mm

⑤固定有企口的板材時，須以釘槍釘入母榫內側。最好再用黏合劑加以輔助效果更佳。當天花板基底上有張貼5.5 公釐的柳安合板（雙層）時，釘槍打在任何一處都有固定效果。因為在牆壁固定合板時大多會使用黏合劑，而天花板也是如此。此外，平頂格柵的組架方式亦同

圖3　參考 縮小天花板隔層的空間

若平頂格柵支撐材是採用 2 × 6（89 × 138mm）等方式時，則不需要設置吊筋（只限用原本只有兩組吊筋時）。但是，會有振動傳導的問題，較不實際

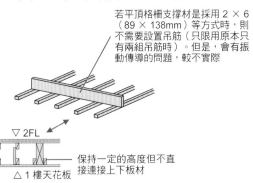

▽ 2FL

△ 1 樓天花板

保持一定的高度但不直接連接上下板材

板材的製材過程

● 厚板主要取自樹頭，製材的好壞在於是否能展現出圓木的特徵。此外，由於板材昂貴，必須充分乾燥並使含水率降至 12 ～ 3% 左右再出貨。

　　一塊桌面厚板是取材於直徑 70 ～ 80 公分的大直徑圓木。厚板必須沒有樹節，因此，大部分都會採用樹頭來做木材加工。樹頭就算是形狀變異或具有極富趣味的木紋或色調，都適合做為厚板使用。

　　厚板的加工是從切割木材開始。切割時需注意圓木特徵。由於這項作業的成果是決定板材的價格高低，所以過程格外慎重。木材切割完後是乾燥階段。因為板材大、價格昂貴的緣故，乾燥過程更是不可馬虎。為了使心材與邊材的乾燥速度相同，弦切面的蕊部分與橫斷面上可塗抹木材防裂劑。藉此可避免翹曲或開裂的狀況發生。

　　乾燥時可搭配天然乾燥法與人工乾燥法兩種方法。若只採用天然乾燥法的話，很容易在出貨後發生翹曲或扭曲的狀況。雖然一般而言，都是先天然乾燥再人工乾燥，但也有順序相反的做法。人工乾燥法大約需要兩週到兩個月的時間，而天然乾燥法則大多耗費半年至三年左右。甚至還有像櫸木這種容易產生損傷的樹種，至少得靜置十年左右才能使用。有些大塊板材經過再加工後，可修正翹曲或歪斜的狀況。最後，確認含水率降到 12 ～ 3% 便可出貨。

板材加工

　　即使厚板經過充分乾燥，切鋸時多少還是會產生輕微變形。正因為木材如此脆弱易裂，所以乾燥過程中也會有開裂的風險。還有，樹木在成長過程中也會產生裂痕。因此，為了防止裂痕加劇，可在裂痕處置入木楔加以保護。

　　在置入木楔之前，須先確認裂痕的深度、寬度、長度或方向性，然後再決定木楔的尺寸與數量。木楔塗上木膠，以捶打的方式置入，接著再以打磨機把木楔頂部磨平，使表面平整。

　　由於乾燥後的板材會產生反翹情況，因此首先必須整平板材的一面。通常使用自動整平機或以手刨的方式進行。接著，再整平另外一個面。若板材寬度為 1 公尺以內的話，使用鉋機進行較為便利。反之，若超過 1 公尺以上，則以手刨的方式進行。此外，有握把的板材可用帶式砂磨機等機器輔助磨平。

圖　板材的製材過程

①採購圓木

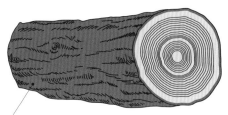

使用大直徑的圓木樹頭

②切割圓木

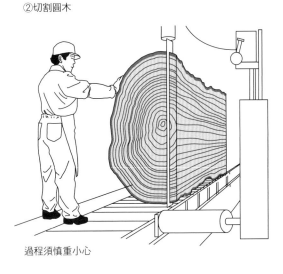

過程須慎重小心

③以堆疊方式自然乾燥

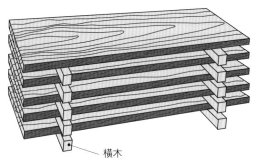

└ 橫木

乾燥是相當重要的環節。每間製材所或
木工所都有各自不同的堆疊方式

④防裂處理

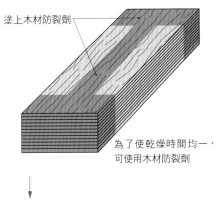

塗上木材防裂劑

為了使乾燥時間均一，
可使用木材防裂劑

⑤進行人工乾燥

自然乾燥法和人工乾燥法兩種
都使用為大宗

⑥表面處理　　　　　木楔

為了避免乾燥後產生開裂情況而置入的木楔。
突出表面的部分須切削磨平

日產闊葉樹的厚板

POINT

● 厚板是種大塊的實木板材，可做為桌面板等。每個樹種都具有與眾不同的特徵，又以縱切面的板材尤為珍貴。

　　厚板的定義雖然模糊，但是可確定的是厚板尺寸必須能夠做成桌面板或檯面板（寬 360 公釐、長 1,820 公釐、厚 35 公釐以上）的大小。因為尺寸大的板材，必須取材自大直徑木，所以厚板都是採用樹齡長的天然樹木。

　　厚板的價格是依照稀有性而定。愈是禁止砍伐的木材，其價值愈高。[原注]再來是依樹齡判斷，即使尺寸大小相同，木紋緊密的木材較受青睞，進一步說明就是木紋的稀有性，因此有漩渦狀木紋或虎紋木紋的木材評價較高。如此看來板材和直紋的價格判斷上，肯定是能取材的部分較少的直紋價格較昂貴。換句話說，只要不特別拘泥於木紋，就能花費少許金錢購入板材。日產材闊葉樹的厚板流通量比進口材少，所以並不是隨時都可以找到好的板材。本節針對具有日產材特徵的樹種，進行以下整理。

日本七葉樹

　　日本七葉樹的產地遍及日本全國，白肉多，心材呈黃褐色。材質軟，表面易有傷痕。也有捲曲木紋與虎紋木紋的板材。塗裝性佳，木紋相當明顯。

短葉紫杉

　　短葉紫杉產自於日本全國各地，品質較好的木材以北海道居多。材質溫和，不太有開裂或翹曲狀況。邊材與心材的界線明顯，邊材呈白色，心材則呈紅褐色，但經年變化後會發黑。此外，因為容易形成皮囊（樹皮捲入樹木內部的缺陷），因此難以取得尺寸較大的寬幅板材。還有容易浮現黑色木紋（礦物質木紋）的缺點。

銀杏（公孫樹）

　　以木材的色調來看，銀杏心材與邊材的色差不大，整體呈淡黃色。外觀看起來相當沉穩，材質略軟，加工性優良且不易產生開裂翹曲狀況。木紋緻密、塗裝性佳。除了做為板材之外，普遍也用於砧板。

原注：日本市面上流通的厚板產品當中，有些是已被禁止砍伐的樹種，由於，那些產品都是過去砍伐的樹木或者是倒塌的樹木，因此不違法。

日本七葉樹

照片是具有捲曲木紋的板材。
特徵為彎曲的獨特木紋

1,200×2,300mm（70mm 厚）｜
參考價格：JPY 290,000/ 塊（何
月屋銘木店）

短葉紫杉

心材則呈紅褐色；邊材則呈淡褐
色。特徵為縱向細緻的裂縫。
具有光澤且加工性佳

600×1,800mm（55mm 厚）｜參
考價格：JPY 200,000/ 塊（何月
屋銘木店）

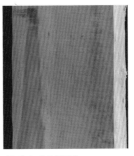

銀杏(公孫樹)

整體呈淡黃色。木紋相當緻
密、不太明顯。加工性佳

960×5,100mm（120mm 厚）｜
參考價格：JPY 350,000/ 塊（何
月屋銘木店）

梣木(白蠟木)

英文名為 ash。帶有淡淡的黃
褐色。年輪與木紋明顯。照片
為有漩渦狀木紋的厚板

650×2,000mm（70mm 厚）｜參
考價格：JPY 400,000/ 塊（何月
屋銘木店）

刺楸(釘木樹、丁桐皮)

以北海道出產居多。心材呈淡
灰色；邊材則呈偏黃。木紋之
間的間隔窄但明顯

880×2,000mm（80mm 厚）｜參
考價格：JPY 240,000/ 塊（何月
屋銘木店）

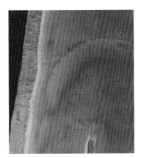

樺木

英文名為 birch。大多產於北
海道。心材呈淡褐色；邊材則
呈粉紅色系。質地緻密

1,200×2,000mm（100mm 厚）
｜參考價格：JPY 240,000/ 塊（何
月屋銘木店）

橡木

亦稱為櫟木。北海道出產的木
材大多品質佳。心材呈略暗的
褐色；邊材則有不明顯的白
色。特徵為出現在徑切面的虎
斑木紋

500×2,300mm（60mm 厚）｜參
考價格：JPY 50,000/ 塊（何月屋
銘木店）

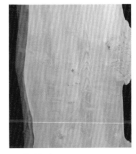

栗木

心材呈褐色；邊材則帶有紅肉
的灰色。經年變化後會發黑。
英文名為 chestnut

700×2,000mm（70mm 厚）｜參
考價格：JPY 210,000/ 塊（何月
屋銘木店）

胡桃木

心材呈紫褐色；邊材則介於
白～灰褐色之間。表面可見條
紋樣式，是種既重且硬的板
材。英文名為 walnut

400×2,400mm（80mm 厚）｜參
考價格：JPY 85,000/ 塊（何月屋
銘木店）

樟樹

心材帶有褐色～暗綠色的色
調。邊材呈淡黃褐色。木紋緻
密且加工性佳

1,000×2,000mm（80mm 厚）｜
參考價格：JPY 220,000/ 塊（何
月屋銘木店）

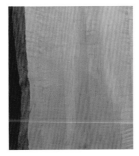

雞爪槭

大多是指楓木。整體帶有柔和
的紅肉。製成板材後相當具有
光澤

600×1,500mm（60mm 厚）｜參
考價格：JPY 55,000/ 塊（何月屋
銘木店）

日本榆木

亦稱為春榆。大多產自於北海
道。心材呈淡褐色；邊材則偏
黃。照片為有樹瘤的厚板

700×3,000mm（80mm 厚）｜參
考價格：JPY 98,000/ 塊（何月屋
銘木店）

1 — 木材＋木質材料篇

045

進口闊葉樹的厚板（南洋材）

POINT
● 東南亞、非洲、南美等地出產的深色調木材，因樹種的粗獷木紋，廣受消費者喜愛。選用時應慎重考量加工性。

進口闊葉樹的厚板可分成兩種，一種是像橡木（櫟木）或梣木（白蠟木）等一般家具材料；另一種是日本國內無法取得的深色系樹種。前者材料大部分產自於比日產還便宜的中國或俄羅斯。近年來，深色系樹種的板材深受日本消費者青睞，使得進口量逐年增加。然而，這些大多是南洋材，有不少都是已被限制砍伐或禁止出口的樹種。因此，進口樹種在這兩、三年期間也不斷地改變。在進口樹種當中來源較穩定的樹種有以下兩種。

雨樹（雨豆樹）

原產自於南美的豆科樹種，產地從中南美到斐濟共和國或夏威夷遍布各國。特徵是深焦茶色的色調，可取代難以取得的巴西花梨（非洲巴花），是人氣逐漸提升的樹種。由於流通量大，價格相對便宜。

心材呈褐色或金褐色；邊材則為淡灰色。不過，木紋與色調會依產地而異。有深色不規則條紋的板材，色調與黑胡桃木相似。

材質上，以南洋木來看，雨樹的質地略軟、木紋粗糙。因為木紋呈明顯的交錯，所以在加工上可能會產生起毛現象。在處理完成面時必須格外注意。順道一提，豆科樹種相當適合泡油，浸泡油後表面會顯得更加美觀、有質感。

非洲崖豆木

非洲出產的豆科樹種。外觀呈黑色，但剛處理過的板材會偏黃色，等到表面接觸到空氣產生氧化作用，在一天之內就會轉變成深茶色。然後大約經過一週左右，色調就會恢復成原來的黑色。邊材較少呈偏白色的色調。雖然這種樹種的強度高、材質又硬又重，不利加工，但有高級感。依照產地的不同，會有許多蟲洞（蟲蛀蝕的小坑洞）產生，因此取得一塊完整無洞的板材，絕非一件易事。

非洲崖豆木也可取代紫檀或鐵刀木使用，先將乾燥後的木材削切表面，再經漂白處理，並利用聚氨酯（優麗旦）塗裝，以人工方式防止氧化。

雨樹(雨豆樹)

豆科樹種。木紋粗糙、心材介於金～褐色之間；邊材為白色。也有條紋狀的木紋

1,070×2,500mm（80mm 厚）｜參考價格：JPY 215,000/ 塊（何月屋銘木店）

非洲崖豆木

豆科植物。心材呈暗褐色；邊材則呈淡黃色，邊界明顯。心材混有茶褐色的條紋。木紋雖然粗糙，但是表面可以利用打磨機處理完善

750×1,800mm（60mm 厚）｜參考價格：JPY 200,000/ 塊（何月屋銘木店）

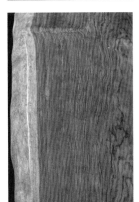

巴西花梨(非洲巴花)

產自非洲的大直徑樹木。邊材呈白色；心材則呈褐色。質地又重又硬，不利加工。目前已被禁止砍伐

1,000×7,000mm（80～90mm 厚）｜參考價格：JPY 400,000/ 塊（何月屋銘木店）

黑胡桃木

原產地是美東地區。暗黑色調最受消費者喜愛。心材呈茶紫色；邊材則偏白。接觸日照後顏色便會轉淡

1,200×2,500mm（85mm 厚）｜參考價格：JPY 177,000/ 塊（何月屋銘木店）

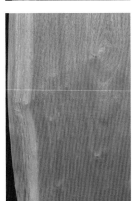

非洲臀果木

原產地為西非。也稱為非洲李。心材呈褐色；邊材則呈淡褐色。也有條紋狀的木紋

800×11,000mm（80mm 厚）｜參考價格：JPY 450,000/ 塊（何月屋銘木店）

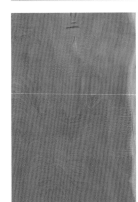

桃花心木

原產地是中南美洲。心材呈淡褐色或澄色，具有光澤。也有徑切面呈交錯木紋的厚板。目前已被禁止砍伐

580×2,500mm（60mm 厚）｜參考價格：JPY 150,000/ 塊（何月屋銘木店）

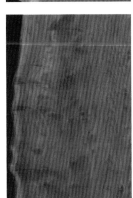

印度紫檀

亦稱為南洋玫瑰木。與薔薇科的花梨木不同，心材呈褐色。照片為有漩渦狀木紋的厚板

1,500×2,000mm（60mm 厚）｜參考價格：JPY 450,000/ 塊（何月屋銘木店）

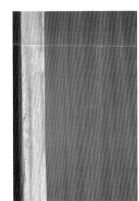

緬甸紫檀

原產地是東南亞。心材呈深褐色；邊材則偏白。也有徑切面呈交錯木紋的厚板

800×9,000mm（80mm 厚）｜參考價格：JPY 270,000/ 塊（何月屋銘木店）

日產針葉樹的厚板

POINT

● 以日本出產的針葉樹厚板來看，市面上流通量較大、較受歡迎的是柳杉或扁柏、松木。即使是同樹種，每個產地出產的特徵都不同，相當有趣。

在日產針葉樹的厚板當中，柳杉或扁柏是較容易取得的樹種。其他流通的還有像赤松、日本黑松、日本鐵杉（栂）、青森羅漢柏等樹種。至於屋久杉，雖然目前已不能繼續砍伐，但還有庫存品，所以尚能取得。此外，像柳杉或扁柏這類容易乾燥、屬於開裂翹曲狀況較少的板材，然而一旦長度超過 2 公尺就得注意翹曲，可利用凸榫接合等方式防止反翹，如此才可能一勞永逸（參照 P51）。

柳杉

柳杉的紅肉與白肉色差大，一塊大厚板混合兩種不同色調形成個性十足的板材。再加上，因板材面積大，不同產地的差異性也會格外明顯。

秋田杉不僅流通量大，外觀也很穩定。由於生長速度慢，木紋相當緊密。還有，人工林栽植的吉野杉鮮少彎曲，年輪細緻、適中且分布十分平均。除此之外，日本高知縣出產的魚梁瀨杉也有許多品質極佳的木材，在市場上的評價相當不錯。

人工造林所栽植的柳杉，雖然培育速度上算是較快，但木紋顯得粗糙。相對的，

好處是價格較便宜。柳杉的材質軟、容易有傷痕。但若能把傷痕看做是別有風味，就能以較低的價格享受實木的魅力。如果是當做天花板板材使用時，建議塗上自然塗料較好。雖然自然塗料的保護機能比聚氨酯（優麗旦）塗裝差，但可以提升柳杉的觸感。再者，若只塗裝表面的話，恐怕會成為翹曲或開裂的發生原因，所以橫斷面或背面也要塗裝。

扁柏

扁柏的紅肉與白肉色差小，淡黃白色的白肉與淡粉紅色的紅肉形成對比，相當美麗。扁柏的材質佳、加工性優良，且開裂翹曲狀況不多，耐水性又強。由於具有殺菌效果，所以做為壽司檯面的專用板尤為出名。至於木材的木紋，耗費時間培育的木材比快速培育的木材緻密。其中，最具代表性的木曾扁柏是樹齡 150 年以上的天然木，木紋細緻且富有彈力。其色調均勻、略偏淡白色，即使將不同圓木製成的板材搭在一起，也完全不會有突兀感。

秋田杉

日本秋田縣出產的柳杉。流通量大

800×4,000mm（100mm 厚）｜參考價格：
JPY 150,000/ 塊（何月屋銘木店）

魚梁瀨杉

日本高知縣出產的柳杉。弦切面的筍狀木
紋相當明顯。是特選上等的木材

610×4,200mm（75mm 厚）｜參考價格：JPY
200,000/ 塊（何月屋銘木店）

屋久杉

日本鹿兒島縣屋久島出產的柳杉。目前已
被禁止砍伐，市面上流通的是來自颱風吹
垮或倒塌的樹木所製成的產品

1,500×3,200mm（90mm 厚）｜參考價格：
JPY 5,000,000/ 塊（何月屋銘木店）

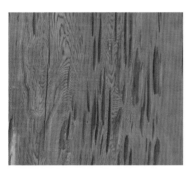

神代杉

長年被含有火山灰的水或土掩埋，化石化
作用下的柳杉。特徵為淺灰色的色調

1,500×3,200mm（90mm 厚）｜參考價格：
JPY 5,000,000/ 塊（何月屋銘木店）

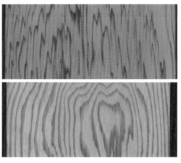

依木紋區分柳杉等級

上圖　木材等級高，具有美麗的鋸齒狀木
紋，是相當珍貴的裝潢材料
下圖　像漩渦狀的水波木紋，等級不高。
此木紋稱為「漩渦狀木紋」

扁柏

日本長野縣木曾出產的扁柏。被列為木曾
五木之一。心材與邊材的界線不明顯。整
體帶有黃白色～淡黃白色

550×3,000mm（90mm 厚）｜參考價格：JPY
450,000/ 塊（何月屋銘木店）

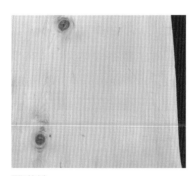

羅漢柏

日本青森縣木曾出產的羅漢柏。具有淺褐
色的木紋。被譽為日本三大美林之一

700×3,500mm（85mm 厚）｜參考價格：JPY
110,000/ 塊（何月屋銘木店）

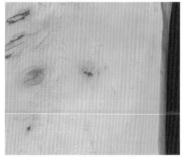

日本肉荳蔻木

日本宮崎縣日向出產的肉荳蔻木。心材與
邊材都是黃色系。由於生長速度慢，木紋
相當緊密

960×1,600mm（85mm 厚）｜參考價格：JPY
400,000/ 塊（何月屋銘木店）

日本黑松

因為樹脂多，也被稱做肥松或脂松。經年
變化後呈深琥珀色

750×4,000mm（105mm 厚）｜參考價格：
JPY 900,000/ 塊（何月屋銘木店）

厚板的施工與收整

● 厚板用做檯面板等使用時，應注意開裂或反翹等狀況慎選板材，在防止反翹或收整處理上必須多費心。

在建築施工現場，厚板主要用於檯面板。通常是木工工程進行到後半段時，由木工負責施工。常用的施工方式是將檯面板的一端嵌入牆壁內並固定，所以必須在張貼石膏板前施工。

基本上，實木板材會因溫度變化而變形。雖然一般都會使用經過充分靜置、乾燥後的板材，但是依樹種不同，有些板材在安裝後仍會發生反翹、開裂等狀況。這類情況就是木工師傅所謂的「板材異常」。一旦任意使用，就有可能造成問題的來源。因此，能捨棄實木、只要有木材質感的話，建議採用長條集成材（縱向為一塊完整的實木板，不另外指接板材）較無後顧之憂。但是，雖然集成材不會有開裂的狀況，但是在某些環境下還是可能會發生反翹，選用時須格外留意。

防止反翹的方法

一般來說，厚板之類的板材非常容易變形。由於反翹主要是發生在板材的寬度方向，所以只要順著木里方向（縱向），在下方多安裝幾根木條（角材）的話，就可以藉由相反的反作用力來降低反翹的發生機率。安裝木條時，必須先設置凸榫，也有用固定鐵片或木螺絲等取代凹榫。凸榫需要有檯面板厚度的三分之一至四分之一左右的深度，而凸榫角度（鳩尾角度）則是 70°左右。

另外，也必須做好板材即使變形也不會影響到整體結構的措施。這對熟悉實木板材的木工來說，應該能做出十分準確的判斷。

開裂部位的處理

對於開裂問題，一般的基本認知都是放入木楔（參照 P43）以避免裂痕擴大。至於開裂產生的縫隙，可填入混有木粉的聚胺酯樹脂等，等待硬化後再用打磨機把表面磨平，填補痕跡也就不那麼顯眼。除此之外，日本也會用一種自古以來稱為「木屎（ko-ku-so）」的技法進行修補裂痕。這是以顆粒較細的木粉混合熟米煉製而成。因為這種木屎也會硬化，所以後續也必須用打磨機磨成光滑面。

圖1　厚板的變形以及防止變形的方法

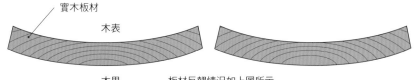

實木板材

木表

木里　　板材反翹情況如上圖所示
（不過，若為徑切面就不容易發生）

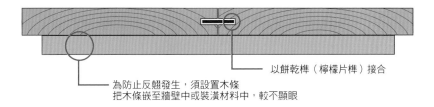

以餅乾榫（檸檬片榫）接合

為防止反翹發生，須設置木條
把木條嵌至牆壁中或裝潢材料中，較不顯眼

圖2　防止厚板反翹的方法

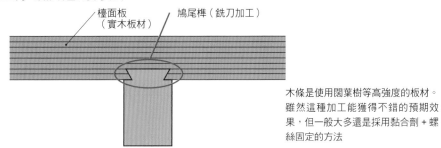

檯面板
（實木板材）

鳩尾榫（銑刀加工）

木條是使用闊葉樹等高強度的板材。
雖然這種加工能獲得不錯的預期效
果，但一般大多還是採用黏合劑＋螺
絲固定的方法

圖3　厚板與牆壁的銜接方法

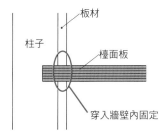

板材

柱子

檯面板

穿入牆壁內固定

將厚板穿入柱子或間柱加以固定的方
法。雖然比較穩固，但相當費工夫

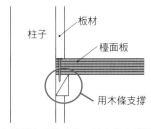

板材

柱子

檯面板

用木條支撐

在柱子上安裝木條，以木條支撐檯面
板的固定方法。雖然強度比上圖差，
但施工較容易

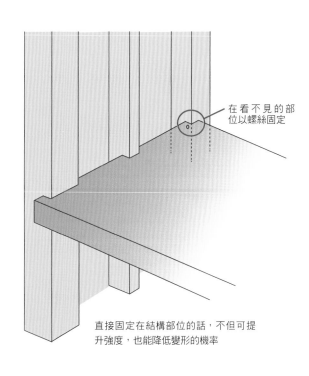

在看不見的部
位以螺絲固定

直接固定在結構部位的話，不但可提
升強度，也能降低變形的機率

1

木材＋木質材料篇

合板的製材過程

POINT
● 合板是將圓木切削成薄板後使其乾燥，然後塗上黏合劑相互重疊，接著在實施
熱硬化處理後，切割成所需尺寸就是可出貨的板材。

合板是指將圓木旋切成的薄片，以黏合劑依照纖維方向垂直張貼所製成的板材。以前大多是以印尼或馬來西亞出產的龍腦香科闊葉樹所製成的柳安合板為主流；現今因為受到砍伐限制或圓木出口限制的影響，大多改採俄羅斯出產的北洋落葉松或日產柳杉製成的針葉樹合板。

由於日產柳杉的圓木直徑比龍腦香科闊葉樹小，因而開發出可對應小直徑木的旋切機（一般當圓木直徑小於一定尺寸時，就無法使用旋切。也就是會剩下心材的部份，造成浪費）。現在，連樹尾（直徑較細的圓木部位）直徑約 14 公分的圓木都可使用。

合板的性能會受到黏合劑的影響。依接著性能可分類成特殊合板、一級合板以及二級合板。其中，最具耐水性的是特殊合板，使用的是酚樹脂接著劑等。此外，黏合劑的甲醛的逸散速率已被規格化，通共分成 F ☆☆☆☆ ～ ☆四個階段，F ☆☆☆☆代表逸散速率最低。也有在不含甲醛的黏合劑中，加入水性高分子異氰酸酯系接著劑（water based vinyl urethane）、或 α-烯烴馬來酸酐樹脂的木材黏合劑。特殊合板使用的酚樹脂接著劑，其甲醛逸散速率非常低。除此之外，其他主要的黏合劑都會混入除甲醛劑，以達到低甲醛化的目的。

製材程序

首先，將圓木切割成既定長度，再以旋切機切削成薄片。厚度大約是 0.6 ～ 5.0 公釐。接著，利用鍋爐噴出的蒸氣和熱氣乾燥單板。然後將乾燥後的單板再次裁切，篩選出需要修補的單板。

下個階段是把單板塗上黏合劑重疊貼合，並在常溫下進行預壓。當單板預壓成一體後，將溫度加熱至 110 ～ 135 度，再次壓合使黏合劑熱硬化形成固體。確認黏合劑硬化後，切除合板的四周圍端部，並裁切出所需的尺寸。最後，表面施加打磨處理便完工。

圖1 平切單板的取材

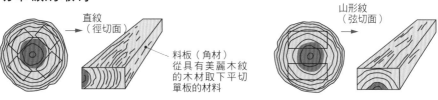

直紋
（徑切面）

山形紋
（弦切面）

料板（角材）
從具有美麗木紋
的木材取下平切
單板的材料

圖2 平切單板的製材過程

取得圓木	從圓木取材	煮沸
將圓木搬運至製材工廠	取材出一定長、寬、厚的料板（角材）	料板（角材）放入煮沸槽內煮沸

切削成單板	乾燥	完成
仔細清潔表面後，以切削機（旋切機）切削製成平切單板	使含水率降至適當範圍。乾燥方法有自然乾燥、熱風乾燥、滾輪乾燥、高周波乾燥等，大多採用高周波乾燥法	

圖3 合板的製材過程

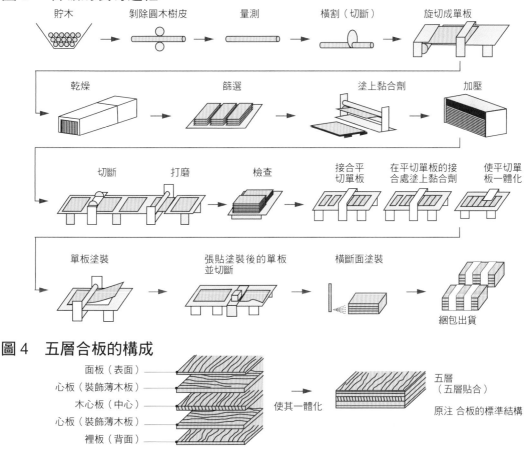

貯木 → 剝除圓木樹皮 → 量測 → 橫割（切斷） → 旋切成單板

乾燥 → 篩選 → 塗上黏合劑 → 加壓

切斷 → 打磨 → 檢查 → 接合平切單板 → 在平切單板的接合處塗上黏合劑 → 使平切單板一體化

單板塗裝 → 張貼塗裝後的單板並切斷 → 橫斷面塗裝 → 綑包出貨

圖4 五層合板的構成

面板（表面）
心板（裝飾薄木板）
木心板（中心）
心板（裝飾薄木板）
裡板（背面）

使其一體化

五層
（五層貼合）

原注 合板的標準結構

針葉樹合板與柳安合板

POINT
● 合板是指以單板重疊接合而成的板材。雖然主要用於基底,但也有用於完成面
的產品。在針葉樹中較通用松科,而闊葉樹則是以柳安木為主。

合板(膠合板)因為大塊,所以施工性佳、有強度,加工性也很優良。而且,比任何板材都便宜。但是,若要將這種基地用的便宜產品當做飾面材使用的話,就得篩選外觀經過處理的產品,例如經鉋等工具整理過的尺寸等,是必要花費工夫的加工。

針葉樹合板

主要以北洋落葉松或庫頁冷杉為原料製成的合板。最近,也有很多是用柳杉或扁柏之類的日產材製造的板材。尺寸有 910×1,820 公釐、910×2,440 公釐、910×2,730 公釐、910×3,030 公釐、1,000×2,000 公釐等,厚度則是 9 ～ 28 公釐都有。其中,北洋落葉松製成的產品又稱為落葉松合板,其美麗的完成面是篩選無樹節木材,並經打磨後塗上自然塗料等加工而成。

柳安合板

柳安合板的主原料為熱帶地區出產的龍腦香科闊葉樹,是非常普遍的合板。尺寸有 450×900 公釐、600×900 公釐、21×900×900 公釐、920×1,820 公釐、

310×2,420 公釐等,厚度則是 2.5 ～ 24 公釐都有。由於現在的柳安合板是使用南洋出產的各種闊葉樹製造而成,產品有偏白的或偏紅的、輕質的、較重的……等相當參差不齊。因此,選用顏色相近的產品塗上自然塗料等較佳。

厚合板

通稱為「結構用合板」的厚合板,是省掉格柵或水平隔撐,又為了確保樓板剛性所開發的材料。現在有許多木造建築的樓板(地板基底)是以厚合板構成。厚度有 24 公釐與 28 公釐,前者特別常用。此外,大多使用柳杉或赤松、落葉松等日產針葉樹是一大特徵,在二〇一〇年時,日本國內的國產材的使用率甚至達到 85.2% 左右。

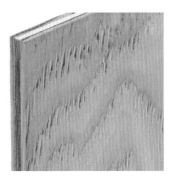

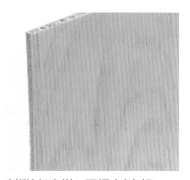

落葉松合板

照片為使用北海道出產的落葉松。具有高強度，但會滲出樹脂

落葉松合板｜910×1,820mm（15mm厚）｜定價：JPY 2,400/塊（佐久間木材）

柳安合板

一般的合板。面板與裡板都是張貼柳安單板，心材為柳安材（柳安木心板）

柳安合板 3PLY｜450×1,820mm（2.5mm厚）｜定價：JPY 508/塊（北零 WOOD）

刺楸(釘木樹、丁桐皮)合板

張貼刺楸單板的合板。木紋的曲線流暢且清楚

刺楸合板　單面產品｜915×1,825mm（3mm厚）｜定價：JPY 1,528/塊（北零 WOOD）

泡桐合板

特徵為輕質。木紋淡、偏白且觸感滑順

泡桐合板｜910×1,820mm（4mm厚）｜定價：JPY 2,020/塊（佐久間木材）

北洋落葉松合板

亦稱為落葉松合板。特徵為木紋清楚。由於是篩選無樹節且具有美麗木紋，並經打磨處理的合板，因此也做為家具用

柳杉合板

照片為將柳杉的邊材（白肉）單板做為完成面的合板。施加年輪浮雕（立體浮雕木紋處理）的加工可凸顯出美麗的木紋

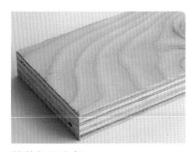

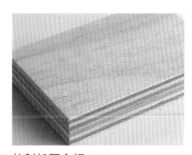

落葉松厚合板

JAS 結構用合板。不做舌槽邊接加工，而使用於四周打釘地板等。落葉松的木紋清楚且粗獷

結構用合板 落葉松｜1,820×910mm（24mm厚）等特｜殊合板 2 級 C-D（HOKUYO PLYWOOD）

柳杉厚合板

樹種與左圖的產品不同。柳杉有些微的紅、白肉色差

結構用合板 柳杉｜1,820×910mm（24mm厚）等｜特殊合板 2 級 C-D（HOKUYO PLYWOOD）

放射松厚合板

樹種與左圖的產品不同。放射松的木紋清楚且帶有黃白色

結構用合板 放射松｜1,820×910mm（24mm厚）等｜特殊合板 2 級 C-D（HOKUYO PLYWOOD）

1 — 木材＋木質材料篇

闊葉樹合板（貼面用合板）

POINT

● 闊葉樹合板具有淡白色的美麗木紋，主要當做飾面板使用。另外，也有以相同材料製成的層積合板，常用於家具或隔間門窗。

椴木合板

　　椴木合板大多使用於隔間門窗或完成面。一般常見的產品是在柳安木心材上張貼椴木的平切單板。尺寸有 1,820×910 公釐、2,000×1,000 公釐、1,220×2,430 公釐等，厚度則是 3 ～ 30 公釐不等，範圍相當大。

　　由於塗裝後白肉與紅肉的色差會更加明顯，所以在基底處理或塗料的選定上須格外注意。還有一種稱為「WELTOSO 合板」的合板，這種是在椴木生材上塗裝，使板材活化的產品。

　　其他，還有心材也是使用椴木的「椴木心木合板（全椴木合板）」產品。因為是張貼同個樹種的板材所製成，所以橫斷面相當美觀。但是，價格相當昂貴。除此之外，為了具有厚度跟強度，也有心材用集成材製成的椴木木心板，這種產品大多用於收納等。

樺木合板

　　樺木合板是將多個白樺單板層疊膠合製成的合板。從二〇〇〇年代初便從芬蘭進口。心材與邊材的色差不大，淡白色的美麗材面深受室內設計師或設計喜愛，經常被用於隔間門窗或室內裝潢。

　　雖然價格是椴木合板的兩倍以上，但日本最近也能從俄羅斯或拉脫維亞（原蘇聯共和國之一，一九九一年八月宣布獨立）進口，所以價格有降低不少。基本的規格尺寸是 1,220×2,440 公釐，厚度則是 6.5 ～ 30 公釐之間都有。

　　由於樺木合板的裡板、面板、心板全部是以白樺木構成，且各層單板都是等厚層積，因此板材橫斷面可見美麗的條紋。若做為檯面板等可見橫斷面使用，與其他層積合板等相比，價格上絕對有利。

　　此外，因為是使用小直徑木，所以木紋大多都是順著短邊方向（橫向）延伸，當然也有進口木紋順著長邊方向（縱向）延伸的產品。就設計性而言，後者較容易使用。不但材質硬、具有強度，重量也足夠。也有使用酚樹脂接著劑，耐水性優良也是特徵之一。

椴木合板

為柳安木心材上張貼椴木單板的產品。若心材也是椴木的話，則稱為椴木心材合板

椴木合板 300mm 方形（3mm 厚）｜定價：JPY 130/ 塊（北零 WOOD）

椴木合板的橫斷面

厚度有 3 ～ 21mm 不等。表面光滑且塗裝性佳

白樺木合板

照片使用芬蘭出產的白樺木製成。淡白色且樹節少，相當美觀

白樺木合板｜1,220×2,440mm（15mm 厚）｜定價：JPY 17,460/ 塊（佐久間木材）

楓木合板

楓木屬槭樹科。具有溫和的木紋

楓木合板｜915×1,825mm（3mm 厚）｜參考價格：JPY 1,528/ 塊（北零 WOOD）

俄羅斯樺木合板

合板使用俄羅斯出產的白樺木製成。耐水性佳

俄羅斯樺木合板｜1,200×2,440mm（厚度由上而下各為 4、15、30mm 厚）｜參考價格：JPY 6,900/ 塊（米屋材木店）

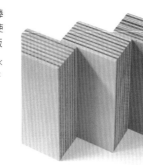

俄羅斯樺木層積合板

層積俄羅斯樺木單板後縱向切削成薄片的產品。外觀呈獨特的層積面

層積飾面材 LF-15｜150×2,400mm（15mm 厚）｜參考價格：JPY 5,400/ 塊（Tetsuya Japan）

俄羅斯樺木層積角材

將俄羅斯樺木層積合板切割成棒狀，製成 30mm 厚的角材。使用方法可像板材一樣鋪設於地板

俄羅斯樺木層積角材 LB-12｜30×1,200mm（30mm 厚）｜參考價格：JPY 770/ 塊（Tetsuya Japan）

瀧澤合板(paper-wood)

層積椴木或樺木的單板與色紙製成的合板。橫斷面的色彩相當繽紛美麗

瀧澤合板｜910×1,820mm（30mm 厚，夾有藍、紅、黃色的色紙）｜參考價格：JPY 33,000/ 塊（瀧澤合板）

聚酯貼面合板

POINT

- 在合板或中密度纖維板,貼上塗有聚酯樹脂的貼皮的製品,稱為聚酯貼合面板。一般用於家具或牆壁、天花板的完成面等。

聚酯貼面合板的特徵

聚酯貼合面板是把貼皮張貼在薄片合板或中密度纖維板(又稱密集板,簡稱 MDF)上,然後表面塗上一層薄薄的聚酯樹脂,鋪上膠膜後以滾輪滾壓,使樹脂平均分布並硬化。規格尺寸主要以 910×1,820 公釐、1,220×2,430 公釐為主流,厚度只有 1,220×2,430 公釐的是 4 公釐,其他則是 2.5 公釐。

用途與三聚氰胺貼合面板(亦稱 MFC 塑合板)大同小異,主要用於家具或日常用具的完成面。價格上比三聚氰胺貼合面板便宜,完成面看起來也與三聚氰胺貼面板無太大差別。但是,表面強度或易髒度、耐水性都比三聚氰胺貼合面板還要差[原注]。因此不適用於多人觸摸的地方或用水區域。

由於日本的市鎮小工廠的設備也能製造聚酯貼合面板,所以視廠商的服務項目,可訂製喜愛的色彩。在色調搭配和細微調整時,相當受用。相同地,尺寸也能特別訂製。舉獨特的製品例子來說,「Poly DAP」的彎曲加工最多可加工至 6R。適用於有寬幅彎曲表面的家具或壁面。

張貼於牆壁或天花板

聚酯貼合面板大多用於家具,不過,當張貼於牆壁或天花板時,透過現場的塗裝加工,也能呈現出均勻漂亮的完成面。張貼方法以長條式鋪設法(板材間留有間隙)較佳。此外,灰縫(間隙)深點的較為美觀,可選 1,220×2,430 公釐 ×4 公釐的板材較合適。使用這種尺寸的優點在於,從地面到天花板只需要張貼一塊即可。並且以灰縫寬度與厚度同為4公釐做為基準,依照標準將廢材切除掉。灰縫寬度必須保有 4 公釐的原因在於,聚酯貼合面板的尺寸精度有 1、2 公釐的公差值,因此 4 公釐用做吸收公差值。

施工方法是在石膏板上塗抹黏合劑後張貼,並以小釘子暫時固定,直到完全接著。小釘子拔除時會有一個小洞,但並不太明顯。比較棘手的是天花板的處理,必須兩人一組進行張貼作業。固定用的釘子至少得留置一晚,以確保接著牢固。

原注:主要視三聚氰胺樹脂與聚酯樹脂的性能差異。

圖　聚酯貼面合板的構成

2.5 ～ 3.8 mm

膠膜

聚酯樹脂層（分成光滑表面與壓花表面）

黏合劑

合板基材

將貼皮張貼於合板上，並塗布聚酯樹脂，然後鋪上膠膜，以滾輪滾壓，使樹脂平均分布並硬化。聚酯樹脂層可做成光滑表面或壓花表面。此外，也有使用耐久性佳的貼面板等

金屬色聚酯貼面合板

表面張貼的貼皮，具有不銹鋼髮絲般的設計巧思

UP-2842M AICA 金屬聚酯｜910×1,820mm（2.5mm 厚）｜參考價格：JPY 4,700/ 塊（AICA 工業）

點描狀聚酯貼面合板

表面張貼的貼皮，具有花崗石般的紋樣設計

ZF-105 AICA LP 合板｜910×1,820mm（2.5mm 厚）｜參考價格：JPY 4,800/ 塊（AICA 工業）

珍珠光聚酯貼面合板

表面以光澤感的鏡面概念處理

PT-6202 AICA Pearltone（防水性質）聚酯｜910×1,820mm（2.5mm 厚）｜參考價格：JPY 4,800/ 塊（AICA 工業）

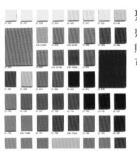

聚酯貼面合板樣本

聚酯貼面合板的樣本（三聚氰胺貼合面板亦適用）。色彩豐富，可特製
（伊千呂）

聚酯貼面合板薄片

薄片基材經過聚酯樹脂加工所製成的貼面合板。適用於日常用具的側面等。顏色可客製化

極薄貼面合板｜910×1,820mm（1.2mm 厚）｜消光處理、彩色｜考價格：JPY 7,020/ 塊｜有光澤、彩色｜參考價格：JPY 7,380/ 塊（伊千呂）

聚酯貼面可彎合板

接受客製，彎曲加工最多可加工至 6R 為止

Poly DAP 貼面合板｜910×1,820mm（0.6mm 厚）｜消光處理、彩色｜參考價格：JPY 7,020/ 塊｜有光澤、彩色｜參考價格：JPY 7,380/ 塊（伊千呂）

1
木材＋木質材料篇

中密度纖維板與定向纖維板

POINT

● 以木屑或纖維為原料的定向纖維板或中密度纖維板，因為價格合理且加工性佳，被廣泛使用於現場施作或家具心材、裝潢等用途。

粒片板（塑合板）或纖維板是以省資源與低價格為目的所製成的木質板材，大多用於家具或建材的心板、基底材等。雖然是做為裡層的材料，但木屑或纖維的獨特外觀，再加上價格便宜，也時常被用於完成面材料使用。其中，最容易取得的板材是中密度纖維板與定向纖維板。

中密度纖維板

中密度纖維板（Medium Density Fiber board，簡稱 MDF）是把木材纖維與黏合劑混合後所熱壓、成型的板材。表面、橫斷面都相當平滑、緻密，加工性也很優良。然而，缺點是板面上可釘上釘子或木螺絲，但橫斷面容易開裂。而且不耐溼氣，尤其橫斷面易吸水。顏色依原材料的木材而異，以南洋材為主體的大多為淺黑色；以放射松（輻射松）或白楊為主體的則大多偏白。規格尺寸主要以 910×1,820 公釐、1,215×1,820 公釐、1,215×2,430 公釐等為主流。厚度是 2.5 ～ 30 公釐之間都有，範圍相當廣泛，在進口品當中甚至有 70 公釐厚的產品。

塗裝時，必須以二度底漆防止滲透。

定向纖維板

定向纖維板（Oriented Strand Board，簡稱 OSB）是開發於北美用做住宅構造用的面材。製造方法是將圓木切削成薄片，把表層與中心層依照纖維方向（縱向）垂直排列後，再以高溫壓縮、成型。北美使用的原材料白楊等，是屬於生長快速的樹種；歐洲則是使用紅木的疏伐材。從外觀上看來，後者較均質、偏白色。另外，北美出產的產品，單面較粗糙；而歐洲出產的兩面都很平滑。

尺寸以 910×1,820 公釐、1,910×2,420 公釐為主流。厚度則是 9 ～ 28 公釐之間都有。因為是構造用面材，所以強度高，表面能釘上釘子或螺絲，但橫斷面若釘上釘子或螺絲的話，很容易產生開裂。雖然使用耐水性黏合劑，但卻不耐水，尤其容易從橫斷面浸透。此外，施加塗裝能提升木質感，可在完成面塗上淡白色塗料，保留木材的質地。再者，由於容易滲透，所以在選擇底漆與檢討塗覆次數時，應格外慎重。

彩色MDF

使用像美國香柏之類的軟木。進行深色塗裝時，會掩蓋掉木頭原有的質感

凸版 彩色 MDF（黑）| 1,300×2,070mm（19mm 厚）| 參考價格：JPY 5,660/ 塊（泰斗）

彩色MDF

與左圖為同產品，不同顏色。因為是將木纖維染色後，再以聚氨酯（優麗旦）固定，所以斷面也看得到色彩

凸版 彩色 MDF（橘）| 1,300×2,070mm（19mm 厚）| 參考價格：JPY 7,960/ 塊（泰斗）

闊葉樹MDF

以闊葉樹粉碎後的木片所製成。如紙張般的樸素質感

MDF（闊葉樹）| 920×1,830mm（15mm 厚）| 定價：JPY 2,560/ 塊（佐久間木材）

針葉樹MDF

以松科木片所製成。顏色比闊葉樹略淡

MDF（針葉樹）| 920×1,830mm（15mm 厚）| 定價：JPY 2,560/ 塊（佐久間木材）

波蘭製OSB

用歐洲產的赤松所製成。表層與裡層是同方向，中心層則是與表、裡層垂直排列

OSB 波蘭 | 910×2,420mm（8mm 厚）| 定價：JPY 4,800/ 塊（佐久間木材）

加拿大製OSB

使用白楊或海灘松（美國黑松）、樺木等木片製成的產品。強度與左圖相同

OSB 加拿大 研磨處理 | 910×2,420mm（8mm 厚）| 定價：JPY 3,900/ 塊（佐久間木材）

定向結構麥桿板（OSSB，oriented structural straw board）

原料中 90% 是麥桿。強度比 OSB 高。用於室內裝潢或家具等

OSSB 麥桿板 | 1,200×2,430mm（8mm 厚）| 參考價格：JPY 3,780/ 塊（佐久間木材）

扁柏OSB

使用日產扁柏製成的 OSB。外觀偏白、樸素

es-WOOD 扁柏 | 910×1,820mm（8mm 厚）| 參考價格：JPY 10,100/ 塊（佐久間木材）

粒片板（塑合板）

將木質的廢棄物粉碎成屑狀，再以黏合劑接著所製成的產品。可用於木工和建築基底

粒片板（塑合板）| 1,220×1,830mm（25mm 厚）| 定價：JPY 5,040/ 塊（佐久間木材）

硬質板

將木材屑片粉碎成纖維狀後混水製成的產品。幾乎沒有使用黏合劑

硬質板 | 910×1,820mm（5mm 厚）| 定價：JPY 1,920/ 塊（佐久間木材）

長條集成材與指接集成材

POINT

● 現場施作用集成材經常被用於面板或檯面板等,除了有長條集成材外,也有用小塊的實木材以縱向指接而成的指接集成材等。

　　現場施作用集成材是為了能以低價購入一整塊板材所製造的板材。把板材做成集成材相較容易許多,這種「長條集成材」是採用將長板兩側面積小的面相互接合成大板材的手法,在製材所或木工所已是常態作業。不過,基本上這是半客製化產品,不是一般訂單的項目。

　　還有另一種集成材,是以縱橫接合的方式,將小片鋸切板材(薄板)製成所謂的指接集成材[原注]。一般也稱為指接拼板,市面上的流通品大多是平價的規格品。除此之外,也有把乾燥後的杉板依照纖維方向(縱向)接合,製成具有三層構造的柳杉三層合板。

長條集成材

　　長條集成材的基本做法是將木表和木里相互接合,藉以抵消反翹的應力,但如此一來必須犧牲自然連接而成的木紋。最近,由於黏合劑的性能提升,可有效抑制反翹狀況,因此以木紋為優先考量進行加工的案例增加。在作業上,檢討木紋的連接是在並排板材時進行。只要木紋與色調呈自然連接,看起來就會像一整塊完整的板材一樣。此外,依照不同的板材組合,也可展現出與眾不同的設計美感。

指接集成材

　　指接集成材是接合薄板所製成的板材,縱向以指接方式連接可提升強度。

　　主要樹種有從北歐、俄羅斯、中國進口的橡木(櫟木)、梣木(白蠟木)、紅木、桐木等樹種,也有從東南亞或非洲進口的南洋松(呂宋松)、貝殼杉、阿尤斯、南美假櫻桃(喬木)、冠瓣木等樹種。還有,日產柳杉所製成的指接集成材也普遍流通於市面上。

　　雖然柳杉分成無樹節跟有樹節兩種,但進口材大多是 A 等級(無樹節)的板材,表面都以打磨機拋光處理。塗裝性佳,可用滲透型或造膜型的塗料加工。

　　規格尺寸大多是 25×500×4,200 公釐左右,市面上也有長 1,820 公釐左右的產品。

原注:亦稱做 FJL 集成材,是 Finger Joint Laminated 的簡寫。

FJL集成材
柳杉

使用雲杉（spruce）製成的產品。因加工性佳且價格低，深受消費者喜愛。分成無樹節或有樹節的產品

柳杉｜500×4,200mm（20mm厚）等

FJL集成材
梣木（白蠟木）

使用北海道出產等樹種製成的產品。木紋清楚。木材略重且硬，富有彈力

FJL集成材 梣木｜600×4,200mm（20mm厚）等（山本材木店）

FJL集成材
橡木（櫟木）

邊材呈灰白色；心材則呈暗灰褐色。徑切面有虎斑木紋。木材又重又厚，經常被用做家具或曲木的材料

FJL集成材 橡木｜500×4,200mm（25mm厚）等（丸紅木材）

FJL集成材
南洋松（呂宋松）

屬東南亞的造林材。松科。心材呈黃褐色；邊材則呈淡褐色。雖然塗裝性佳，但製材時易反翹

FJL集成材 南洋松｜600×4,200mm（20mm厚）等（山本材木店）

FJL集成材
冠瓣木

使用馬來西亞或印尼出產的冠瓣木製成的產品。呈淡褐色。直紋也相當美麗

FJL集成材 冠瓣木｜600×4,200mm（20mm厚）等（山本材木店）

FJL集成材
貝殼杉

原產於東南亞的樹種。雖然屬南洋杉科，但年輪不明顯，外觀似闊葉樹

貝殼杉層積材｜500×4,200mm（18mm厚）等

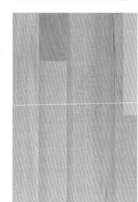

柳杉合板（三層）

重疊三層日產柳杉等，塗上黏合劑並壓縮後所製成的產品。具耐力性，可用於地板、天花板等場所

柳杉三層合板 雙面貼面材（有補修）｜910×1,820mm（36mm厚）｜參考價格：JPY 19,000/塊（丸天星工業）

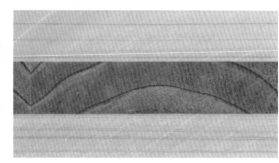

柳杉合板（三層）的橫斷面

照片為美麗的三層橫斷面。常用於可見橫斷面的施作家具材料

其他木質板材

POINT

● 結構用單板積層材（LVL）或積層平行束狀材（PSL）切成板材薄片等，也可用於家具或地板、牆壁的完成面材料。其中，高粱屬（蜀黍屬）板材的獨特外觀別有一番趣味。

積層束狀材（LSL）

積層束狀材是把白楊或楊樹等生長速度快的樹種切削成長約 300 公釐的薄片，然後用聚氨酯（優麗旦）樹脂處理後，依照纖維方向（縱向）平行排列，最後再以蒸汽噴射方式壓縮、成型。

除了具有木材強度或加工性優良之外，不易開裂、反翹、扭曲等也是其特徵。唯獨不耐水性，不可用於室外。若使用於用水區域時，必須做好適當的塗裝處理。

日本流通的尺寸有 38×302×4,267 或 4,877 公釐、38×356×4,877 公釐等，分量厚，可取得大尺寸的板材。塗裝時，用塗料的水分將細小纖維刷至豎立，然後在塗裝前以打磨機把這些突起的部分磨除。

高粱屬（蜀黍屬）板材

高粱屬板材是把收穫的高粱莖編織成竹簾狀，使其單板化，然後再透過熱壓固化製成的板材。高粱是禾本科的植物，在中國東北部等地區是被當做飼料、食品材料使用。雖然高粱的重量輕，但卻比竹子硬且有韌性。而且，因為層積的層數較多，所以板材的強度極高，不容易反翹。此外，莖的內部是中空構造，以有些厚度的分量看來卻相當輕盈，隔音或隔熱性能也相對地高，還有高粱獨有的味道。在規格尺寸方面，以前較多樣化，現在則大多是固定生產 1,820×910 公釐、厚度 20 公釐的產品。另外若是向製造商日本光洋產業直接購買，就有可能零售購入。價格約為 7,200 日圓／塊左右。

加工性與合板相同。雖然高粱屬板材在鑽孔與曲線切割上沒有問題，但不適合做鉋木機加工。再加上板材容易產生缺角，釘子的抓力低，最好能一併使用黏合劑較妥當。另外，塗裝時一定要使用二度底漆，以防止滲入。雖然也能採用浸油處理的方式，但相較之下造膜型的塗裝比較合適。

結構用單板積層材（LVL）

組合嚴選的單板，使用酚樹脂結構接著劑層積接著而成的產品

結構用單板積層材（LVL）│ 11.5×（235/286/302-600）mm（38/51/89mm厚）11.5×302mm（89mm厚）時，參考價格：JPY 86,547/塊（O-SHIKA）

積層束狀材（LSL）

將白楊或楊樹切割成長300mm的木片，並整合成方向一致後壓縮而成的產品。切削、鑽孔、研磨、釘子或螺絲等抓力都與實木板材差不多

積層束狀材（LSL）│ 302×4,267mm（38mm厚）│定價：JPY 7,160/塊（佐久間木材）

積層平行束狀材（PSL）

把單板切割成寬16mm、長2.5m、厚2～4mm的木片，混合具有耐水性的黏合劑後，經壓縮而成的產品

積層平行束狀材（PSL）│ 210×4,000mm（105mm厚）│參考價格：JPY 28,667/塊（O-SHIKA）

高粱屬（蜀黍屬）板材

使用禾本科高粱屬製成的產品。雖然輕質但欠缺釘子的抓力

高粱屬板材│ 910×1,820mm（20mm厚）│定價：JPY 8,940/塊（佐久間木材）

扁柏+藺草（燈芯草）板材

使用日產的疏伐材等樹皮所製成的產品

扁柏+藺草板材│ 910×1,820mm（4mm厚）研磨處理│定價：JPY 10,000/塊（佐久間木材）

麻莖塑合板

使用麻的莖部編織成竹簾狀，並張貼於高粱屬的板材心材而成的產品

麻莖塑合板│ 910×1,820mm（7mm厚）│定價：JPY 2,700/塊（佐久間木材）

生質板

粉碎禾本科的稻桿或麥桿，混入黏合劑後，熱壓固化製成的產品。用途與中密度纖維板（MDF）相同

生質板│ 1,500×2,400mm（15mm厚）│定價：JPY 6,140/塊（Bioboard）

木質板材的施工與收整

POINT
● 使用木質板材做為牆壁或天花板的完成面材料時，可用銷釘或雙面膠帶等加以固定。此外，版面配置或灰縫（間隙）等檢討也相當重要。

說到用木質板材裝潢完成面，以前的壁櫥採用柳安合板，但近年來以椴木合板裝潢客廳的牆壁或天花板的案例增加。用於完成面的材料厚度大多是 5.5 公釐，但也有 4 公釐的。由於使用長寬尺寸為 910 × 1,820 公釐的板材，不但施工性比壁板好，就連總成本也較低。

木質板材的施工

木質板材一般由木工施工。施工順序依照「地板→牆壁→天花板」或者「地板→天花板→牆壁」擇一進行（參照 P41）。因為沒有設置榫頭，所以施工方法有對接或長條式接合（留有接合縫隙）的方式。在設置時，為了讓釘頭不至於過度明顯，可使用打釘槍打入銷釘或暗釘。若對設計有所講究的話，也可不使用連接接頭，改以雙面膠帶與黏合劑固定。假如空間設計是走狂野粗獷風格，直接打上面釘也無所謂。

在配置版面的同時，也必須思考灰縫的整齊、美觀性。因此，雖然價格上比壁板便宜，但以面積比來算，卻較花時間。

木質板材的收整

一般來說，灰縫的寬度幾乎與板材厚度相同。但是，灰縫寬度愈大就愈容易看見灰縫底部，所以必須把這點列入考慮，思考這個部分的處理方式。舉個例子，假設合板厚度為 4 公釐，則灰縫寬度控制在 3 公釐左右就能避免灰縫底部過於明顯的問題。

牆外角的收整處理依照方式的不同，做法也會不同，有設置灰縫的方式或以對接收整的方式。採用前者的收整方式時，如圖 4 所示，一般搭配收整條（配件）收整。若是採用後者的話，可把板材固定在角落處，使兩邊恰好可以對接。不過，這種方式很難做得完美。

另外，用黏合劑等固定住的部分，在經過一段時間之後，這些黏著的部位很多都會出現脫落現象。而選擇對接的方式收整也只要搭配配件輔助，就能一勞永逸。

圖1　木質裝潢板材天花板完成面的收整

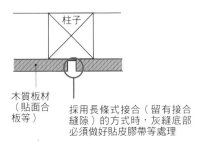

木質板材
（貼面合板等）

採用長條式接合（留有接合縫隙）的方式時，灰縫底部必須做好貼皮膠帶等處理

圖2　木質裝潢板材牆壁完成面的收整

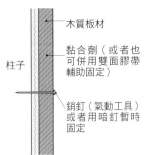

木質板材

黏合劑（或者也可併用雙面膠帶輔助固定）

柱子

銷釘（氣動工具）或者用暗釘暫時固定

完成面上的螺絲頭與釘頭是否隱藏，會對作業量造成天壤地別的差異

圖3　合板裝潢板材天花板、地板完成面的收整

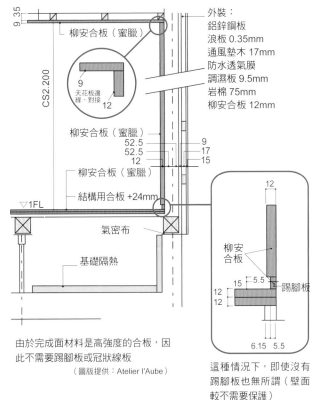

9.35

CS2.200

柳安合板（蜜臘）

9
天花板邊緣、對接
12

外裝：
鋁鋅鋼板
浪板 0.35mm
通風墊木 17mm
防水透氣膜
調濕板 9.5mm
岩棉 75mm
柳安合板 12mm

柳安合板（蜜臘）
52.5
52.5
12

9
17
15

柳安合板（蜜臘）

結構用合板 +24mm

▽1FL

氣密布

基礎隔熱

由於完成面材料是高強度的合板，因此不需要踢腳板或冠狀線板

（圖版提供：Atelier l'Aube）

12

柳安合板

15　5.5

12
12

踢腳板

6.15　5.5

這種情況下，即使沒有踢腳板也無所謂（壁面較不需要保護）

圖4　木質板材的角落收整

① 採用企口加工接合（留接合縫隙）的範例 1

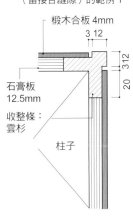

椴木合板 4mm

3　12

312

20

石膏板
12.5mm

收整條：
雲杉

柱子

② 採用企口加工接合（留接合縫隙）的範例 2

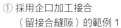

平板（橫斷面是沒有倒角加工的板材）

3　4

石膏板
12.5mm

椴木合板
4mm

③ 採用對接的範例

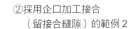

椴木合板 4mm

4

9

石膏板
12.5mm

收整條：雲杉

④ 採用斜接的範例

椴木合板 4mm

斜角接合

黏合劑

斜接收整雖然美觀，但容易開口

⑤ 採用凹凸槽收整

企口加工接合　椴木合板
或對接　　　　12mm

6 左右

假釘固定

凹凸槽收整

黏合劑

石膏板
12.5mm

椴木合板
4mm

柳安合板
4mm

活用材料的關鍵①
木材

活用大塊板材

　　大塊板材展現的獨特質感，是木材的魅力之一。照片 **1** 是茶室的事例。爐的周圍是以兩塊 L 型大塊板材所構成。巧妙地拼揍成精緻模樣後，不但創造出獨特的驚喜感，也強調出木材的存在感。

　　照片 **2** 是緣廊。這也是以大塊板材構成的設計。以往在茶道館等地方經常可見。由於此處面向外部，風化速度較快。用於不惜重金鋪設高級板材的半開放空間，能感受到一股奢華感。

　　3 與 **4** 是大門的門板。在強調大門板上，與門板相搭的粗獷五金配件是一大重點。另外，大塊板材即使像 **5** 一樣塗上顏色，也不失木材原有的質感。

　　6 與 **7** 是神社寺院的木牆。張貼大小為 30 公分寬的板材，並塗上白色。與前段提及的紅色門板一樣，這種分量十足的板材，即使經過塗裝也不會喪失木材的質感。

　　如以上所述，使用的木材只要具備要求以上的機能，就可以降低表層作業時的影響。像這樣把大塊板材當做「單板」使用，創造的效果著實令人驚豔。

2

石材＋磁磚＋
玻璃篇

原注本書中所記載的產品價格，建議零售價的部分是以「參考價格」標示，而其他不二價的產品則是以「定價」標示。此外，除了特別標示以外，產品價格皆不包含運費、工資、消費稅等。由於價格會隨著市場波動，欲知詳細內容，請洽詢各廠商或代理店。

石材的製造工程

POINT

● 花崗石是以高速火焰噴槍切割岩石,再用黑火藥炸開底部取出的石塊(即原石)。在石塊上打入金屬楔子進行石塊分割,並用鋼砂拉鋸切成未經加工的石板後再施加表面處理。

　　從岩盤採集石材、切割出巨大原石的方法有很多種。本節以花崗石為例,介紹最為通用的高速火焰噴槍切割法供參考。

　　花崗石是由長石或石英、雲母等礦物所組成。由於這些礦物的膨脹率都不同,一旦施加高溫,就很容易發生剝離或開裂情況,並從岩盤上剝落下來。因此,高速火焰噴槍正是利用此項特性,在岩盤上用巨大噴槍持續加熱,然後再施加風壓,將岩盤切割成約 10 公分寬的石塊。

　　使用高速火焰噴槍切割岩石的側面(四個面)之後,在底部放入黑火藥炸開岩石的這項作業稱為「開採作業」。首先在切割好的岩石底部,以削岩機等距鑽孔。接著,在鑽好的小孔裡填入黑火藥,並透過瞬發雷管引爆。此時,為了避免將石材炸成小碎塊,火藥量應控制在最低限度。這個部分必須借助專家的經驗與知識。

　　另外,由於石材具有石紋,所以必須一邊注意石紋,一邊用鑽孔機鑽孔、把一種稱為劈裂器(se-ri-ya)的金屬楔子打入石中輔助開採。如此一來,石材就會順著天然石紋裂開。萬一石材過於巨大,也可再次使用黑火藥。

從石塊製成石板

　　將石塊鋸切成可搬運的大小尺寸後加工成板材狀。通常主要採用鋼砂拉鋸進行加工,鋼砂拉鋸是數個 4 公釐厚的碳棒切刃並排組成的切斷機。為了有效發揮鋼砂拉鋸的功效,石塊表面需灑上直徑 1 公釐的鋼砂與石灰水的混合液,以輔助碳棒壓住石塊並切斷。假設是切割成石磚(規格品)的話,可用複數以上圓鋸搭配一種稱為多邊切割機所製成的一體化機械,一口氣將整塊材料鋸切成多塊相同尺寸的小石磚。

　　未經加工的石板是利用鋼砂拉鋸切割成約 20 ～ 60 公釐厚的大塊石板素材。對未經加工的石板進行表面加工後,利用小型圓鋸機的圓鋸切割出所需的長或寬,最後再對橫斷面等進行完成面處理。目前需求度較高的拋光處理與 J&P(jet and polishes 的簡寫,意指噴射式拋光)都已機械化,使作業更趨便利。

圖1　石板加工的大致流程

①原石

②鋸切成既定厚度

稱為未經加工的石板

③完成面

噴槍

④拋光

研磨石

⑤鋸切成所需的長、寬

小型圓鋸機（小片圓鋸）

步驟⑤後依照需求進行橫斷面的平面或弧形拋光

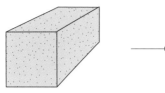
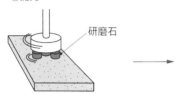

圖2　鋼砂拉鋸鋸切的原理

灑上混有直徑1公釐的鋼砂與石灰水的混合液。石灰水可防鏽，提升施工性

切刃為4mm厚的碳棒

切刃如圖示箭頭方向擺動，鋸切成石板素材

利用切刃與鋼砂之間的磨擦力來鋸切石塊
可一次鋸切成多塊，有利大量生產

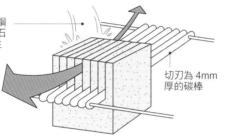

圖3　多邊切割機鋸切的原理

用複數刀刃的圓鋸進行縱向鋸切

用複數刀刃的圓鋸進行橫向鋸切

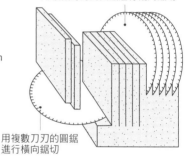

圖4　拋光方式

<移動石板的方式>

旋轉不同粗度的研磨石，將石板素材放在輸送帶上，輸送經過研磨石下方時便可達到自動拋光的效果

<移動研磨石的方式>

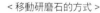

集中研磨石並使其一起旋轉

最新型的拋光機具有雙重旋轉的功能，可提升拋光效果

附著的數個研磨石是採各自旋轉

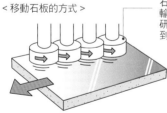

圖5　橫斷面拋光機

拋光機的側邊有6～8個旋轉研磨石，石板素材置於輸送帶上時必須留意側邊是否有緊貼研磨石

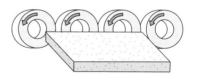

圖6　各種石種的拋光方式不一

<以大理石為例>　　<以花崗石為例>

研磨石

由於大理石比花崗石軟，所以研磨石是緊貼表面拋光。花崗石較硬，必須如圖示箭頭方向來回擺動研磨石，以尖端碰觸花崗石的表面進行拋光

2

石材＋磁磚＋玻璃篇

花崗石

POINT

● 花崗石具有強度，其耐氣候性或耐藥品性佳，且吸水率低，因此較不容易風化。近年來，日本市場以中國產的平價規格品為大宗。

在構成大地的岩石當中，花崗石屬於一般石種。日本的花崗石因產自兵庫縣御影鄉，所以在當地又稱為「御影石」。花崗石是種具有強度，不僅耐氣候性或耐藥品性優良且吸水率低，是不易風化的石材。只是，花崗岩不耐高溫、高熱，其礦物成分受到熱膨脹會產生裂痕等現象。

雖然日本國內也有花崗石的產地，但近年來仍以中國產為主的平價進口石材席捲日本市場。還有，以往可從未經加工的大型石板，思考表面紋路紋樣和紋路位置後再切割成所需的尺寸，但最近愈來愈不重視表面紋路的配置，市面上大量流通的都是預先切割成 300、400 公釐方形的規格品。

花崗石的表面處理

花崗石的表面處理方法相當多。以下介紹幾種較具代表性的方法。

(1) 拋光（Polished）

用拋光機拋光石材表面的方法。依照粗磨→亞光→拋光的順序完成。由於亞光後的表面光澤別具一番風味，所以有時也會把亞光當成是最終處理，不再另外拋光。

(2) 機切（Machine cut）

用一種稱為鑽石圓鋸的切削機切斷石材，切斷面的表面不做任何處理。雖然切斷面的表面沒有光澤，但卻具有平滑性。

(3) 火燒（Flamed）

這是以火焰噴槍處理石材表面，使礦物成分中的礦物顆粒熱脹鬆動，形成凹凸表面的方法。具有極佳的防滑效果。

(4) 噴砂（Sand blasted）

這是以高壓將鐵砂等噴附在石材表面，使表面呈現凹凸狀的方法。不但觸感比燒面的柔和，也較容易保留石材本身的顏色。

(5) 菠蘿（Rough picked）

這是只削平石材自然面的隆起部分，讓表面形成平整粗面的處理方法。

(6) 荔枝（Bush hammered）

這是用錐形鐵鎚把石材表面打擊成凹凸不平的方法。也可用機械取代。

(7) 剁斧（Chiselled）

又稱龍眼面，將已加工成荔枝面的石材再用刀具或斧加以輕扣。表面呈現刀刃般的條狀紋路。屬於高級的表面處理方法。

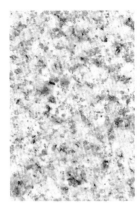

白花崗石

一般的白花崗石。照片是經過拋光的產品

G603 ｜ 拋光 300 300mm 方形（12mm 厚）｜ 定價：JPY 1,980/m²（SANWA COMPANY）

西班牙玫瑰紅

這種花崗石產自於西班牙北部、靠近葡萄牙國界的波利諾。特徵為米黃色與粉紅色的色調。照片是經過拋光的產品

西班牙玫瑰紅 拋光 400 400mm 方形（12～13mm 厚）｜ 定價：JPY 7,200/m²（SANWA COMPANY）

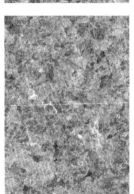

巴西加賓紅

產自於巴西卡龐波尼托（葡萄牙語：Capão Bonito，巴西聖保羅州的一個市鎮）的紅色系花崗石。表面用噴槍處理，經過約 1,800℃的火燄處理後，表面呈現凹凸狀

Capão JB400 ｜ 拋光 400mm 方形（12～13mm 厚）｜ 定價：JPY 8,500/m²（SANWA COMPANY）

虎皮石

花崗石中少見的波紋狀。色調呈灰褐色

AG-8481 虎皮石｜拋光 400mm 方形（12mm 厚）｜定價：JPY 7,500/m²（ADVAN）

西班牙翡翠珍珠

產自於西班牙的花崗石。具有翡翠珍珠的色調。照片是經過拋光的產品

西班牙翡翠珍珠｜拋光 400mm 方形（12mm 厚）｜定價：JPY 6,860/m²（SANWA COMPANY）

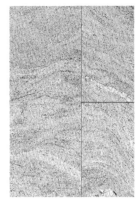

南非淺黑

產自於南非的深綠色花崗石

AG-8436 南非淺黑｜拋光 400mm 方形（12mm 厚）｜定價：JPY 11,000/m²（ADVANN）

中國帝王黑

產自於中國，是經過高速火焰噴槍處理和拋光處理的花崗石。具有止滑效果

FSG-8420 中國帝王黑｜拋光 400 mm 方形（12mm 厚）｜定價：JPY 5,100/m²（ADVAN）

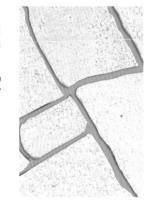

花崗石 不規則狀

珍珠白的花崗石。方形帶有圓角，散發復古氣息。另外也有紅色系與黃色系的產品

Gardena stumble 白｜ST06026 不規則狀（15～20mm 厚）｜定價：JPY 2,980 /m²（SANWA COMPANY）

大理石

POINT
● 日本的大理石是由義大利、南美、中國等國家進口，拋光後具有光澤。質地軟、耐火性低，且抗酸鹼性弱。主要用於室內裝潢。

大理石是變質岩的一種，主要成分是方解石。正式名稱為結晶石灰石（Crystalline Limestone）。大理石的名稱源於產自中國雲南省大理市的斑狀石灰石而得名。現在日本的大理石是從義大利或南美、中國等國家進口。

大理石的組織相當緻密，只要經過研磨就會出現美麗光澤。不過，大理石的質地軟、硬度低，以致容易留下痕跡。因此，拋光處理的完成面也較容易失去光澤。再加上大理石的耐火性也低，600℃左右便會崩壞以及不耐酸鹼性的特質，使得只要接觸到檸檬或柳橙也會腐蝕。此外，由於吸水率強，導致大理石表面的髒汙也會滲透到內部深處。

大理石也與花崗石一樣，規格品的進口數量逐漸增多，而且也不太講究紋路或紋路位置。紋路不相連、呈不規則狀，極富趣味的大理石，或者是不易產生不規則狀（天然）的大理石，近年來都相當受到喜愛。

大理石的表面處理與維護

雖然大理石的表面處理幾乎都是採用拋光的方式，但現在後續還會再施加亞光處理。所以，最近已經很少見到自然面的大理石。

如前所述，大理石會因為衝擊與浸水而失去光澤，所以為了長期保有原本的光澤，會在表面或背面塗布滲透型保護劑（密封劑），讓水不會滲透到內部。

雖然有時也會用蠟代替，但如此一來就會破壞原來的自然樣貌，變成明顯是經過人為加工的大理石。因此，採用滲透型保護劑才是上上策。

還有，日常維護嚴禁使用酸性的清洗劑或清潔劑。雖說沒用清洗劑也能洗得乾淨，但遇到洗不掉的頑強汙垢時，可以把中性清洗劑稀釋後再使用，一邊觀察一邊慢慢增加清洗劑的用量。

當大理石的鏡面光澤逐漸轉變成暗淡、模糊不清時，就得再次拋光才能恢復光澤。方法是把數片拋光用的鑽石片安裝在地板拋光機上，切記一定要上蠟之後才能開始拋光。但有一點需要注意的是，即使同為大理石，也有分易拋光成鏡面的，和不易拋光成鏡面的，所以拋光前務必先確認清楚。

義大利白

（Bianco-Carrara，又稱卡拉拉白）

產自於義大利的白大理石。照片是經過亞光的產品

CM-94373 義大利白｜亞光 400mm 方形（13mm 厚）｜定價：JPY 6,600/m² （ADVAN）

爵士白

產自於希臘的純白大理石。表面有透明或褐色的條紋

MAR-120 爵士白｜拋光 400mm 方形（13mm 厚）｜定價：JPY 5,900/m²（ADVAN）

阿拉伯白

產自於義大利的大理石。在當地大多用於教會建築。特徵為綠色的斑紋

CM-4523 阿拉伯白｜拋光 400mm 方形（13mm 厚）｜定價：JPY 9,400/m²（ADVAN）

舊米黃

產自於義大利博蒂奇諾（義大利布雷西亞省的一個市鎮）山的大理石。照片是經過拋光的產品

CM-4501 舊米黃｜拋光 400mm 方形（15mm 厚）｜定價：JPY 6,600/m²（ADVAN）

香檳紅

產自於義大利的大理石。呈粉橘色的色調

CM-4205 香檳紅｜400mm 方形（13mm 厚）｜定價：JPY 9,800/m²（ADVAN）

羅馬洞石

產自於義大利的大理石。因為羅馬地層富含溫泉，所以表面受到影響產生空隙

CM-720H46 羅馬洞石｜亞光 表面的洞不補金粉 600×400mm（15mm 厚）｜定價：JPY6,800/m²（ADVAN）

火山紅

紅色系大理石產自於西班牙南部的阿拉坎特。表面呈不規則的波紋狀

IB-4012 火山紅｜拋光 400mm 方形（15mm 厚）｜定價：JPY 8,300/m²（ADVAN）

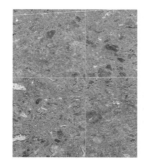

穆爾西亞（西班牙東南部城市）淺金峰石

米黃色系的大理石。混雜白色與綠色的化石。原石的空隙採填孔處理

CM-713P4 穆爾西亞淺金峰石｜拋光 400mm 方形（15mm 厚）｜定價：JPY 12,500/m²（ADVAN）

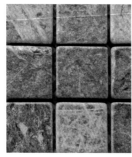

大理石馬賽克 平面

振動研磨，呈無光澤感的馬賽克方格。每塊都是方形、大小約 23 立方公釐。照片是綠色系的大理石

RA-05-16 大理石馬賽克地板成品｜自然光澤 305mm 方形 薄片（10mm 厚）｜定價：JPY 11,800/m²（ADVAN）

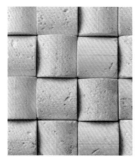

大理石馬賽克 凹凸面

大小約 20 立方公釐的方形、具圓弧立體感的馬賽克方格。透過拼組看起來就像編織品

JD-50501 凹凸面 復古地板｜300mm 方形（10mm 厚）｜定價：JPY 9,800/m²（ADVAN）

2

石材＋磁磚＋玻璃篇

key word 034

石灰石

POINT

● 石灰石是由石灰質（碳酸鈣）的泥土與生物殘骸堆積而成的沉積岩。其中最具代表性的有萊姆石等。表面加工的方式有機切或荔枝、開裂、拋光等種類相當多樣。

石灰石的特徵

石灰石是由石灰質（碳酸鈣）的泥土與生物殘骸堆積而成的沉積岩，含有珊瑚或貝殼等化石。這種岩石會因岩漿的高溫產生變質作用，使碳酸鈣再結晶化，進而形成萊姆石。

萊姆石大多偏白。由於含有的碳酸鈣比例較高，所以混入雜質後就會形成各種色調。主要產地是葡萄牙共和國與法國，不過日本市面上也有流通其他像美國產或土耳其產的萊姆石。

除了白色系的萊姆石以外，日本也有進口青綠色或褐色、黑色系的印度產萊姆石。以品種來看，不但有這種稱為萊姆石的石灰石，還有日本沖繩產的琉球石灰石。琉球石灰石是白色多孔質的素材。

石灰石的完成面

石灰石的表面處理方式有很多種。第一種是用鋼砂拉鋸進行鋸切，然後保持鋸切後的機切面；第二種是以槌子或劈裂器將原石鑿下後，維持原有的自然面；第三種是以氣動鑿鎚敲打表面，使表面布滿凹凸痕的荔枝面加工；第四種則是平面的亞光、或具有光澤度的拋光面。萊姆石為了具有良好觸感，通常都採用亞光較多。

因為萊姆石是沉積岩，所以硬度低、容易留下痕跡，而且抗酸性也弱。由於吸水率高的關係，髒汙很容易滲透到內部。因此，把中性色調的白色系紋理用於內壁的事例相當多。

另外，像浴室等用水區域，最容易失去光澤且易滲透變色，所以選用前需多加考量。如先前所述，因為抗酸性弱，維護時千萬不可使用酸性的清潔劑或除霉劑等。還有，若是鋪設於客廳地板，採用不易滲透髒汙的拋光處理較好。還要預防石材吸水，背面與橫斷面上都必須塗密封劑，這點在施工時要特別注意。

西班牙白砂石
（Caliza Capri）

產自於西班牙的萊姆石。表面無條紋、相當平整。照片是經過拋光的產品

SOS0018 西班牙白砂石｜拋光 400 400mm 方形（15mm 厚、無倒角）｜定價：JPY 5,950/m²（SANWA COMPANY）

西班牙萊姆石

產自於西班牙的萊姆石。呈明亮的乳白色（象牙色）系色調。有些表面可見褐色的條紋或小化石

LEV-4201 西班牙萊姆石｜拋光 400 mm 方形（15mm 厚）｜定價：JPY 6,300/m²（ADVAN）

銀沙石

產自於葡萄牙共和國的萊姆石。特徵為條紋樣式

ST03029 銀沙石｜拋光 400 400mm 方形（15mm 厚）｜定價：JPY 5,900/m²（SANWA COMPANY）

萊姆石自然面（切開後不研磨）

乳白色（象牙色）系色調的萊姆石。特徵為條紋樣式與粗糙的質地

LEV-93615 萊姆石｜自然面（切開後不研磨）300×600mm（20mm 厚）｜定價：JPY 8,600/m²（ADVAN）

火山石灰石

灰色色調的萊姆石。有分條紋樣式與表面有空隙的產品。照片是經過拋光的產品

BAL-4060 火山石灰石｜拋光 400× 600mm（15mm 厚）｜定價：JPY 6,400/m²（ADVAN）

藍灰石灰石

產自於西班牙的萊姆石。淺灰色的質地可見淡淡的條紋樣式。照片是經過亞光的產品

ST03019 藍灰石灰石｜亞光 400 400mm 方形（13mm 厚）｜定價：JPY 8,077/m²（SANWA COMPANY）

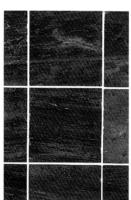

孔雀藍石灰石

產自於印度南部的萊姆石。以深灰色為基底，布滿藍色的條紋。照片是經自然面處理的產品。其他也有經噴砂、拋光、亞光等處理的產品

Limestone Lime Peacock 磚形｜300 mm 方形（11 ～ 13mm 厚）｜參考價格：US$11.24（約 885 日圓）/m²（Arvicon International）

印度科塔褐色石灰石

產自於印度北部的石灰石。顆粒小且呈明亮褐色系。照片是經刷洗處理的產品。有大塊或圓石、磚形等形狀

Limestone Kota Brown 磚形｜600× 300mm（20 ～ 40mm 厚）｜參考價格：US$13.54（約 1,066 日圓）/m²（Arvicon International[原注]）

原注：Arvicon International 的產品是接單後從印度進口的產品。

凝灰岩

POINT
- 凝灰岩質地較軟、易加工且耐火性高。但從另一方面來看，則是比重低、吸水率高。在日本國內較有名的是大谷石與芦野石、伊豆青石等。

凝灰岩是細緻的火山灰經堆積、硬化所形成的岩石。由於質地軟，再加上開裂方向並無特定，所以相當容易加工。雖然比重比花崗石低，但吸水率較高，所以耐火性強。大多採用亞光、自然面或機切等方式處理表面。不過，表面質地軟、易留下痕跡，且附著髒汙後不好清除。至於耐酸性則是依石種而異。

大谷石

日本最具代表性的凝灰岩是櫪木縣宇都宮市大谷町出產的大谷石。一般都做成石牆等外牆用的結構材料。近年來有許多案例是把大谷石鋸切成板狀薄片貼在牆上或地板上。表面處理的方式有拉溝面處理、平面處理、荔枝面處理、自然面處理等，主要目的都是強調質感。當做為室內的裝潢材料使用時，主要的施工方法是以黏合劑進行張貼作業。

其他的凝灰岩

日本櫪木縣鹿沼市出產的深成岩，乍看之下與大谷石非常相似，因此也有人將其歸類到大谷石，但深成岩偏白色。由於吸水率低，適用於用水區域。相較於大谷石從地下採集，深成岩則是取材自山的表面。

芦野石產自於日本櫪木縣那須郡等地。其吸水率高、質地軟，因此用於室外或浴室的話，最好搭配撥水劑使用。表面經平滑、無光澤的亞光處理的效果很美麗。

伊豆青石產自於日本靜岡縣伊豆之國市，所以也稱為伊豆若草石。色調呈青綠色，外觀酷似大谷石，遇水會顯得更加碧綠。

十和田石與伊豆青石非常相像。產自於日本秋田縣大館市的比內地區，特徵是混有藍色和綠色的色調。因為兩者遇水都不太滑，所以經亞光處理後多用於浴室的地板或浴缸。容易附著髒汙或易染色這點雖然會因水質而異，但還是令人感到相當棘手，幸好最近已有發售十和田石與伊豆青食專用的清洗劑，效果相當地不錯。

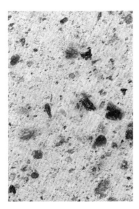

大谷石（中顆粒）

大谷石石中所含的煤玉，顆粒大的稱為粗顆粒；顆粒小的稱為細顆粒；不大不小的則稱為中顆粒。照片是表面經過鑽石研磨的產品

大谷石 中粗 鑽石研磨｜600×300mm（20、25、30mm厚）｜參考價格：JPY 12,500～14,200/m²（大谷石材同業工會）

大谷石（細顆粒）

照片是細顆粒、自然面的產品。天然表面散發出一股粗獷不羈的氣息

大谷石 細 自然面｜600×300mm（20、25、30mm厚）｜參考價格：JPY 17,200～18,900/m²（大谷石材同業工會）

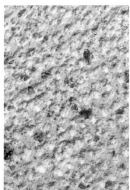

大谷石（細顆粒）

照片是以鑿鎚加工製成的產品。大谷石中的煤玉愈小愈不易造成空隙

大谷石 細 荔枝面｜600×300mm（20、25、30mm厚）｜參考價格：JPY 17,200～18,900/m²（大谷石材同業工會）

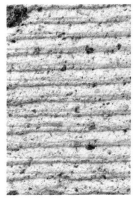

大谷石（細顆粒）

照片是經拉溝面處理的產品。橫條紋帶有些微摩登氣息

大谷石 細 拉溝面｜600×300mm（20、25、30mm厚）｜參考價格：JPY 15,400～17,000/m²（大谷石材同業工會）

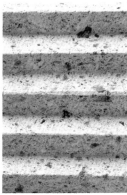

大谷石（細顆粒）

照片中的產品為細顆粒、且加工成凹凸的蛇腹摺紋狀

大谷石 細 蛇腹摺紋狀｜600×300mm（20、25、30mm厚）｜參考價格：JPY 15,400～17,000/m²（大谷石材同業工會）

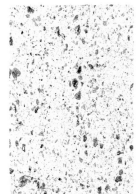

深成岩

日本櫪木縣鹿沼產的凝灰岩。照片是經鑽石研磨的產品。質地軟、加工性優良。遇水呈鮮綠色

300mm方形（15mm厚）等｜參考價格：JPY 12,300/m²（川田石材工業）

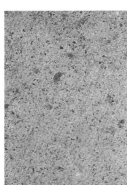

黑雲母花崗石

黑雲母花崗石經長時間的燒成所變化形成。顏色依燒成溫度的高低而異，從淺色的米黃色、紅磚色到深色的褐色都有

黑雲母花崗石｜600×300×22mm 約9kg/塊（白井石材）

十和田石

特徵為淡綠色的色調。遇水呈鮮明亮眼的綠色

十和田石｜600×300mm（22mm厚）｜參考價格：JPY 20,100

2

石材＋磁磚＋玻璃篇

黏板岩、安山石、石英石

POINT

● 黏板岩的質地堅硬、吸水率低且耐藥品性優良。而安山石一般都比較硬、抗酸性佳。至於石英石則是相當堅硬，抗汙性或抗風化性都強。

黏板岩

黏板岩是堆積岩的一種，由硬化後的泥岩等堆積成層狀後所形成的岩石。大部分是自岩面鑿下，製成板狀薄片後使用。也稱為板岩，傳統常用於屋頂或牆壁、地板等場所。黏板岩不但表面硬、吸水率低，且耐藥品性極佳。表面處理可選用亞光處理，或者不另外加工，直接以自然面呈現也相當美觀。

日本現在是從西班牙、巴西、加拿大、美國、中國等國家進口。顏色從綠到黑都有，色彩相當豐富，另外加工時的黏性或吸水率等性能也是形形色色。日本宮城縣的雄勝地方直到一九九〇年代後半期為止，仍不斷地持續生產，而且該地出產的黏板岩在緻密的外觀或石材特性，相當受到市場好評。

安山石

雖然安山石一般都很堅硬、耐酸性佳，但依照石種的不同，有些仍會被酸侵蝕。由於吸水率比較高，所以與花崗石一樣，必須注意不可長時間接觸到髒汙。表面處理大多以具有石紋特徵的自然面為主。

在安山石當中，最常見的是鐵平石。鐵平石同時具有水平層理的「板狀節理」與垂直層理的「柱狀節理」，一般使用的岩片就是從這兩處鑿下再加工成建材。安山石的石質硬，且耐火性或耐侯性、耐重性、耐酸性都相當優良。在日本的長野縣諏訪地方到佐久一帶大量出產。而過去曾以產地為中心，被用做屋頂材料，現在則主要以不規則的方式鋪貼步道或地板、牆壁腰線。這是因為以往像職人般的隨興鋪設方式曾經相當普及。

石英石

石英石也是一種被稱為矽岩的堆積岩之一，凡是含有大量石英成分的石頭，都可以統稱為石英石。石英的礦物密度高，因此相當堅硬，不但抗汙性或抗風化性強，吸水性也低。大多都是以自然面處理鋪設道路或地板。因為當中含有許多石英、水晶成分，所以具有十分獨特的光澤。主要產地為南美洲、巴西、中國。

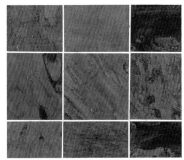

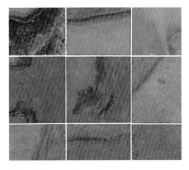

板岩

一般板岩的天然外觀。含有的天然鐵成分
生鏽後所形成的色調

CPB-83 板岩 不規則狀 自然面處理 亂形（10～
30mm 厚）｜定價：JPY 3,800/m² （ADVAN）

五彩多邊板岩

產自於印度北部的板岩。共有黑色、葡萄
酒紅、金色、米黃色、紫色、灰色等色系，
每塊色調的差異都很大

Rainbow Multi Slate 磚形 300mm 方形（9～
11mm 厚）｜參考價格：US$5.34（約420日圓）
/m²（Arvicon International 原注）

Mac Green Rustic Slate

產自於印度南部的板岩。色調由綠色系的
底色逐層轉變成茶色系。照片是經過自然
面處理的產品。可加工成 600 × 1,200
mm 的平板

Mac Green Rustic Slate 磚形 300mm 方形（9～
11mm 厚）｜參考價格：US$6.01（約480日圓）
（Arvicon International）

鐵平石

產自於日本長野縣諏訪地方的鐵平石。外
觀呈紅色中帶有鏽色的色調。相當容易加
工成薄板狀

諏訪鐵平石 600×300mm（22mm 厚）

鐵平石

產自於日本兵庫縣丹波市的鐵平石。特徵
為具有淡茶色～紅褐色的色調。散發出低
調沉穩感

丹波鐵平石 600×300mm（22mm 厚）

Porfido

產自於義大利的斑岩。當地大多用來鋪設
石道或石階等

Porfido 不規則狀 亂形（15～35mm 厚）｜
定價：JPY 4,230/m²（SANWA COMPANY）

石英石（雪花）

含有石英結晶的石材。遇水時色調加深發
出閃耀光芒

CPB-87 石英石 雪花 亂形石 自然面處理（10～
30mm 厚）｜定價：JPY 3,800/m²（ADVAN）

石英石（淺粉色）

產自於巴西的石英石。色調從白色系到粉
色系都有，色調範圍相當廣泛

SRK0009 淺粉色 亂形石（15～30mm 厚）｜
定價：JPY 3,800/m²（SANWA COMPANY）

石英石（淺黃色）

產自於巴西的石英石。色調從白色系到黃
色系都有，可營造明亮、活潑的氣氛

SRK0005 淺黃色 亂形石（15～30mm 厚）｜
定價：JPY 3,800/m²（SANWA COMPANY）

原注：Arvicon International 的產品是接單後從印度進口的產品。

石材的施工與收整

POINT

● 石材的內壁施工，主要是以接著工法為主。以玻璃纖維（FRP）防水的傳統浴室是在上方張貼石材。另外，傳統浴室裡也會採用砂漿墊層的工法。

一般住宅等內裝所使用的石材，幾乎都是「石磚」的規格品。用途以用於玄關前廊的案例最多，其次是做為廚房或傳統浴室的地板，相當罕見也有用於客廳或餐廳。當地板採用花崗石或大理石鋪設時，表面大多都會選用粗磨或 J&P 等表面不易打滑的方式加工。而拋光主要用於牆壁的表面處理。

用於內裝的表層砌石工法與張貼石磚很像。因此，砌石工程不見得一定得由工匠施做，有很多石磚的廠商都可以兼做施工。此外，因為外構工程也經常使用石材，所以有許多外構業者也都會施工。

石材的施工方法

內壁施工大多採用接著工法。由於一般住宅的內裝，堆疊量或高度小，所以不用模具等而以接著方式張貼是主要的做法。基底是石膏板或膠合板、矽酸鈣板等，以張貼客廳地板的例子來說可稱做膠合基底板。再者，灰縫處基本上是用既製品的填縫材填補，但與木質地板等異種材料接合的部分，需注入會隨著材料伸縮的密封劑。由於近年來傳統浴室大多採用玻璃纖維防水，所以石材會從上方開始張貼。另外，為了使傳統浴室等地板可以用水沖洗，也會鋪設砂漿墊層。此時，基底是採用混凝土。

石材的施工方法，首先是在基底上灑水，然後灌入厚度約 30～50 公釐厚的砂漿墊層（水泥與砂混合製成的砂漿）後，再以木鏝抹平。接著，一邊以水平基準線為基準，一邊放上暫時性的石頭輔助，並用橡膠槌敲打平均，把多餘的部分鋸除。切斷石頭必須使用裝有專用刀刃的圓盤砂輪機。最後，把排列好的石頭暫時搬離，澆置水泥漿並一片一片地固定。截至目前為止的作業需要一天時間。灰縫填補必須等到隔天才能進行，填補後也最好注意是否振動、有無灰塵附著等。

圖1　以膠合板做為基底的石材施工方法

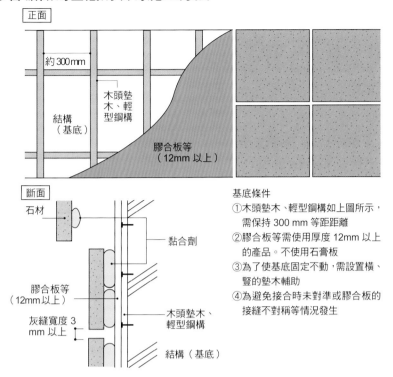

正面

約300mm

木頭墊木、輕型鋼構

結構（基底）

膠合板等（12mm以上）

斷面

石材

黏合劑

膠合板等（12mm以上）

灰縫寬度3mm以上

木頭墊木、輕型鋼構

結構（基底）

基底條件
①木頭墊木、輕型鋼構如上圖所示，需保持 300 mm 等距離
②膠合板等需使用厚度 12mm 以上的產品。不使用石膏板
③為了使基底固定不動，需設置橫、豎的墊木輔助
④為避免接合時未對準或膠合板的接縫不對稱等情況發生

圖2　外部玄關的石材收整處理（範例）

（S=1：30）

外部　　內部

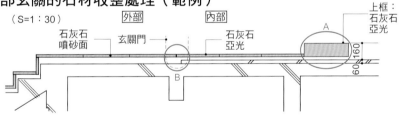

石灰石噴砂面　　玄關門　　石灰石亞光

上框：石灰石亞光

60　160

A

B

A 部位詳細圖（S=1：10）

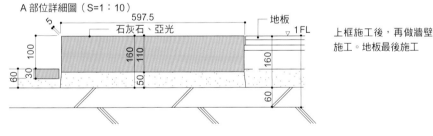

597.5

5

石灰石、亞光

100

160　110

60　30

50

地板

▽1FL

160

60

上框施工後，再做牆壁施工。地板最後施工

B 部位詳細圖（S=1：6）

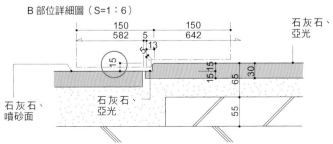

150　　150

582　5　642

5　13

15

15 15　65　30

55

石灰石、亞光

石灰石、噴砂面

石灰石、亞光

接合內部與外部的部位設計成 15mm 左右的落差，可防止雨水與灰塵進到室內

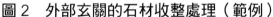

人造大理石的製造工程

POINT

● 樹脂系的人造大理石，是把填充劑與顏料加到壓克力樹脂[譯注1]中混合成液態原料，然後注入不鏽鋼製的輸送帶，待其硬化後所形成的產品。

　　本節是以樹脂系材料為中心，介紹原材料[譯注2]與製造方法。

　　樹脂系的人造大理石，是在壓克力樹脂或不飽和聚酯等合成樹脂裡，加入氫氧化鋁或碳酸鈣等填充劑或顏料，經混合後硬化形成的固體無孔質材料。原料的成分比，大致上可分成 3～4 成的樹脂、5～6 成的填充劑、以及 1% 的顏料。

　　樹脂系的人造大理石講求高密度、無氣泡且不變形。若樹脂含量過高的話，收縮會變大，製造成本也會隨之增加。反之，填充劑除了能創造類似石材的外觀與觸感之外，也具有耐燃效果。其中，最具代表性的是無臭無味無毒、白色粉末的氫氧化鋁。因為氫氧化鋁對光有很高的折射率，可以重現石材的質感。還有，氫氧化鋁在 200～350℃ 的溫度下會分解脫水，伴隨大量吸熱。當填充到樹脂產品裡，可在加熱時抑制溫度上升，當做耐燃材料使用也很適合。不過，由於成本高，有些產品會搭配機能性較差的碳酸鈣等使用。

　　主要的製造方法有兩種，第一種是把液態原料注入到不鏽鋼材質的輸送帶，使其硬化的連續製造方式；第二種是把原料注入兩塊玻璃之間，形成三明治狀態，等待硬化的分批製造方式。從效率上來看，一般都是以前者為主。另外，凹槽狀等成型品則是把原料注入模具中製造。

石英石的製造方法

　　近年來，業界最受矚目的提案，是一種稱為石英石[譯注3]的人造大理石。原料成分是 93% 的石英粉末與 7% 的聚酯樹脂、大理石粉末或少量的顏料。這些原料混合後，要在 100t 的壓力以及真空狀態下振動 100 秒，使其壓縮形成大塊石材。接著，放入窯內，以 85℃ 的溫度養生約 30 分鐘。最後，把大塊石材鋸切成所需的尺寸大小，再做拋光等表面處理即可完工。

譯注：1 簡稱 PMMA，亦稱丙烯酸樹脂。
　　　2 在工業中是原料與材料的統稱。
　　　3 英文為 Quartz stone，又稱賽麗石。

圖 1 人造大理石的製造方法

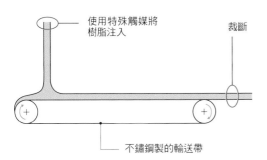

< 連續製造方式 >

使用特殊觸媒將
樹脂注入

裁斷

不鏽鋼製的輸送帶

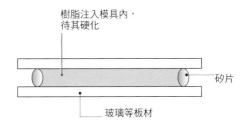

< 分批製造方式 >

樹脂注入模具內，
待其硬化

矽片

玻璃等板材

連續製造方式是使用特殊觸媒注入樹脂，使其硬化。
分批製造方式則是在兩塊玻璃之間放入矽片墊，然
後注入樹脂製造而成

圖 2 石英石的製造工程

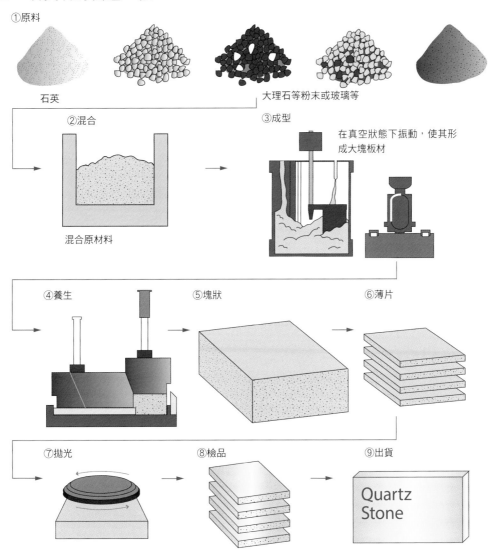

①原料

石英

大理石等粉末或玻璃等

②混合

混合原材料

③成型

在真空狀態下振動，使其形
成大塊板材

④養生

⑤塊狀

⑥薄片

⑦拋光

⑧檢品

⑨出貨

Quartz
Stone

水磨石

POINT

● 水磨石是把大理石等小石子混到水泥內製成人造大理石。色調指定容易,與天然石不同的是,不但可以亞光、也能上蠟。

磨石瓷、磨石磚

水磨石是把大理石等小石子與色粉一同加入白色水泥內混合,待成型後研磨製成人造大理石。其他也有以玻璃或貝殼取代小石子的水磨石。雖然材質類似混凝土,但耐酸性或硬度都低,容易留下傷痕。而且,比大理石還容易失去光澤。

使用的小石子種類,大部分都冠以產品名稱,其中蛇紋或白鷹等最有名。表面處理的方式有拋光或亞光,大多都是製成300公釐或400公釐的方形產品較多。一般稱為磨石磁磚,體積更大的產品則稱為磨石磚。近年來,磨石磚的接單生產量較多。水磨石算是比較容易特製的材料。再加上內部置入鋼筋,所以強度上沒問題,可用於門窗邊框等部位。

維護上與天然石不同的是,水磨石不但可以拋光、也能上蠟。對於清潔劑或剝離劑的使用沒有特別限制,不過,若使用高研磨力的刷子等清潔時,會使光澤降低(可再拋光)。

現場磨石子工程

所謂現場磨石子工程,同字面上的意思,是在現場利用磨石子工法進行地面或牆壁、櫃台等表面處理的工程。而且,還能做到無縫施工的效果。對於有分量、不對稱的設計而言,特別能發揮出效果。

地面的現場磨石子工程有幾種工法,一種是直接把砂漿塗在基底上的「密著工法」,另一種是先在地上鋪設油氈然後再以砂漿抹底的「絕緣工法」。還有一種是先在地板上鋪上約5公釐厚的砂層,然後再以抹底砂漿填入的「中間工法」。現場磨石子施工的厚度大約為40～50公釐。地板上使用的小石子必須選用能通過Ø 15公釐篩網的大小,且磨耗性低的較佳。大多都是採用蛇紋或白鷹。

雖然現場施做磨石子也算是泥作工程的一種,但因為相當注重技術能力與時間,加上成本也較高,所以現在幾乎看不到磨石子工程。不過,國外度假飯店的用水區域,例如地板或牆壁、洗臉台或浴缸等仍廣泛可見。

照片　代表性的水磨石

象牙
色粉調配比例｜只有白水泥（大阪石材工業）

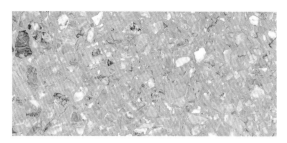

加茂更紗
色粉調配比例｜水泥 50kg：氧化鐵黃 180g：紅 90g：黑 16g（大阪石材工業）

白鷹
色粉調配比例｜水泥 500g：氧化鐵黃 40g：紅 2g：黑 3g：褐色 80g（大阪石材工業）

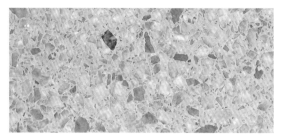

金絲雀
色粉調配比例｜氧化鐵黃 540g：紅 7.2g（大阪石材工業）

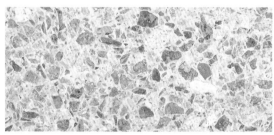

白珊瑚
色粉調配比例｜氧化鐵黃 73g（大阪石材工業）

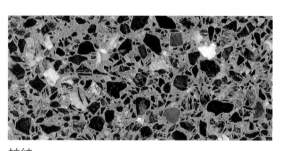

蛇紋
色粉調配比例｜水泥 40kg：綠 108g：無添加白水泥（大阪石材工業）

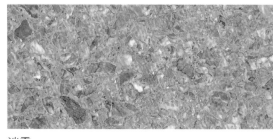

淡雪
色粉調配比例｜水泥 5kg：氧化鐵黃 380g：黑 40g：栗色 180g（大阪石材工業）

美濃霞
色粉調配比例｜水泥 40kg：黑 80g（大阪石材工業）

人造大理石

● 以樹脂和填充材等，仿照石材質感製成的材料稱為人造大理石。性能主要依照樹脂種類的不同而改變。

人造大理石的特徵

人造大理石是樹脂與無機物的化合物。這是在各種樹脂裡混合氫氧化鋁等無機質填充材所製成的成型品，外觀與天然石十分相似。特徵是具有天然石缺乏的均質性與強度，主要用於廚房檯面或洗臉台。

人造大理石依照樹脂的種類，可分成不飽和聚酯（聚酯型）人造大理石、乙烯基人造大理石、壓克力人造大理石等三種。

雖然不飽和聚酯（聚酯型）人造大理石與乙烯基人造大理石的強度或耐藥品性、耐溶劑性很優良，但是容易因紫外線或熱能變色（變黃），且髒汙不易清潔。不過，優點是製造成本相當便宜。

至於壓克力人造大理石，不但強度與前兩者相同，而且不受紫外線或熱能影響變色。外觀極富深邃。再加上使用的壓克力樹脂是以丙烯酸樹脂為主要成分，所以更能強化特徵。其中，最具代表性的是「杜邦 ™ 可麗耐 ®（DuPont™ Corian®）」，無論在設計或性能上都深受好評。

人造大理石的加工

人造大理石具有類似硬木材的加工性，是使用木工機械或木工用的電動工具進行加工。可進行裁斷（直線或曲線）、切下、開孔、倒角等加工處理。除此之外，也能做成噴砂面或雕刻等。橫斷面接合同材質。另外，表面經過仔細拋光能展現出極致光澤感。

固定方法主要以接著工法為主。可接著的材料有木質材料、金屬、砂漿或磁磚等無機素材。但是必須注意一點，絕對不可直接用螺絲固定人造大理石。當使用螺絲時，須先將膠合板板條或角材接合在人造大理石上，然後再用螺絲固定木質材料。然後，以萬能膠接著大理石，使其一體化。這樣處理，可使接縫處幾乎看不見。

照片　住宅用的熱門花色

純白人造大理石

杜邦™可麗耐®純白（HW）｜762×
3,658mm（12mm厚）（MRC・Du-
Pont）

暗白色人造大理石

杜邦™可麗耐®雪白（GW）｜762×
3,658mm（12mm厚）（MRC・Du-
Pont）

白色紋理人造大理石

杜邦™可麗耐®珍貝白（RL）｜762×
3,658mm（12mm厚）（MRC・Du-
Pont）

淡米黃色人造大理石

杜邦™可麗耐®樺木（CU）｜762×
3,658mm（12mm厚）（MRC・Du-
Pont）

特殊混合物人造大理石

杜邦™可麗耐®粗沙（BH）｜762×
3,658mm（12mm厚）（MRC・Du-
Pont）

細混合物人造大理石

杜邦™可麗耐®深黑石英（SBQ）｜
762×3,658mm（12mm厚）（MRC・
DuPont）

焦茶色人造大理石

杜邦™可麗耐®咖啡（DC）｜762×
3,658mm（12mm厚）（MRC・Du-
Pont）

純黑人造大理石

杜邦™可麗耐®黑夜｜762×
3,658mm（12mm厚）（MRC・Du-
Pont）

原注：設計價格由廠商議定。詳細內容請洽詢販賣店或代理店。

2
—
石材＋磁磚＋玻璃篇

石英石

POINT

● 在樹脂裡混合石英等所製成的材料，稱為石英石。因為硬度比樹脂系的人造大理石高，所以相當容易維護。

石英石的特徵

石英石也稱為賽麗石，是由 93% 的石英、7% 的聚酯樹脂與其他添加物所構成的人造石。由於原料當中，硬質的石英占絕大部分，所以具有相當高的硬度，且吸水率低。使其硬化的主要材料以石英為主；聚酯樹脂為輔。因為是以石英為主體，所以被歸類到人造大理石中，不過外觀看起來卻與天然石沒太大差別。

製造工程與性質

製造上，首先是將石英粉末與樹脂混合。接著，在真空狀態下振動，並施加高噸數的壓力使其成型。透過這項製程，可將看起來近似於天然石的小孔隙縮至最小化，且也能降低吸水率。然後，下一個步驟就是加熱使其硬化，提升強度。最後是進行表面拋光即可完成。這項製造流程的影片，只要以關鍵字「quartz stone」進行搜尋就可以觀賞。

在歐美或中國等國都有製造廠商，製造方法的共通性也很高，所以產品的差異性主要是在於色調或質感。雖然最普遍的產品是類似花崗石的產品，但也有花崗石所沒有的顏色、類似於大理石的產品。如前所述，因為表面的孔隙少，所以拋光後的光澤可維持得比天然石久。

用途上幾乎與花崗石相同，大多都用於檯面或地板。厚度依廠商而異，約在 12～30 公釐之間、長度約為 3 公尺、寬度最大有 800 公釐左右。至於價格，雖然各國不一，但日本則是把價格設定得比天然石或人造大理石高。

由於石英石耐熱、不易有傷痕、耐髒，所以比天然石容易維護，即使長時間接觸到紅酒或檸檬、茶或咖啡等，也不易被染色。不過，最好避免直接把燒燙的鍋子放在上面。另外，頑強的汙垢只要用家用清潔劑就能清除，在除去油垢或去光水時，只要用塑膠刀小心刮除即可。

照片　住宅用的熱門花色

白色系石英石

Fiore stone 雪白｜ 1,400×3,000mm
（12mm厚）通用檯面是450× 1,820
mm｜參考價格：JPY 251,650/ 塊
（AICA 工業）

米黃色系石英石

Fiore stone 駝色｜ 1,400×3,000mm
（12mm 厚 ） 通 用 檯 面 是 450×
1,820mm｜ 參 考 價 格：JPY
251,650/ 塊（AICA 工業）

灰色系石英石

Fiore stone 尊 貴 銀 ｜ 1,400×
3,000mm（12mm 厚）通用檯面是
450×1,820mm｜參考價格：JPY
251,650 / 塊（AICA 工業）

茶色系石英石

Fiore stone 摩卡棕｜ 1,400× 3,000
mm（12mm 厚 ） 通 用 檯 面 是
450×1,820mm｜參考價格：JPY
251,650/ 塊（AICA 工業）

黑色系石英石

Fiore stone 夢 幻 之 夜 ｜ 1,400×
3,000mm（12mm 厚）通用檯面是
450×1,820mm｜參考價格：JPY
251,650/ 塊（AICA 工業）

茶色系石英石

Fiore stone 紅褐色 ｜ 1,400×3,000
mm（12mm 厚）通用檯面是 450×
1,820mm｜ 參 考 價 格：JPY
251,650/ 塊（AICA 工業）

2
石材＋磁磚＋玻璃篇

人造大理石的施工與收整

POINT

● 訂購廚房檯面或洗臉台用的人造大理石，應明確指示整體尺寸、倒角的形狀、水槽等的凹槽或焊接的位置等。

人造大理石的施工

室內裝潢使用的人造大理石，主要用於廚房或洗臉台檯面。檯面用的有既製品[原注1]。加工性相當優良，可以用圓鋸切割，也可以用鑽孔機或鋼鐵鑽頭開孔等。

用於客製化廚房時，須個別向廠商指定的代理店或販賣店訂購。訂購時應明確指示整體尺寸的大小（縱 × 橫 × 厚度）、倒角的形狀（R20 等）、水龍頭或瓦斯爐或水槽等的凹槽位置與大小。

當固定做為檯面用的人造大理石時，若屬於厚度薄或形狀設計產品的話，可能會造成強度較不穩定。此時可用較厚的膠合板接著以增加強度。如果是無底板的狀態下也可使用的厚度時，可用 L 型金屬扣件等固定、橫跨在骨架上。這時候就要從下方的開孔，鎖上薄板金屬螺釘固定。

施工上的注意事項

施工的時機點是在木工工程結束以後。施工前，要先與其他室內裝潢業者做好溝通與安排，避免與振動的施工工程同期施工。還有，因為大部分都會接續到用水區域的機器設備，所以須與水管工人一起進行作業。而且應該避免現場加工。這是因為在工廠有專用的刀刃或鑽頭切削，但現場加工很難做到同等的品質。再加上，萬一加工失敗，也沒有可替換的產品，所以業者都不喜歡這種組件在現場加工的方式。因此，訂購時最好明確做出加工指示，讓現場只進行安裝作業。

搬運 L 型廚房的檯面時，為了搬運方便通常都會分成兩塊，然後到現場再做焊接。安裝步驟是首先把兩塊檯面板材以夾具確實固定。接著在接縫處擠滿專用的萬能膠，待乾燥後用砂紙擦拭溢出的部分直到發亮。完成後的完成面看起來狀態良好，且在不刻意細看下，就完全看不出接縫處的地方。進行 1 公尺以內的焊接作業，包含乾燥時間，大約需花費 20 ～ 30 分鐘左右[原注2]。

原注：1 壓克力的既製品的尺寸規格是厚度 6、10、12 公釐，長度 2,490、3,070、3,658 公釐、寬度 762 公釐。
　　　2 比起自體焊接，焊接前的設置或乾燥後的磨光反而更花時間。

圖 1　已完成開孔加工的洗臉台檯面

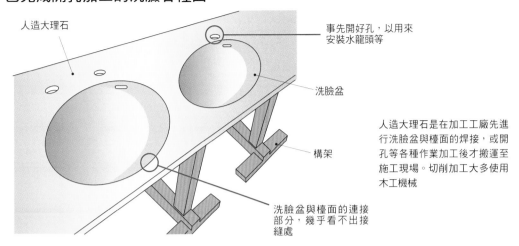

人造大理石

事先開好孔，以用來
安裝水龍頭等

洗臉盆

構架

洗臉盆與檯面的連接
部分，幾乎看不出接
縫處

人造大理石是在加工工廠先進
行洗臉盆與檯面的焊接，或開
孔等各種作業加工後才搬運至
施工現場。切削加工大多使用
木工機械

圖 2　L 型廚房檯面的焊接範例

凹槽

人造大理石

瓦斯爐

接縫（現場焊接）
分割成可搬運的尺寸，
然後使用萬能膠在現
場進行接著作業

一般住宅常見的人造大理石廚房，都是分割成
小塊後再搬運至施工現場。雖然是在現場進行
焊接，使其一體化，但大部分都可以把接縫處
處理得完全看不出來

圖 3　在牆壁上張貼人造大理石的施工方法

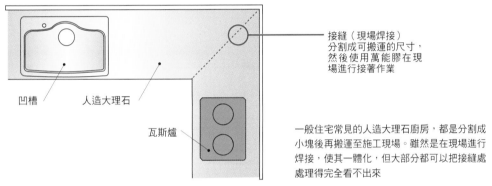

①以密封材收整時

人造大理石

牆壁

聚氨酯彈性膠合劑

V 形灰縫的密封材

②以焊接收整時

人造大理石　　人造大理石（底板）

牆壁

聚氨酯彈性膠合劑　　焊接

圖 4　人造大理石的橫斷面加工範例

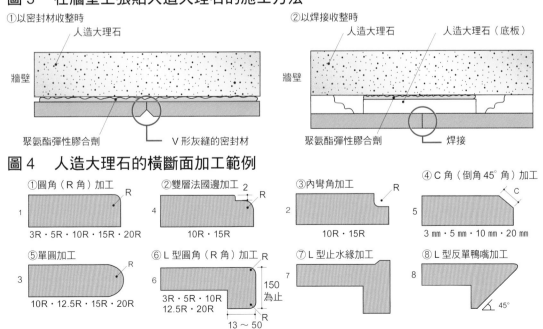

①圓角（R 角）加工

R

1

3R・5R・10R・15R・20R

②雙層法國邊加工

2
R

4

10R・15R

③內彎角加工

R

2

10R・15R

④C 角（倒角45°角）加工

C

5

3 mm・5 mm・10 mm・20 mm

⑤單圓加工

R

3

10R・12.5R・15R・20R

⑥L 型圓角（R 角）加工

R

6

150
為止

3R・5R・10R
12.5R・20R

13～50

R

⑦L 型止水緣加工

7

⑧L 型反單鴨嘴加工

8

45°

2
石材＋磁磚＋玻璃篇

磁磚的製造工程

● 磁磚的製法可分成把粉碎的生坯放入成型模具中，然後以高壓加壓成型的乾式壓製法，以及將軟生坯擠出成型的濕式壓製法等兩種。

磁磚的製造方法

磁磚等陶瓷器的原料稱為生坯。生坯是指顆粒大小約在 0.1～0.5 公釐左右的土壤。主要原料可分成可塑性原料與非可塑性原料。可塑性原料以黏土最具代表性，具有可使成型體持有強度的功能。至於非可塑性原料有陶石、矽石、蠟石、石灰等，具有防止燒成中變形的功能。

磁磚的製造方法有乾式壓製法與濕式壓製法兩種。乾式壓製法是把粉碎的生坯放入成型模具中，再施加高壓使其成型的製造方法。由於這種方法可以一次大量成型，所以是當今的主流。主要用於室內磁磚或馬賽克磚。另一種濕式壓製法是把柔軟的生坯擠出成型。雖然在形狀上的自由度較高，但以尺寸精度來說，卻比乾式壓製法差。而且，燒成前需要放置數日乾燥等，在製造上十分花費時間。主要用於室外磁磚與地板磁磚。此外，關於成型後的施釉與燒成，這兩種製造方法在工程上幾乎是大同小異。

本段介紹乾式壓製法的製造流程。首先，用圓轉篩（筒形轉篩）研磨生坯，然後以噴霧乾燥機製成粉狀。接著，

將生坯放入模具中，使用沖壓成型機施加高壓，藉此製成磁磚。然後塗上釉藥，此過程稱為施釉。釉藥是玻璃材質的液體，主要成分為 SiO_2，具有可防止雨水等滲透、使表面不易附著髒汙、提升強度等機能。將顏料加入這種基礎釉藥中混合，可創造出各種不同的顏色與圖樣。此外，也可透過印刷等進行表面加飾。

施釉後即可進行燒成。以磁磚來說，燒成溫度要在 1,250℃ 以上，所需時間約 0.5～2 小時左右。燒成還分成氧化燒成和還原燒成兩種。

氧化燒成是提升窯內的通風，讓氧氣充足，可製出較安定的顏色。而還元燒成則是減少窯內的氧氣，可製出一種稱為窯變的色斑等深具魅力的外觀。

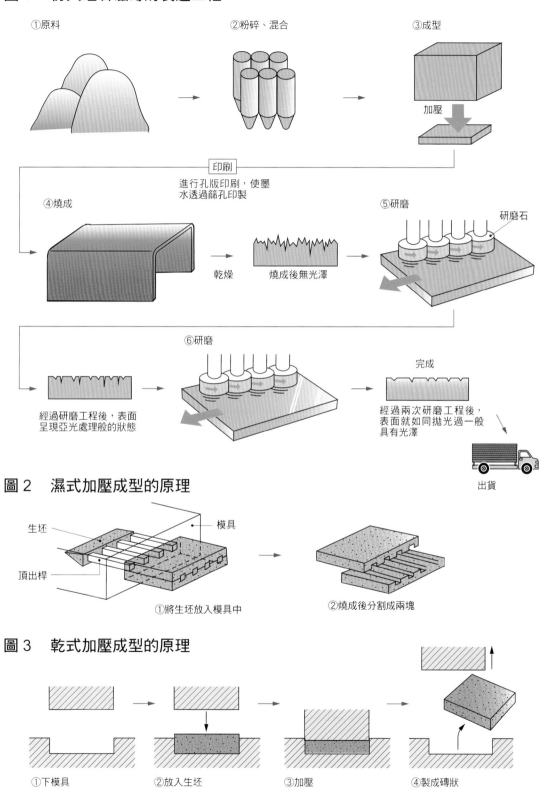

圖1　仿大理石磁磚的製造工程

①原料　　②粉碎、混合　　③成型

加壓

印刷
進行孔版印刷，使墨水透過篩孔印製

④燒成

乾燥　　燒成後無光澤

⑤研磨

研磨石

⑥研磨

經過研磨工程後，表面呈現亞光處理般的狀態

完成
經過兩次研磨工程後，表面就如同拋光過一般具有光澤

出貨

圖2　濕式加壓成型的原理

生坯　　模具

頂出桿

①將生坯放入模具中　　②燒成後分割成兩塊

圖3　乾式加壓成型的原理

①下模具　　②放入生坯　　③加壓　　④製成磚狀

室內壁磚

POINT

● 室內牆壁用的壁磚，無論是圖案或凹凸樣式，種類都相當豐富。用水區域的牆壁，最好選擇具有防汙、抗菌性或耐凍害性等產品較佳。

室內壁磚的特徵

由於室內牆壁較不要求性能，因此幾乎全部類別的磁磚都能使用。就一般住宅而言，壁磚主要用於廚房或浴室、玄關等場所，但近年來用於其他場所的案例有逐漸增加的趨勢，例如把客廳電視後面的牆壁等設置成主題牆（重點牆）等。以下針對各個空間適合的室內壁磚等進行說明。

首先說明玄關的主題牆部分。這部分大多會選用比較沉穩的自然面或者馬賽克風格的磁磚，顏色以黑色系或白色系為主。還有，即使牆壁的面積再小，也是用小尺寸的磁磚提升排列密度，才能凸顯質感。另外，搭配間接照明使用也很相稱。

房間也能設置主題牆。因為房間屬於私密空間，所以比較注重個人喜好，可選用華麗的圖案或有趣的設計。

雖然客廳的面積是屬於寬廣的空間，但全面張貼磁磚的案例很罕見。設置主題牆時，必須考量到是否適合鄰近的地板、牆壁、天花板等設計，基本上以小尺寸、無光澤或粗面的磁磚較相配。

用水區域的牆壁與壁磚

主要是指廚房瓦斯爐附近的牆壁與廚房檯面。這兩處都是以白色磁磚為主流。尺寸上大多是 50 公釐以下的方形材料居多，若希望營造出可愛風格的話，可選用正方形或圓形馬賽克磚；或者希望走輕時尚風格的話，則可選用橫條紋的磁磚。另外也有把一部分的白色磁磚與自然面磁磚搭在一起的設計。而且，除了白色磁磚以外，其他像鮮豔色彩的馬賽克磚等也常使用。在區域劃分上，開口部用水區域的磁磚以不切割磁磚的方式進行收整，較能博得好印象。

浴室牆壁因為必須顧及髒汙與尺寸穩定性，所以會選用有施釉的磁磚（Ⅲ度級別^{譯注}）。一般磁磚間的灰縫狹窄，寬度只有 2～3 公釐左右，所以選用尺寸誤差小的磁磚較佳。尺寸規格有 100、150、200、300 公釐的方形材料，近年來以 200 公釐的方形材料較受歡迎。

譯注：耐磨度的級別共分成Ⅰ～Ⅴ級，級別愈低則代表愈容易磨損。

正方形室內壁磚

基本的正方形。釉藥具有光澤度。附加抗菌機能

霧面 KILAMIC 亮釉 | SPKC-100/L83 | 97.75mm 方形（5mm 厚）| 參考價格：JPY 5,600/m²（LIXIL）

具抗菌性室內壁磚

適用於用水區域。柔和的石紋樣式設計。時尚感

仿大理石紋路淡黃色　織紋樣式 | FDKC-200/JAM13 | 197.75mm 方形（5.5mm 厚）| 參考價格：JPY 7,900/m²（LIXIL）

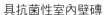

具抗菌性室內壁磚

適用於用水區域。如紡織品的織紋樣式般的設計。休閒感

仿大理石紋路淡黃色　石紋樣式 | FDKC-200/JAM1 | 197.75mm 方形（5.5mm 厚）| 參考價格：JPY 7,900/m²（LIXIL）

橫條紋圖樣室內壁磚

顏色濃淡、平緩凹凸的條紋樣式設計。時尚感

波紋 | FDKC-200/RPL03 | 197.75mm 方形（5.5mm 厚）| 參考價格：JPY 9,000/m²（LIXIL）

大面積室內壁磚

點陣樣式搭配線條樣式的凹凸面狀設計。單調的色彩散發出成熟穩重感

神祕黑 | IPW-525/URB2A | 499.5×248.5mm（9mm 厚）| 參考價格：JPY 7,700/ 塊（LIXIL）

大面積室內壁磚

暗色調的圖樣上印有古典風的植物圖案。高級感

平面 | IPW-420/PLA2A | 400.5×198.5mm（9mm 厚）| 參考價格：JPY 1,700/ 塊（LIXIL）

造型磁磚

邊緣是柔和的石紋樣式設計。尺寸如磚塊一般。適用於用水區域，具有防汙、抗菌、耐凍害性

閃亮 II | DM -210/5N | 196×96 mm（5.0 + 4.0mm 厚）| 參考價格：JPY 11,800/ m²（LIXIL）

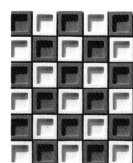

凹凸狀室內壁磚

適用於主題牆（重點牆），極富趣味的凹凸形狀設計。利用照明強調陰影

凹立方體 | DCF -50NET/DNC-12B | 47mm 方形（18mm 厚）| 參考價格：JPY 24,000/m²（LIXIL）

室內地磚

POINT

● 室內地磚用於步行,所以主要訴求為不破裂、不易溜滑和易維護性。近年來也有採用 400 公釐方形材料等大面積磁磚的案例。

室內地磚的特徵

室內地磚主要訴求不破裂、不易溜滑以及清掃方便等性能。因此,大多使用比室內壁磚厚且有施釉的產品。尺寸偏向大型化,像 LDK[譯注]等的隔間大部分採用 400 公釐方形材料類的產品。市面上還增加了許多石紋類的圖案樣式。以目前的技術有很多方式可以重現石紋,例如揉捏或印刷等。其中,又以萊姆石或板岩的色調較受歡迎。

石材是天然素材,在外觀、吸水率或耐藥品性上都不夠安定,但磁磚是工業產品,所以無論是設計或性能都有足夠的安定性。由於近幾年的產品都藉由研磨橫斷面調整尺寸,因此大大提升了精度,不過地磚間必須保持 3 公釐寬的灰縫,不太容易做到像石材一樣的無縫接合。

除此之外,仿製木材或皮革、金屬等其他素材的產品相當流行。為了完整重現素材的外觀特色,會特別在細節上多下工夫,例如做成細長形或圓形等。

用途上的注意事項

雖然室內壁磚、地磚[原注]都能用於玄關通道,但一般都選用雨天時不易滑倒的材質。

廚房周邊方面,由於是水或油等會滴落地板的場所,所以採用上釉藥的平面磁磚較易維護。其中,常用的是紅褐色的產品,就實例觀察,這種產品似乎比較沒有髒汙上的困擾。

浴室是經常用水的場所,因此較適合鋪設吸水率低的磁磚。尤其是寒冷地區,水流入磁磚間的縫隙後,一旦凍結體積就會膨脹,進而損壞磁磚,所以一般會選用吸水率低的產品。

此外,因為肥皂中含有的矽成分,很容易附著於浴室的牆壁或地板,所以必須勤勞打掃。浴室地板的髒汙也包含灰縫汙垢。樹脂填縫劑雖然不是浴室專用的產品,但因為具有吸水率低、不易附著髒汙等優點,經常被用於浴室。但並非全無缺點,樹脂填縫劑比較麻煩的地方在於維持通風並時常維護。

譯注:日本將住宅格局簡稱為 LDK,L 是指客廳(living room),D 是飯廳(dining room),K 則是指廚房(kitchen)。
原注:磁磚廠商推薦的大多是玄關內、外都可使用的產品。

木紋地磚

木紋表面的地磚。看起來像是寬幅、長條狀的木質地板

木質 ｜ IPF-615T/WDC-3 ｜ 597×147mm 方形（8.6mm 厚）｜ 參考價格：JPY 8,300/m²（LIXIL）

石紋地磚

仿大理石亞光處理觸感的地磚。生動的石紋與光澤，相當具有高級感

石紋 ｜ IPF-400/FRM-13 ｜ 398mm 方形（9.2mm 厚）｜ 參考價格：JPY 9,700/m²（LIXIL）

石紋地磚

仿花崗石石紋的地磚。雖然無釉，但表面經拋光後極具光澤

銀河 ｜ CIM-600/K5 ｜ 598mm 方形（9.5mm 厚）｜ 參考價格：JPY 9,700/m²（LIXIL）

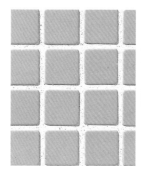

石紋地磚

仿大理石的地磚。表面的筋狀石紋，相當逼真

精靈 ｜ IPF-600/PRC-2 ｜ 600mm 方形（10mm 厚）｜ 參考價格：JPY 5,800/m²（LIXIL）

布紋地磚

地磚表面有略顯粗糙的紡織花紋

柴魚色 ｜ IPF-600/BNT-3 ｜ 600mm 方形（10mm 厚）｜ 參考價格：JPY 6,500/m²（LIXIL）

馬賽克地磚

可用於室內的馬賽克地磚。因為表面經過拋光，所以踩踏觸感十分舒服

多邊形馬賽克 ｜ PC-1 ｜ 18.5mm 方形（5mm 厚）｜ 參考價格：JPY 7,700/m²（LIXIL）

用水區域專用的抗菌地磚

附加抗菌機能。因為不易滑溜，所以普遍適用於浴室或用水區域的地板

霧面 KILAMIC 釉藥 ｜ S NPKC-100NET /F43S ｜ 96.5mm 方形（8.5mm 厚）｜ 參考價格：JPY 8,800/m²（LIXIL）

用水區域專用的抗菌地磚

與左圖為同產品、不同色系。其他還有粉紅色系與冷色系的產品

霧面 KILAMIC 釉藥 ｜ S NPKC-100NET/F53S ｜ 96.5mm 方形（8.5mm 厚）｜ 參考價格：JPY 8,800/m²（LIXIL）

玻璃馬賽克磚

POINT

● 玻璃馬賽克磚的魅力來自於豐富的色彩與光澤。主要以背面貼有網材產品為主，採用接著工法（水泥或膠合劑等）施工。雖然灰縫在機能上較不便，但填滿相當美觀。

玻璃馬賽克磚的特徵

玻璃馬賽克磚在義大利或美國是透過模具製造成型的產品，而在中國則是用色板玻璃切割製成磚狀。主要的原材料是矽砂、蘇打灰（鹼灰）、碳酸鈣，在這些原材料裡加入著色劑，就可調配出各種不同的色調。而且，外觀還可以根據原本（切割前）的色板玻璃製法而改變。從浮製玻璃的製法到傳統製法，有兩種以上的種類可選擇。甚至還可以熔接兩塊玻璃。另外，在表面施加蝕刻處理等表面加工，還可組合出各種不同的外觀。

將成型的各色小玻璃磚貼在網材（紙材）上，便是完成品。透過產品編號可依需求接單生產。產地在歐美或東南亞、中國等地，無論價格或品質都有許多不同的選擇。即使是再便宜的產品，在厚度或形狀上也有差異很大的品項。

玻璃馬賽克磚的尺寸規格大多以 15～50 公釐的方形為主，其中又以 20 公釐的方形為最多。而網材的大小則約在 300 公釐左右。因為大部分產品是設定在室內牆壁使用，所以可用於地板的玻璃馬賽克磚實在少之又少。不過，就像在歐洲店鋪所看到的情況，可接受磁磚有些微裂開的話，能使用的產品品項就能增加不少。

施工時的注意事項

施工採膠合劑鋪貼方式。不過，因為鋪貼後會透出底部的顏色，所以馬賽克磚的顏色會和原本的看起來不太一樣，這點在施工前應先做好確認。另外，透明的產品能清楚看到底部的膠合劑或刷痕，所以最好選用白色的膠合劑較佳。還有，使用膠合板等木板基底時，須塗布密封劑以防止鹼液滲出（俗稱吐鹼）。

雖然填縫材料具有機能性，主要適用於用水區域，其他地方可不使用，但灰縫填滿看起來相當美觀。與陶瓷磁磚不同的是，不具有吸水性，所以灰縫寬度可加寬至 1 公釐左右。除此之外，還有一些環氧樹脂材質的半透明填縫材產品（如：AD EPO Joint crystal），可使灰縫顏色看起來與馬賽克磚一樣。唯有一點要特別注意的是，因為切斷面相當銳利、危險，所以收整時應注意不可露出銳角，以免受傷。

單色馬賽克磚

白色半透明的玻璃馬賽克磚搭配白色填縫劑的範例。照片是由工匠手工鋪設而成

Oceanside Tessera｜OS-001（A）
25mm 方形（7mm 厚）｜1 塊網材
300mm 方形｜參考價格：JPY
49,000/m² （SEIWA CERAMICS）

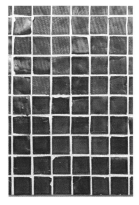

單色馬賽克磚

與左圖為同產品，不同色系。紅色半透明的玻璃馬賽克磚搭配白色填縫劑的範例

Oceanside Tessera｜OS-077（C）
25mm 方形（7mm 厚）｜1 塊網材
300mm 方形｜參考價格：JPY
63,300/m² （SEIWA CERAMICS）

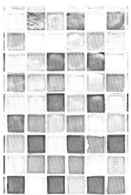

混色馬賽克磚

與上圖為同產品，搭配冷色系產品混用的範例

Oceanside Tessera｜OS B-012
25mm 方形（7mm 厚）｜1 塊網材
300mm 方形｜參考價格：JPY
58,000/m² （SEIWA CERAMICS）

混色馬賽克磚

與上圖為同產品，搭配白色系產品混用的範例

Oceanside Tessera｜OS B-017
25mm 方形（7mm 厚）｜1 塊網材
300mm 方形｜參考價格：JPY
65,000/m² （SEIWA CERAMICS）

混色馬賽克磚

混搭每塊大小為 15mm 方形的小玻璃馬賽克磚的範例。搭配雙色以上的色彩，可加深視覺印象

Sugar SU-107 15mm 方形（6mm 厚）｜1 塊網材297mm 方形｜參考價格：JPY 24,800/m² （SEIWA CERAMICS）

有色灰縫

本範例是使用具有耀眼光芒的金色馬賽克磚，搭配專用的金色樹脂填縫劑

BISAZZA G-109、G-125 20mm 方形（4mm 厚）｜1 塊網材322mm 方形｜參考價格：JPY 38,600/m² （SEIWA CERAMICS）

其他樣式

長方形的玻璃馬賽克磚，依照直、橫方向依序鋪設的範例。由於玻璃馬賽克磚的顏色與灰縫顏色不同，色差相當大，使得直、橫圖樣看起來更加明顯

Möbius MB-6 直橫鋪設 42×20mm（8mm 厚）｜1 塊網材 308mm 方形｜參考價格：JPY 19,800/m² （SEIWA CERAMICS）

其他樣式

與左圖為同產品、鋪設成人字型的範例。如編織般的表面，給人可愛、活潑的印象

Möbius MB-6 人字形鋪設 42×20mm（8mm 厚）｜1 塊網材 311.1mm 方形｜參考價格：JPY 19,800/m² （SEIWA CERAMICS）

馬賽克磚、石材馬賽克磚

POINT

● 單塊 50 公釐以下的方形磁磚,稱為馬賽克磚。除了小塊的磁磚以外,也有用石材切割製成的小片石磚。基本上,採用接著工法(水泥或膠合劑等)施工。

馬賽克磚

一般來說,製成方形且尺寸在 50 公釐以下的磁磚,都可稱為馬賽克磚。尺寸規格的種類很多,10 ~ 50 公釐之間都有,大部分是製成一塊 300 公釐的方形網材(紙材)居多。馬賽克磚大多採用乾式壓製法製造。這是把一種稱為生坯的原料粉碎後放入成型模具,然後施加高壓使其成型的製造方法,適合大量製造同個形狀的磚型。形狀除了正方形以外,還有橫條形、六角形、橢圓形、圓形、葉片形狀、幸運草形狀等,相當地變化多端。

表面處理的方式很多,有施釉或無釉等。而且,顏色或光澤、復古加工等表面加工的種類也相當豐富。一塊網材不單能製成單色,也能運用混貼等技法,製成繽紛多樣化的產品。主要以吸水率低的 I 類磁磚[譯注]為中心,工法則是採用接著鋪貼方式。

此外,與上述這類工業產品極度不同的產品,例如摩洛哥純手工製作的馬賽克磚。這種是採 1,000℃ 左右偏低的溫度燒成約 100 公釐的方形磁磚,再以鑿子加工,製成伊斯蘭建築上隨處可見的各種幾何學圖案。至今摩洛哥各地還有這種工房。燒好的磁磚是以灰泥或石膏替代網材製成板狀,然後在施工現場鋪貼。手工製造的產品,其獨特的邊緣外觀是其他產品無法取代,因此備受喜愛,然而因為工法上的限制或磁磚本身吸水率高的緣故,以致在日本無法採用。

大理石、花崗石馬賽克磚

大理石與花崗石的馬賽克磚也頗具歷史。這是先切割石材,然後張貼在網材上的產品。有近似於完全自動化的產品,也有用電動工具製成的加工品等,切割機械的種類各式各樣都有。完成面通常以研磨處理,但為了強調手工製造,也會以粗糙切割的方式製成不平整的模樣。

一塊網材除了能製成單色的產品之外,也有描繪成幾何學圖案的產品,或製成不同色彩的產品等。因為是天然石材,難免會產生與樣品的顏色有色差或開裂等情況。可用於室內牆壁、地板,工法採用接著鋪貼方式。

譯注:請參考 CNS 9737「陶瓷面磚」國家標準的 I 類標準。

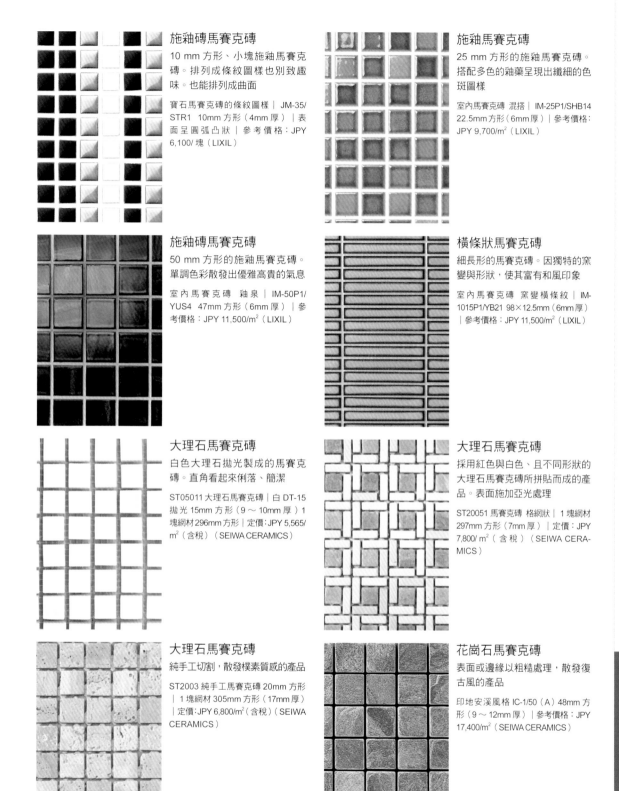

施釉磚馬賽克磚

10 mm 方形、小塊施釉馬賽克磚。排列成條紋圖樣也別致趣味。也能排列成曲面

寶石馬賽克磚的條紋圖樣｜ JM-35/STR1 10mm 方形（4mm 厚）｜表面呈圓弧凸狀｜參考價格：JPY 6,100/ 塊（LIXIL）

施釉馬賽克磚

25 mm 方形的施釉馬賽克磚。搭配多色的釉藥呈現出纖細的色斑圖樣

室內馬賽克磚 混搭｜ IM-25P1/SHB14 22.5mm 方形（6mm 厚）｜參考價格：JPY 9,700/m²（LIXIL）

施釉磚馬賽克磚

50 mm 方形的施釉馬賽克磚。單調色彩散發出優雅高貴的氣息

室內馬賽克磚 釉泉｜ IM-50P1/YUS4 47mm 方形（6mm 厚）｜參考價格：JPY 11,500/m²（LIXIL）

橫條狀馬賽克磚

細長形的馬賽克磚。因獨特的窯變與形狀，使其富有和風印象

室內馬賽克磚 窯變橫條紋｜ IM-1015P1/YB21 98×12.5mm（6mm 厚）｜參考價格：JPY 11,500/m²（LIXIL）

大理石馬賽克磚

白色大理石拋光製成的馬賽克磚。直角看起來俐落、簡潔

ST05011 大理石馬賽克磚｜白 DT-15 拋光 15mm 方形（9 ～ 10mm 厚）1 塊網材 296mm 方形｜定價：JPY 5,565/m²（含稅）（SEIWA CERAMICS）

大理石馬賽克磚

採用紅色與白色、且不同形狀的大理石馬賽克磚所拼貼而成的產品。表面施加亞光處理

ST20051 馬賽克磚 格網狀｜ 1 塊網材 297mm 方形（7mm 厚）｜定價：JPY 7,800/ m²（含稅）（SEIWA CERA-MICS）

大理石馬賽克磚

純手工切割，散發樸素質感的產品

ST2003 純手工馬賽克磚 20mm 方形｜ 1 塊網材 305mm 方形（17mm 厚）｜定價：JPY 6,800/m²（含稅）（SEIWA CERAMICS）

花崗石馬賽克磚

表面或邊緣以粗糙處理，散發復古風的產品

印地安溪風格 IC-1/50（A）48mm 方形（9 ～ 12mm 厚）｜參考價格：JPY 17,400/m²（SEIWA CERAMICS）

特殊形狀的馬賽克磚

POINT

● 馬賽克磚因形狀的不同,可創造出各式各樣的外觀。而且,透過不同的組合,還能造就出各種圖案或立體感、陰影層次等,是相當適合用於主題牆的材料。

馬賽克磚除了四角形以外,其他形狀大多都是把數塊連續拼貼成具有特徵性的形狀,主要以創造令人印象深刻的外觀為目的。例如,增添形狀的趣味性、凹凸或圖樣的組合,以及顏色搭配組合等。本節針對其他形狀的馬賽克磚,做出以下分類。

多角型的馬賽克磚

馬賽克磚除了四角形以外,還有三角形、六角形與八角形等形狀。其中,因為六角形憑單一種類就能構成一個面,所以各個廠商都有將其產品化。雖然大多都是用於牆壁的範例,但也能用於地板。另外,八角形和正方形組合也能構成一個面。不過,用於牆壁時必須注意的地方不少,所以大部分都用於地板。五角形較少見,應該是因為這種產品不好取得的關係。碎形容易讓人印象深刻,算是極富趣味的設計。

幾何學圖樣

透過改變方向鋪貼,就能創造出幾何學的圖樣或編織般的紋路。另外,也有如拼圖玩具般的產品,藉此欣賞馬賽克圖樣的趣味。

橢圓形

市面上經常看到細長橢圓或類似形狀的馬賽克磚,有平面的產品也有凹凸面的產品。後者大多都是以橢圓中間部分凸起的樣式居多。

平面產品雖然大部分都是使用單色系的案例,不過,選用彩色系的模式也不少,別有一番趣味。表面凹凸的產品大多都是單色系,當照射到光線時能欣賞各種不同的陰影變化。

其他形狀

其他還有星形或十字形等形狀的馬賽克磚,有些帶有宗教色彩與歷史性,也有綜合使用這些形狀的案例。產品化的品項不多,但容易凸顯個性。其中,較易取得的是燈籠形的馬賽克磚。

六角形馬賽克磚

六角形的馬賽克磚。可組合不同顏色或特殊圖樣

蜂窩狀｜BI-101　24.5×28.5mm 六角形（5mm 厚）｜1塊網材 281×297mm｜參考價格：JPY 11,000/m²（SEIWA CERAMICS）

立體六角形馬賽克磚

膨大的菱形馬賽克磚。經光線照射，產生陰影效果

OP-800/SP　24×70mm（10mm 厚）｜1塊網材 298×292mm｜參考價格：JPY 45,000/m²（SEIWA CERAMICS）

橢圓形馬賽克磚

經組合不同的顏色，營造如普普藝術的氛圍。也有正圓形的馬賽克磚

橢圓形｜OVAL OV-335 橢圓 97×57mm（6mm 厚）｜1塊網材 347×300mm｜參考價格：JPY 6,800/m²（SEIWA CERAMICS）

曲線形馬賽克磚

細長形狀勾勒出如紡織品般的織紋

香水瓶身形狀 貓眼｜PF-102/C　17×61mm（6mm 厚）｜1塊網材 305×320mm｜參考價格：JPY 11,000/m²（SEIWA CERAMICS）

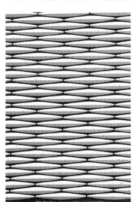

凸部稜角馬賽克磚

形狀酷似細長葉片的馬賽克磚。樸素感和基本色調相當配稱

砂落葉｜DCF-150 BENET/ANF-1｜148×18.5mm（5 + 4.5mm 厚）｜參考價格：JPY 33,000/m²（LIXIL）

凸部圓角馬賽克磚

具有立體凸圓角的馬賽克磚。看起來像紡織品的織紋

弦月波｜DCF-10 BNET/CRS-4｜147.5×10mm（7+15mm 厚）｜參考價格：JPY 33,000/m²（LIXIL）

燈籠形馬賽克磚

歐洲風靡一時的燈籠形馬賽克磚。曲線錯綜複雜，是相當有個性的設計

香水瓶身形狀 燈籠形｜PF-102/L　56×64mm（6mm 厚）｜1塊網材 268×335mm｜參考價格：JPY 11,000/m²（SEIWA CERAMICS）

凹形馬賽克磚

圓凹形的馬賽克磚。比起陰影，較強調光線集中的效果

凹形｜DCF-50 NET/MRV-5｜48mm 方形（10mm 厚）｜參考價格：JPY 15,000/m²（LIXIL）

造型磁磚

POINT

● 為賦予與眾不同設計而開發的磁磚製作技法豐富多樣。近年來隨著印刷技術的進步，流行一種再現其他素材的手法。

浮雕磁磚

浮雕磁磚的技法是最具代表性的磁磚表面裝飾技法。這是用模具製造出凹凸表面，然後以筆等工具塗上釉藥的傳統手法。於日本明治時期導入日本，以「馬約利卡磁磚（Majolica tile）」之名大量製造，在昭和初期達到巔峰，當時甚至還曾大量出口至東南亞等地區。到了現代仍然以復古產品的姿態繼續在市面上流通。

現在稱為浮雕磁磚的產品，主要是以具有設計樣式的金屬版或樹脂版等加壓成型的乾式壓製法為主。隨著樹脂版的普及，樣式與形狀也愈來愈多樣化，不管是纖細紋路或是複雜凹凸面都可製造。

蝕刻

蝕刻技法是利用化學藥品等的腐蝕作用侵蝕表面，再嵌入著色金屬或貝殼等的技法。主要適用於容易受酸蝕影響的大理石。運用此技法的大理石磁磚至今仍有流通。當中也有價格不斐的產品，不過，大部分還是當做工藝品用於小面積。順便一提，雖然不屬於蝕刻技術，有種陶瓷製品上覆蓋金屬的磁磚，即便高價還是相當被重用。

印刷

印刷在近幾年的表面裝飾技法當中，是不可或缺的技法之一。主流是孔版印刷（silk screen printing）。從小圖案到窯變，可呈現的樣式相當廣泛。最近經常看到的仿石紋的磁磚等，都是以此種印刷居多。

另外，噴墨印刷也已普及，除了再現性變得更加緻密之外，優點是磁磚表面的凹凸圖樣，不會受到印刷工程的影響。市面上最新型的機械甚至還能印刷到 6 色之多。

微粉下料（二次下料）拋光磚

微粉下料製法是指採呈現樣式的表面層與基礎層兩層製成的方法。主要用於仿石紋的磁磚。與印刷製成的產品不同，每塊磁磚的外觀都不一樣。抗汙性強，且具有高級感。價格高於印刷製成的產品。

浮雕風格的表面裝飾

刻有可愛手繪圖案的產品

繽紛｜PM-L5002 200mm 方形
（7mm 厚）｜參考價格：JPY
5,500/m²（NAGOYA MOSAIC-
TILE）

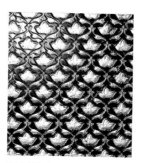

蝕刻的表面裝飾

文藝復興時代的蝕刻技法，大
理石表面全部都是手工雕刻、
著色而成的圖案

復古｜PT-E1151-8M 150mm 方
形（10mm 厚）大理石｜參考價
格：JPY 12,000/塊（接單後進口
的產品）（NAGOYA MOSAIC-
TILE）

馬賽克的表面裝飾

在 300 mm 的方形磁磚上，
立體鋪貼小片馬賽克圖樣的
產品。任光線隨意反射

魔法｜AB-T7731 328mm 方形
（11mm 厚）特殊面｜參考價格：
JPY 14,000/m²（NAGOYA
MOSAIC-TILE）

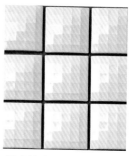

凸面的表面裝飾

立體、可多方向反射光線的產
品。R 面刻有許多細小平面

分割｜TRC-07 47mm 方形（12mm
厚）｜1 塊網材 300mm 方形｜
參考價格：JPY 6,800/m²
（NAGOYA MOSAIC-TILE）

織紋的表面裝飾

米黃色的色調添綴紡織織紋
般的紋樣。經拼組看起來就像
編織物般的產品

織紋｜ROF-LB-263 20mm 方形
（13mm 厚）｜1 塊網材 100×
320mm｜參考價格：JPY 1,600/
每塊（NAGOYA MOSAIC-TILE）

布紋的表面裝飾

布紋的表面上施加施釉的產
品。粗狂感的條紋

古模窯｜KOM-004 192×40mm
（13mm 厚）｜參考價格：JPY
15,000/m²（NAGOYA MOSAIC-
TILE）

網狀的表面裝飾

日本昭和初期手工磁磚的復
刻版。如編織竹籃般古色古香

花籃｜HKG-051 58mm 方形
（10mm 厚）｜參考價格：JPY
9,800/m²（NAGOYA MOSAIC-
TILE）

裂紋釉的表面裝飾

經釉藥處理使表面布滿小裂
紋，展現獨特設計感的產品。
透明感是其特徵

Wine Country｜EL-F1330
148×73mm（10mm 厚）｜參考
價格：JPY 16,000/m²（NAGOYA
MOSAIC-TILE）

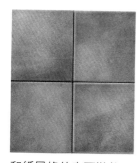

和紙風格的表面裝飾

如水墨渲染般色調沉穩簡樸

禪風｜IO-D160 97mm 方形（7mm
厚）｜參考價格：JPY 5,000/m²
（NAGOYA MOSAIC-TILE）

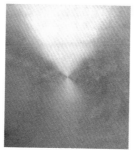

細線狀的表面裝飾

刻有同心圓狀的細線條的產
品。可反射出如水紋般的光線

選擇｜FI-×8720 597mm 方形
（10mm 厚）｜參考價格：JPY
35,000/m²（NAGOYA MOSAIC-
TILE）

金屬風格的表面裝飾

古鑄鐵感的產品

ELEGANZA｜FZ-T8330 325mm
方形（10mm 厚）｜參考價格：
JPY 11,000/m²（NAGOYA MOSAIC-
TILE）

金屬風格的表面裝飾

不鏽鋼、鈦的心材脫模後，嵌
入石材或磁磚的產品

金屬｜CL-A510 30×20mm（8mm
厚）｜1 塊網材 287×307mm｜
參考價格：JPY 26,000/m²（NAGOYA
MOSAIC-TILE）

高質感磁磚

POINT

● 紅陶磁磚給人鄉間淳樸的感覺，屬於自然派設計的基本款。另外，平價的仿紅陶磁磚相當普及。

紅陶磁磚

用 1,000℃ 以下的低溫所燒成的素燒磁磚，統稱為紅陶磁磚，現在在西班牙或義大利等地仍十分普遍。尺寸大多以 200 公釐方形或 300 公釐方形的產品居多，厚度約為 20 ～ 25 公釐左右。主要用於地板。

由於燒成溫度低，所以表面有許多小孔，吸水性高，但容易殘留汙垢。在日本都是先在表面塗布密封劑或上蠟之後才做使用。然而，密封劑之類的效果會逐年降低，因此大多數會把沾染上些許塵埃汙垢當做這種材料的風格。

製造方法可分成純手工製造（傳統製法）與機械燒製兩種。因為傳統製法是用手塑造形狀，所以顏色與尺寸上的差異都比較大。而機械燒製的顏色與尺寸則相當平均。無論哪一種製法都需要有 10 ～ 15 公釐的灰縫寬度，這種寬灰縫或誤差，也是紅陶磚的特色之一。至於價格，傳統製法的價格遠遠高於機械燒製的價格。

另外，也有紅陶復古磁磚。這是十八～十九世紀建築物使用的紅陶磁磚，還有，紅陶復古磁磚多數都已產品化。而且都是以吸水性低的 I 類、II 類產品為中心，利用釉藥做出類似素燒的質感。雖然仔細比較就能發現差異，但如果是單體使用的話不會有違和感。再加上，價格或性能與一般磁磚大同小異，可安心選用。

其他磁磚

磁磚有許多種類酷似石道的天然石材質。因為主題設定為石道，所以表面都是自然面處理，重現石頭的色斑，邊緣也仿效石材，加工成粗糙斷面。尺寸規格從 100 公釐方形、150 公釐方形起，到 90 × 190 公釐等的長方形都有。

另外，也有將紅磚切割成薄片型的產品。日本大多是復古的薄片紅磚。雖然尺寸會隨著不同的時代與製造地而異，但大概都是介於 200 ～ 230 公釐 × 50 ～ 65 公釐、20 ～ 25 公釐厚左右。而且，幾乎都是用於牆壁。

紅陶磁磚

添加特殊顏料、用 950℃的窯經 72 小時燒成的產品。用於室內牆壁、地板。

巧克力 300 石質無釉 300mm 方形（25mm 厚） | 參考價格：JPY 12,800/m²（HiRATA TILE）

仿古紅陶磁磚

仿素燒外觀的陶磁磚。也有可用於室外地板的產品

室內範圍 CUM333-ID 室內牆壁、地板的磁磚 333mm 方形（10mm 厚） | 參考價格：JPY 4,800/m²（HiRATA TILE）

仿古紅陶磁磚

質地的色調與施釉方式都模仿紅陶磚的產品

Etrusco 石質施釉 333mm 方形（9mm 厚） | 參考價格：JPY 6,800/m²（HiRATA TILE）

仿石材磁磚

隨意切割斷面，形成仿石材感的產品

風格 150 室內、室外地磚 流行款式（E）150mm 方形（11mm 厚） | 參考價格：JPY 12,800/m²（HiRATA TILE）

仿石材磁磚

仿古風的石磚。磁磚質感施釉

仿克羅納斯、仿古都爾門 磁磚施釉 | 95×195mm（12mm 厚） | 參考價格：JPY 14,800/m²（HiRATA TILE）

仿石材磁磚

與左圖為同產品，不同色系。印象清新

仿克羅納斯、仿摩艾石像 磁磚質感施釉 | 95×195mm（12mm 厚） | 參考價格：JPY 14,800/m²（HiRATA TILE）

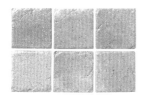

仿石材磁磚

以鑄造模具成型的產品。特徵為具有大塊色斑

Piedra PD-1006 石質無釉 92mm 方形（9mm 厚） | 參考價格：JPY 8,300/m²（HiRATA TILE）

仿紅磚的磁磚

以不同形狀的石頭或紅磚塊組合的設計

Glanfield GRF-104 | 25mm× 隨機尺寸（9～12mm 厚） | 參考價格：JPY 22,000/m²（SEIWA CERA-MICS）

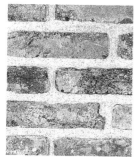

薄片磁磚

本產品是將純手工製造的紅磚切割成薄片。灰泥痕跡等清楚可見

BELGO 磁磚 BBH-1105-SLIP（平）室內、外用的薄片紅磚 | ± 188×48mm 方形（22mm 厚） | 參考價格：JPY 17,500/m²（HiRATA TILE）

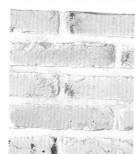

薄片磁磚

與左圖為同產品，不同色系。以木模具成型，並用砂研磨表面再經燒成的產品

BELGO 磁磚 BBH-1107-SLIP（平）室內、外用的薄片紅磚 | ± 188×50mm 方形（22mm 厚） | 參考價格：JPY 19,800/m²（HiRATA TILE）

機能性磁磚

POINT
● 市面上增加許多具備調節溼氣、除臭性能的產品。全部都是多孔質材質,除了機能上相當吸引人之外,柔和的外觀也魅力十足。

市面上增加不少具備調節溼氣性能的多孔質磁磚。其中,大部分的產品也都同時具有除臭機能與吸附揮發性有機化合物(VOC)機能。然而,從吸水率與製法的觀點來看,無論哪一種產品都不符合日本JIS規格中「磁磚」的規定。

雖然(一般社團法人)日本建材‧住宅設備產業協會的調溼建材規定是以調節溼氣性能為目的,但並不代表所有產品都有完成登錄。而且,使用效果還會依照房間面積或窗戶大小、換氣或通風等條件而變,所以絕對不要對任何一種建材存有過度期待。

健康壁磚

「健康壁磚(ECOCARAT)」(LIXIL株式會社)是一種稱為水鋁英石的非晶質黏土礦物等高溫燒成的建材。水鋁英石是指鹿沼土等元素中含有大量1微米以下微細孔的物質。

當室內的水氣量增加時,會由這些微細孔吸入,相反的水氣量減少時則釋出。

因此,不但可以抑制結露或發霉、塵蟎,還能吸附化學物質或日常生活中惱人的臭味。為了有效發揮機能,廠商大力推薦的施工面積是客廳為4～5平方公尺以上,廁所則為1平方公尺以上。

其他機能性建材

具備調節溼氣、除臭機能的磁磚,有「銀離子磁磚(AGPLUS)」(NAGOYA MOSAIC TILE. CO.,LTD.)。這種材料的主原料是ALC粉末(矽石、水泥、石灰等)與二氧化碳、銀離子(Ag+)、無機顏料、強化纖維。98%的原料是再生原料[原注],另外,因為ALC粉末、水與二氧化碳會產生化學反應而硬化,所以沒有燒成工程。特徵是低製造能源。因添加了銀離子,所以物理上吸附臭味成分後,會透過銀離子進行化學分解。

除此之外,還有運用灰泥硬化原理的灰泥磚,以及以矽藻土為主原料的矽藻土磚等。因為矽藻土磚可以吸收細小的油分,所以大多用於廚房等場所。

原注:ALC粉末是ALC工廠的廢材,而二氧化碳則是把製鐵所高爐所產生的氣體,經高濃度化後使用。

健康壁磚[原注]

高溫燒成水鋁英石等所製成的壁磚。紮實飽滿的仿布紋設計

健康壁磚 cuscino ECO-151/CSN1 15.5mm 方形（4.5 + 5.5mm 厚）｜表面凸出為圓弧形｜參考價格：JPY 7,800/m²（LIXIL）

健康壁磚

與左圖為同產品，不同形狀、色系。石材風的色調 × 寬度不一的橫條紋組合

健康壁磚 Granas variant ECO-SET/QHT4 深灰色｜異形狀橫條紋、單面小端施釉 398.5×（85.5、66.0、46.0）mm（7mm 厚）｜參考價格：JPY 11,700/m²（LIXIL）

銀離子磁磚

以 ALC 粉末等為原料，不經燒成工程所製成的磁磚。表面施加布紋凹凸設計

銀離子磁磚 AGP-S111（布紋）303mm 方形（8.5mm 厚）｜參考價格：JPY 4,900/m²（NAGOYA MOSAIC-TILE）

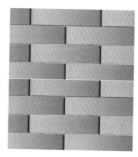

銀離子磁磚

與左圖為同產品，不同形狀、色系。茶色系的顏色 × 橫條紋拼貼組合

銀離子磁磚 AGP-B-114 101×25mm（8～11mm 厚）｜1 塊網材 318×309mm｜參考價格：JPY 7,800/m²（NAGOYA MOSAIC-TILE）

恆溫磁磚

磁磚的特殊隔熱層具有氣泡。可減緩浴室地板的冰冷感。照片是設計成板岩狀的產品

恆溫磁磚 板岩 II ST-33N 297mm 方形（9mm 厚）｜參考價格：JPY 13,900/m²（LIXIL）

矽藻土磚

以矽藻土為主原料所燒製而成的產品。顏色依混入的黏土色調而異。具有調溼、除臭、吸附油等機能

日常生活用 E 磚 正方形 DT-1（E-tile 150-3）150mm 方形（7mm 厚）｜參考價格：JPY 35,600/箱（45 塊入）（Samejima Corp.）

灰泥磚

多孔質黏土系材料和以消石灰（熟石灰）為原料的產品。表面質感相當樸素

純 · II JUN/SP 303mm 方形（7mm 厚）｜參考價格：JPY 5,250/m²（kaneki 製陶所）

灰泥磚

與左圖為同產品，不同色系、形狀。表面如石材自然面般凹凸的仿馬賽克拼貼的產品

純 · II MC-35 馬賽克拼貼 32mm 方形（5.5～7.5mm 厚）｜1 塊網材 316mm 方形｜參考價格：JPY 7,500/m²（kaneki 製陶所）

原注：「健康磁磚」與「恆溫磁磚（Thermo Tiles）」是 LIXIL 株式會社的產品註冊商標，而「銀離子磁磚」則是 NAGOYA MOSAIC TILE. CO.,LTD. 的產品註冊商標。

水泥磚

● 水泥磚的特徵是可精巧地模仿出老舊磚塊的質感。有許多設計案例會在水泥磚上塗白色漆料。

水泥磚是以白水泥、細砂、無機顏料等原料所製造成型的磚塊。耐用年限長達數十年以上。因為沒有經過燒成工程，所以製造過程幾乎不會產生二氧化碳。現在市面上普遍流通的是磚塊或仿石材自然面等產品。

製造方法

水泥磚的製造方法相當簡單，將水、水泥與砂、無機顏料等混合成有色砂漿，然後放入模具，再經油壓成型機成型即可。其他也有像鑲嵌磚等產品，這是把不同的產品製成兩層構造，分別做為表面層與基礎層的產品。水泥磚透過水合作用達到完全硬化狀態，需花費 2～4 週左右的時間。

產品的好壞取決於抗彎強度的強弱。另外，也有為了防止剝落而在接著面上下足工夫的產品。當產品具有表面層與基礎層時，表面層的厚度也就相當重要，用於地板的產品最好有 3～4 公釐的厚度較佳。至於設計方面，尤其是仿古紅磚的產品，勝負關鍵在於如何重現老化外觀。

由於製造工程十分簡單，所以最大的好處是可以批量訂購。有時可以利用既有的模具製造，或者也能只製造表層做為特殊樣式，這些都只要花少許金錢就能夠生產製造。可因應交貨日期生產的公司，大約只要 2～3 週便可交貨，不過，製作樣品等確定是否與樣本顏色相同或配色時間必須另外計算。

活用法

日本大多是使用復古磚，近年來，也增加了不少做為住宅主題牆（重點牆）的案例。把上方塗成白色，營造出整修中的假象，這種設計在視覺上也相當具有衝擊感。

在營造氣氛上，鋪設方法相當重要。可先考慮主題要設定成哪個國的風格或哪個年代。同樣地，灰縫大小也很重要。因為水泥磚的灰縫寬度再小也有 5 公釐左右，所以相當地顯眼。因此，灰縫顏色也必須一併納入考慮。

室內的施工方法採膠合劑接著。基礎無論是石膏板或膠合板、灰泥牆等，都不會構成影響。

水泥壁磚

再現紅磚風味的磚塊，與白色灰縫的組合

CAN'BRICK 標準規格 白色灰縫 CFP-STD-10 平面 ｜ 60 ～ 64× 194 ～ 200mm（12 ～ 14mm 厚）｜ 參 考 價 格：JPY 5,900/m² （CAN'ENTERPRISES）

水泥壁磚

如中國傳統的磚塊「灰壁磚」般的灰色磚塊，與灰色灰縫的組合

CAN'BRICK 標準規格 灰色灰縫 CFP-STD-45 平 面 ｜ 60 ～ 64×194 ～ 200mm（12 ～ 14mm 厚）｜參考價格：JPY 5,900/m²（CAN'ENTERPRISES）

水泥壁磚

尺寸或形狀等都相當重視復古風格。磚塊的灰縫採用填平設計

CAN'BRICK 荷蘭 NL-5 平面 ｜ 50 ～ 54×196 ～ 202mm（15 ～ 17mm 厚） ｜ 參 考 價 格：JPY 6,500/m² （CAN'ENTERPRISES）

水泥壁磚

再現英國傳統的磚塊風味，與土色偏白灰縫的組合。燒焦般的褐色區塊與色斑，給人大膽創新的印象

CAN'BRICK 英 格 蘭 Yellow 64 ～ 70×210 ～ 225mm（16 ～ 20mm 厚） ｜ 參 考 價 格：JPY 8,600/m² （CAN'ENTERPRISES）

水泥地磚

仿製純手工製造的紅褐色磚塊。上蠟後質感更佳

PERRANCHO GLISTENT COAT 塗膜處理 平面 ｜ 250mm 方形（20 ～ 25mm 厚）｜參考價格：JPY 8,500/ m²（CAN'ENTERPRISES）

水泥地磚

再現義大利紅褐色磚塊風味。表面粗糙、具復古風格

六角形 HE×-1 ｜ 250×220mm（20 ～ 25mm 厚、六角形）｜ 參考價格： JPY12,000/m²（CAN'ENTERPRISES）

水泥地磚

再現石灰華（一種多孔碳酸鈣）風味。400 × 600 mm 和大面積的尺寸頗受歡迎

石灰華 TRV-1（Avorio）TRV-460 ｜ 400×603mm（20mm 厚）｜參考價格： JPY 13,900/m²（CAN'ENTERPRISES）

水泥地磚

用 300mm 方形的地磚再現歐美街道上石頭鋪路的造景。砌磚除了照片上的直縫（對縫）之外，也有錯縫（交丁）的堆砌方法

CAN'STONE 立體 G-602 ｜ 300mm 方形（30mm 厚）｜參考價格：JPY 8,500/m²（CAN'ENTERPRISES）

磁磚的施工與收整

● 室內的磁磚施工大多採膠合劑接著。為求完成品完美，區域劃分必須慎重仔細。在磁磚的施工方法當中，有很多種方法都適用於石材。

磁磚的施工

磁磚施工可分成兩種，一種是以砂漿做為基礎的濕式施工法；另一種則是以膠合劑鋪貼在膠合板或石膏板基礎上的乾式施工法。室內的施工大多以使用膠合劑的乾式施工法為主流[原注]。乾式施工法的優點在於可在石膏板或膠膠合板、矽酸鈣板等基礎上直接施工。而且，由於無須用水，所以養生期間較短。

磁磚施工通常在木工工程完成後，由磁磚業者負責施工。不過，因為施工後一天之內不可踏上磁磚，所以玄關前廊等外部磁磚，最好是等到建築物內部的施工工程全部完成之後再進行鋪設。

完善處理磁磚收整的關鍵在於區域劃分。劃分區域時，須注意磁磚的實際尺寸。即使是標示「100公釐方形」的產品，也有分成「包含灰縫在內的100公釐方形」與「實際尺寸是100公釐方形」的產品，所以是依廠商或材料上標記的方法而異。

為避免區域劃分的不完全導致無法施工的情況，在設計階段就應該要計算好牆壁厚度等細節，此階段最重要的就是調整到可以完美地劃分出區域。另外，在現場的施工作業上，灰縫調整應盡量控制在微調範圍內，這是眾所皆知的鐵則。

乾式施工法的步驟

乾式施工法的施工步驟，首先是用鋸齒鏝刀把膠合劑平均塗抹到整體基礎上。膠合劑的厚度要依磁磚背溝的深度而定，萬一塗層過厚就容易擠壓溢出，這點應多加留意。由於填縫材有抗菌、防霉或耐油等種類，所以可以依照需求選用適合的產品。

還有，更替玄關的隔間門窗時，大多也會順便重新鋪設磁磚。使用電鑽或砂輪機打掉舊有磁磚時，會產生大量的粉塵，因此必須做好養護措施。由於施工的時間有限，工程在打掉舊有磁磚後，第二天由工匠安裝玄關隔間門窗，然後第三天才是鋪設新磁磚的工程時間。

原注：除了乾式施工法以外，還有砂漿墊層工法。這種工法在石材的章節（第82頁）中有提到，主要使用在用水區域等場所。

圖1 以乾式施工法全面塗覆膠合劑鋪貼磁磚的範例

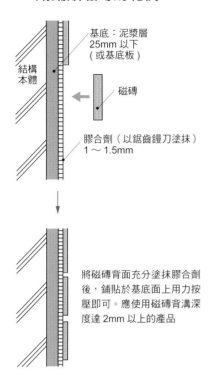

基底：泥漿層 25mm 以下（或基底板）

結構本體

磁磚

膠合劑（以鋸齒鏝刀塗抹）1～1.5mm

將磁磚背面充分塗抹膠合劑後，鋪貼於基底面上用力按壓即可。應使用磁磚背溝深度達 2mm 以上的產品

圖3 在合板基底上鋪設磁磚的範例

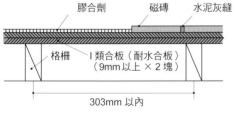

膠合劑　磁磚　水泥灰縫

格柵　I 類合板（耐水合板）（9mm 以上 × 2 塊）

303mm 以內

使用可以承受地板基底潮溼狀態的 I 類合板。在載重問題的考量上，最好張貼兩塊 9mm 厚或 12mm 厚的合板。其上方以膠合劑接合。

圖5 部分地板鋪設磁磚的方法

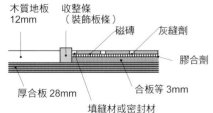

木質地板 12mm　收整條（裝飾板條）

磁磚　灰縫劑

膠合劑

厚板 28mm　合板等 3mm

填縫材或密封材

鋪設木造住宅的部分地板磁磚時，地板基底的厚合板上必須先張貼調整厚度用的合板，然後在上方鋪貼磁磚。與地板等的接合處用收整條做收邊處理

圖2 鋪設磁磚的牆壁與天花板之間的收整處理

< 縱斷面圖 >

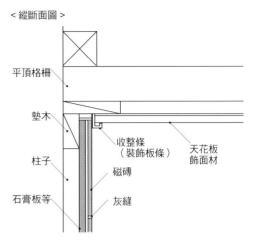

平頂格柵

墊木

柱子

石膏板等

收整條（裝飾板條）

磁磚

灰縫

天花板飾面材

在石膏板或合板基底上鋪設天花板時，以 fukuvi 株式會社等產的樹脂製的收整材接合天花板邊緣

圖4 鋪設磁磚的牆壁與地板之間的收整處理

< 縱斷面圖 >

柱子　灰縫

石膏板等　合板 5.5mm

墊木　踢腳板　地板磁磚

與地板接合的部分，放入與磁磚同厚的合板等以調整厚度，然後上方以踢腳板覆蓋並固定

圖6 鋪設水泥漿的範例

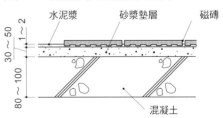

水泥漿　砂漿墊層　磁磚

30～50　1～2

80～100

混凝土

鋪設方法是在混凝土上面鋪設砂漿墊層後，注入水泥漿並放上磁磚，然後以橡膠槌等敲擊，使其密合。這種施工方法適用於 200mm 以上、且厚度在 20mm 以上的方形磁磚，不適用於薄片磁磚

平板玻璃的製造工程

POINT
● 平板玻璃的主原料是矽砂、氧化鈉、石灰石等，以浮製法製造。而壓花玻璃以及內部有置入鐵絲網的鐵絲網玻璃，則是採用滾壓法製造。

玻璃的主原料是矽砂（SiO_2）、氧化鈉（Na_2O）以及氧化鈣（CaO，俗稱生石灰或石灰）。其他也會加入少許氧化鎂（MgO）與氧化鐵（Fe_2O_3）等做為副成分。玻璃的主要成分是矽酸，在原料比例中約占 70% 左右。至於蘇打灰是可以在熔解時降低熔點的成分，在原料比例中約占 10%。而石灰是可以在高溫狀態下，提高玻璃黏性的成分，在原料比例中也占了 10% 左右。

現在，有許多平板玻璃都是採用浮製法製造。這個製法是在熔融金屬（熔融的錫）上面浮放熔解的玻璃，藉此製成平板玻璃。主要是利用玻璃比重（2.5）比錫比重（6.5）輕的原理。以下說明製造工程。

首先，先以熔融爐將原料熔解成透明的玻璃材料。熔融爐區分成熔解玻璃的熔解槽和降低玻璃溫度、去除氣泡的澄清槽。玻璃材料先用 1,600℃ 的溫度熔解，然後在澄清槽去除氣泡，接著使其流向裝有熔錫的浮置槽（熔錫浴）中。浮流在熔錫上的玻璃，與錫接觸的那一面會因為錫的水平面而呈現水平狀態。另一方面，玻璃上方的一面則因為重力而自然地呈現水平狀。

浮置槽內的玻璃在玻璃與錫的重力、表面張力的平衡之下，厚度約為 6.8 公釐左右。然後根據把玻璃抽出時的速度快慢，可以調整成約 2 ～ 25 公釐厚。玻璃在大約 600℃ 時會凝結成固體，此時，為了避免玻璃內部因溫度差而產生扭曲，可放入徐冷槽中慢慢冷卻。經過徐冷處理後，進行洗淨與乾燥，接著檢查厚度以及傷痕、扭曲等，最後再裁切成固定尺寸。

滾壓法

滾壓法是把熔化的玻璃從兩支滾輪之間壓出、製成板狀的製造方法。將下滾輪雕刻上花紋圖樣，便可壓製成壓花玻璃。還有，在上下滾輪之間放入鐵絲網的話，鐵絲網也能一起壓入玻璃內，製成鐵絲網玻璃。這個製法必須再經過一道玻璃表面拋光工程才能完成。

圖 1　平板玻璃的製造工程

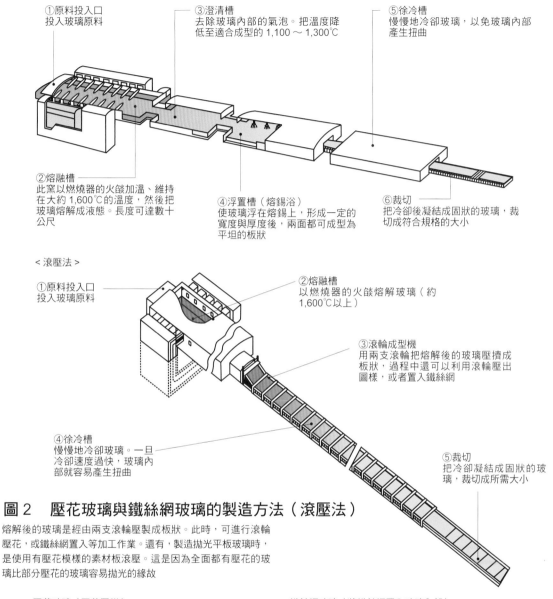

< 浮製法 >

①原料投入口
投入玻璃原料

③澄清槽
去除玻璃內部的氣泡。把溫度降低至適合成型的 1,100 ～ 1,300℃

⑤徐冷槽
慢慢地冷卻玻璃，以免玻璃內部產生扭曲

②熔融槽
此窯以燃燒器的火燄加溫、維持在大約 1,600℃ 的溫度，然後把玻璃熔解成液態。長度可達數十公尺

④浮置槽（熔錫浴）
使玻璃浮在熔錫上，形成一定的寬度與厚度後，兩面都可成型為平坦的板狀

⑥裁切
把冷卻後凝結成固狀的玻璃，裁切成符合規格的大小

< 滾壓法 >

①原料投入口
投入玻璃原料

②熔融槽
以燃燒器的火燄熔解玻璃（約 1,600℃ 以上）

③滾輪成型機
用兩支滾輪把熔解後的玻璃壓擠成板狀，過程中還可以利用滾輪壓出圖樣，或者置入鐵絲網

④徐冷槽
慢慢地冷卻玻璃。一旦冷卻速度過快，玻璃內部就容易產生扭曲

⑤裁切
把冷卻凝結成固狀的玻璃，裁切成所需大小

圖 2　壓花玻璃與鐵絲網玻璃的製造方法（滾壓法）

熔解後的玻璃是經由兩支滾輪壓製成板狀。此時，可進行滾輪壓花，或鐵絲網置入等加工作業。還有，製造拋光平板玻璃時，是使用有壓花模樣的素材板滾壓。這是因為全面都有壓花的玻璃比部分壓花的玻璃容易拋光的緣故

壓花玻璃（壓花圖樣）

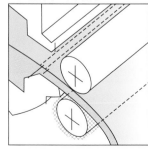

下滾輪是刻有花紋圖樣的滾輪。玻璃經上滾輪壓製成板狀的同時，轉印出下滾輪的花紋圖樣

鐵絲網玻璃（將鐵絲網置入玻璃內部）

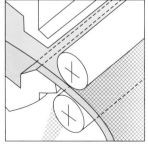

在上下滾輪之間放置鐵絲網，透過滾壓置入玻璃內部。若滾壓方式不是上下都有鐵絲網時，玻璃表面會殘留滾輪壓製的痕跡，此時就必須加一道拋光處理（拋光工程）將表面整平

2

石材＋磁磚＋玻璃篇

平板玻璃

POINT
● 所有平滑、有厚度的玻璃，都可稱為平板玻璃。玻璃表面可施加霧化處理或塗裝，以及在玻璃背面鍍銀等加工，透過加工處理可將玻璃製成各式各樣的產品。

平板玻璃的製法是採用一種稱為浮製法的製造方法。由於一般平板玻璃都含有鐵成分，因此會呈現出淡綠色，而且隨著玻璃厚度愈厚，顏色也會變得愈濃。相對於此，「高透度玻璃」因為減少成分中的鐵，所以是透明度相當高的玻璃。

平板玻璃的特徵是透明、易破。雖然強度高、表面硬度也高，但沒有金屬或樹脂具有塑性變形的特質，所以一旦施力或撞擊，應力就會集中於一處導致破損。此外，玻璃在急劇的溫度變化下會破裂，但是耐熱溫度在標準溫度下是110℃，最高使用溫度可承受到380℃左右。耐候性相當優良，除了部分會變色以外，使用壽命可長達一百年以上。

產品的厚度範圍相當廣，市面上流通有2、3、4、5、6、8、10、12、15、19公釐的尺寸。最大尺寸依不同廠商或厚度而異。日本旭硝子株式會社[譯注]的玻璃是厚6公釐、6,000 × 3,000公釐大小的玻璃。而一般流通於玻璃販賣店的尺寸，最大只有2,438 × 3,030公釐。厚度約2～3公釐的

玻璃較容易破碎，其他像2公釐厚、尺寸為813 × 914公釐，以及3公釐厚、尺寸為1,219 × 1,829公釐的玻璃則較小。

玻璃的基本加工

在這裡介紹兩種有關裝飾玻璃的表面加工處理方法。

(1) 霧化處理

在玻璃表面上加工細微的凹凸、可漫反射光線的半透明玻璃，稱為「毛玻璃（霧面玻璃）」。這種玻璃是單面噴砂，然後再施加化學處理使表面平滑、不易殘留指痕的玻璃。市面上也有利用凹凸設計繪製圖樣的產品。

(2) 彩色玻璃（塗裝）

彩色玻璃是在玻璃背面燒上特殊塗料，製成多彩的室內用牆壁裝飾材料。因為塗料透過高溫燒結，所以具有建材應有的強度。除了表面塗覆特殊的金屬膜，看起來相當具有珍珠光澤的產品之外，也有講求高透明感而使用高透度玻璃的產品。

譯注：日本旭硝子株式會社在台分公司「旭硝子顯示玻璃股份有限公司」主要生產顯示器用玻璃基板，商品諮詢可洽台灣分公司。

「LACOBEL」與「MATELAC」的特徵是高清玻璃，起源於歐洲的彩色玻璃品牌。其他還有材質與 MATELAC 相同、具有光滑質感的高穿透力玻璃「MATELUX」

LACOBEL潔白

追求超越潔白的彩色玻璃。採用高穿透力的玻璃，實現高透明度的清透質感

LACOBEL 潔白 2,250×3,210mm（4mm厚）｜參考價格：JPY 15,000/m²（日本旭硝子）

LACOBEL潔白

表面施加細緻的噴砂加工、呈霧面質感的彩色玻璃。反射出的光線比以往的產品柔和許多，能實現具有溫暖、柔和感的照明演出

LACOBEL 潔白 2,250×3,210mm（4mm厚）｜參考價格：JPY 18,000/m²（日本旭硝子）

LACOBEL 高清

用與 MATELAC 相同的材質，是具有細緻質感的高穿透玻璃。照明照射透出的細緻質感，實現幻想般的空間演出

LACOBEL 高清 2,250×3,210mm（4mm厚）｜參考價格：JPY 13,000/m²（日本旭硝子）

「VITRO COLOR」與「PEARL VITRO」是日本國內的彩色玻璃品牌。具有豐富的彩色色調，可對應各種樣式，是市面長期熱銷的產品

VITRO COLOR 透白

深獲市場好評的彩色玻璃基本款。採用高穿透力玻璃，實現基本的高透度要求

VITRO COLOR 透白 2,438×1,829mm（5mm 厚）｜參考價格：JPY 18,000/m²（日本旭硝子）

VITRO COLOR 黑

穿透出色調因玻璃透明度而深淺不一，相當具有魅力的彩色玻璃。透過適度的反射，在空間上營造出更寬闊的感覺

VITRO COLOR 黑 2,438×1,829mm（5mm 厚）｜參考價格：JPY 14,000/m²（日本旭硝子）

VITRO COLOR 淺灰

表面有特殊塗層的彩色玻璃。反射出的光線相當具有光澤、質感，可創造出與眾不同的空間

VITRO COLOR 淺灰 2,438×1,829mm（6mm 厚）｜參考價格：JPY 26,000/m²（日本旭硝子）

「SUN MIRROR G」採用新塗料膜，是環保鏡子。耐久性或強度都大大地提升

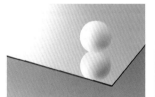

SUN MIRROR G

SUN MIRROR G 5mm｜參考價格：JPY 12,000/m²（日本旭硝子）

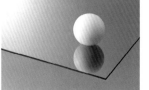

SUN MIRROR G Euro Gray

SUN MIRROR G Euro Gray 5mm｜參考價格：JPY 19,000/m²（日本旭硝子）

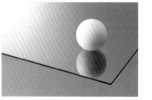

SUN MIRROR G Euro Bronze

SUN MIRROR G Euro Bronze 5mm｜參考價格：JPY 19,000/m²（日本旭硝子）

噴砂處理後的表面再施加化學處理，是具有細緻質地的半透明玻璃。表面的細微凹凸可使光線柔和且具有阻隔視線的作用。FROSTED GLASS METALLIC 是在 SUN MIRROR 的表面上做噴砂處理與化學處理的霧面鏡子

FROSTED GLASS Brain

FROSTED GLASS Brain

2,438×1,829mm（5mm 厚）｜參考價格：JPY 19,000/m²（日本旭硝子）

FROSTED GLASS SOFT

FROSTED GLASS SOFT 2,438×1,829mm（5mm 厚）｜參考價格：JPY 23,000/m²（日本旭硝子）

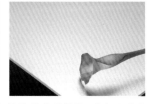

FROSTED GLASS METALLIC

FROSTED GLASS METALLIC 2,438×1,829mm（5mm 厚）｜參考價格：JPY 30,000/m²（日本旭硝子）

原注：本頁參考價格由日本旭硝子株式會社提供。只有材料價格，不包含裁斷、加工費、施工費、運費、消費稅等。

壓花玻璃

POINT

● 壓花玻璃是表面具有花紋圖樣的平板玻璃。這種玻璃的樣式與種類相當豐富，其魅力在於具有獨特的曲線。市面上到處可見法國 Saint-Gobain K.K. 的產品。

壓花玻璃是指表面有花紋圖樣的透明玻璃。用途除了用來採光（透光）之外，主要偏向用於阻隔視線（不透視）。另一方面，壓花玻璃的外觀設計也備受矚目。因重新定位產品，使偏好「摩登復古風」的使用者增加，現在普遍都認為壓花玻璃是可以營造出「日本昭和時代（一九二六～一九八九年）」氛圍的品項之一。

壓花玻璃是以一種稱做滾壓法的方式製成的玻璃。這種方式是直接將熔解後的玻璃，經過兩支水冷滾輪之間擠壓製成板材，因為下滾輪刻有花紋圖樣，所以當玻璃通過滾輪時，花紋圖樣也同時轉印到玻璃表面上。由於這個製造方法是讓玻璃直接接觸到低溫的滾輪表面，因此玻璃表面並不平滑。像滾輪法這種無法製造平滑表面的缺點，反倒是可巧妙活用的手法。

壓花玻璃的種類

在日本國內，主要的壓花玻璃都是進口品，尺寸也是依照進口國或廠商而異。依進口量較多的法國 Saint-Gobain K.K. 的產品來說，似乎是以 1,600 × 2,110 公釐、1,990 × 2,470 公釐等尺寸居多。這些產品的厚度大多是 4 公釐左右，因為表面有凹凸紋圖樣，所以必須有可以容許些微公差的設計才能使用。

壓花玻璃的設計

設計方面，可分成透明產品與彩色產品。產品種類比較豐富的是法國的 Saint-Gobain K.K.。另外，德國 LAMBERTS 的產品陣容也相當堅強。其中，最受歡迎的樣式是一種稱為「格紋玻璃」、玻璃上有正方形格子壓花的產品。其他還有帶狀或點陣式的圖樣，而格外受到女性族群青睞的則是幾何學圖樣的產品。

玻璃在冷卻工程當中會產生收縮，產品線條可能因此而些微扭曲。不過，這也是壓花玻璃的特色之一。

另外，還有波浪狀、稱為「水玻璃」的產品，以及手工藝術風格的「新仿古」產品等。

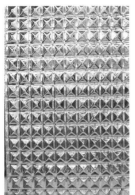

Saint-Gobain K.K.
壓花玻璃

三角錐狀、方格圖樣且具有立體感的產品

Saint-Gobain K.K. 壓花玻璃 155 尺寸 F 清玻璃｜1,600×2,110mm（4mm 厚）｜參考價格：JPY 8,300/m²（GARASU LAND）

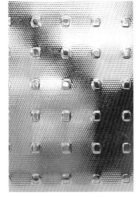

Saint-Gobain K.K.
壓花玻璃

格子狀、表面布滿點陣式小孔的產品

Saint-Gobain K.K. 壓花玻璃 062 特殊造型：點陣式小孔 清玻璃｜1,990×2,470mm（4mm 厚）方格間的間隔約為 2.5×3mm｜參考價格：JPY 11,000/m²（GARASU LAND）

Saint-Gobain K.K.
壓花玻璃

方格狀的產品。統稱為「格紋玻璃」

Saint-Gobain K.K. 壓花玻璃 043 尺寸 M｜1,600×2,110mm（4mm 厚）方格間的間隔約為 13mm｜參考價格：JPY 9,200/m²（GARASU LAND）

Saint-Gobain K.K.
壓花玻璃

極微小的點陣式凸點與帶狀圖樣的組合

Saint-Gobain K.K. 壓花玻璃 061 特殊造型：帶狀圖樣 清玻璃｜1,990×2,470mm（4mm 厚）帶狀圖樣間的間隔約為 21mm｜參考價格：JPY 11,000/ m²（GARASU LAND）

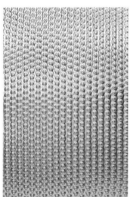

Saint-Gobain K.K.
壓花玻璃

具有立體感、點陣式凸點圖樣的產品

Saint-Gobain K.K. 壓花玻璃 076 特殊造型：點陣式凹凸面 清玻璃｜1,990×2,470mm（6mm 厚）｜參考價格：JPY 13,600/m²（GARASU LAND）

Saint-Gobain K.K.
壓花玻璃

表面呈現不均一條紋的產品

Saint-Gobain K.K. 壓花玻璃 076 特殊造型：不均一條紋 清玻璃｜1,600×2,110mm（4mm 厚）｜參考價格：JPY 9,400/m²（GARASU LAND）

Saint-Gobain K.K.
壓花玻璃

表面如黑曜石剖開後呈不規則凹凸的產品

Saint-Gobain K.K. 壓花玻璃 071 特殊造型：抽象 清玻璃｜1,600×2,110mm（4mm 厚）｜參考價格：JPY 9,200/m²（GARASU LAND）

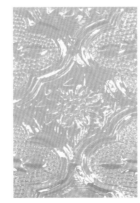

壓花玻璃

非 Saint-Gobain K.K. 製造的產品，而是中國製的壓花玻璃。幾何學的圖樣，深受女性喜愛

幾何花紋藝術 F-01 清玻璃｜2,350×1,150mm（4mm 厚）｜參考價格：JPY 7,500/m²（GARASU LAND）

原注：在日本國內，最多可免費提供 3 塊樣品，尺寸為 50 × 70 mm。

2
一 石材＋磁磚＋玻璃篇

復古玻璃（手工製造）

POINT

● 復古玻璃是一塊一塊純手工製造的產品。壓延玻璃時的加工種類變化相當豐富。由於尺寸小，主要都是做成手工工藝品。

復古玻璃是以手吹式圓筒法製成的玻璃，由工匠吹出空心圓筒狀的玻璃，然後再以裁切機縱向切開、攤平成板狀。這種玻璃是一八三〇年左右，在英國樹立的製法，雖然價格昂貴，但獨特的線條與氣泡是吸引人的特色所在。其中，著名的廠商有德國的 LAMBERTS 與法國的 Saint-Gobain K.K.。

另一種手工製法是人工式鑄造法。這是把熔解的玻璃膏澆注在金屬工作檯上，然後以滾輪軋製成板狀玻璃。這種玻璃在價格上相對便宜，而且還能轉印金屬工作檯或滾輪的凹凸圖案。其中，著名的廠商有美國的 Kokomo 公司或 Bullseyee 公司。

玻璃的種類

這些玻璃大致上可區分成透明玻璃與乳白玻璃兩種。前者是全透明的清玻璃；後者則是在原料中添加氟或磷，以降低透明度的玻璃。後者因為散光性優良，所以很常用於燈罩。

以下介紹幾種具有特徵的復古玻璃。

(1) 條紋玻璃

在壓延玻璃的同時，製造數條彩色條紋的玻璃。

(2) 布紋玻璃

用滾輪滾壓玻璃表面，使表面呈現厚度不一的變化。不規則的布紋狀，凹凸差異頗大。

(3) 鑲嵌玻璃

排列薄玻璃片，注入透明或白色的玻璃膏，使其附著於玻璃上。

(4) 斑駁玻璃

具有橢圓形斑駁圖樣的玻璃。圖樣的部分為半透明狀，周圍則是不透明。

(5) 波紋玻璃

用滾輪滾壓玻璃時，改變滾輪的回轉速度或以鋸齒狀方式移動，使玻璃表面呈現細微凹凸波紋。

目前日本國內流通的產品厚度大約 3 公釐左右，尺寸則依廠商而異，約 600 × 1,200 公釐左右。

圖　以手吹式圓筒法製造復古玻璃的工程（德國 LAMBERTS）

①工匠將熔化的玻璃原料吹成薄圓筒狀

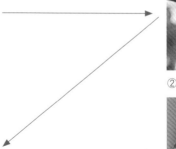

②以裁切機縱向切開

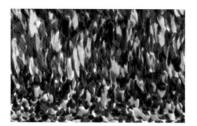

③在爐中展開攤平

④完成。表面呈現自然的波紋

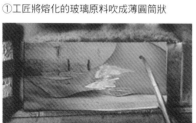

LAMBERTS條紋玻璃

採如上圖製法所製成的產品。可混搭多色

LAMBERTS 條紋玻璃 SJ244-F 藍＆紅＆黃｜570×880mm（3mm厚）｜參考價格：JPY 72,900/m²（GARASU LAND）

LAMBERTS金黃粉紅混色玻璃

大膽混色的產品。色彩的濃淡也會影響透光的程度

LAMBERTS 金黃粉紅混色玻璃 P-15-K 金色＆粉紅混搭的色彩｜570×880mm（3mm厚）｜參考價格：JPY 117,400/m²（GARASU LAND）

鑲嵌玻璃

背面有經高溫燒附的薄玻璃片。光線照射下看起來就像是從葉隙間灑落的天光

Bullseyee 鑲嵌玻璃 BU 4111-D｜480×880mm（3mm厚）｜參考價格：JPY 21,400/m²（GARASU LAND）

斑駁玻璃

斑點部分為半透明狀，周圍則是半透明～不透明。以光線的穿透性表現明暗

uroboros 斑駁玻璃 UR 00-031-C｜580×750mm（3mm厚）｜參考價格：JPY 37,200/m²（GARASU LAND）

波紋玻璃

利用改變滾壓玻璃的滾輪速度等，在玻璃表面創作波紋般的紋理

波紋玻璃 波紋 WR 01-A｜1,000×800mm（3mm厚）｜參考價格：JPY 13,800/m²（GARASU LAND）

LAMBERTS透明紋理玻璃

加入氣泡的產品。雖然是透明的產品，但卻能令人印象深刻，相當受歡迎

LAMBERTS 透明紋理玻璃 AL-MB-1｜1,570×880mm（3mm厚）｜參考價格：JPY 37,200/m²（GARASU LAND）

LAMBERTS裂紋玻璃

表面如皮革般的紋路設計

LAMBERTS 裂紋玻璃 C74-C 棕色｜570×880mm（3mm厚）｜參考價格：JPY 49,800/m²（GARASU LAND）

原注：LAMBERTS 復古玻璃不提供樣品寄送服務。

2
石材＋磁磚＋玻璃篇

仿古玻璃（機械製造）

POINT

● 仿古玻璃是採機械製法重現純手工質感，因此色彩的變化相當豐富。尺寸比復古玻璃大，還能用做隔間門窗使用。

仿古玻璃的製法

以手吹式圓筒法製造的手工復古玻璃不但價格昂貴，也無法製成面積大的平板玻璃。然而，這般質感是可以仰賴工業生產重現。只要運用一些機械製法，如滾壓法以及垂直引上法[譯注]就可以製造出仿古的平板玻璃。前者的製法與壓花玻璃相同。其中最具代表性的是美國 Spectrum Glass company。

垂直引上法是使用 20 世紀初期已實用化的玻璃熔解窯，將連續性生產出的板狀玻璃垂直向上拉引，使玻璃在垂直方向冷卻凝固的手法。運用這個方法製造的平板玻璃，厚度約為 2～6 公釐、寬度約為 1.5～2.5 公尺左右，特徵是厚度與尺寸的不均一。這種製法以德國 SCHOTT 出產的產品最為有名。

雖然無法與純手工製品的質感匹敵，但顏色與樣式都很豐富，相當好用。不只廣泛用於建築或家具，也適合用於工藝。其他還有為了便於熔解而具有膨脹係數的產品。

創造質感

仿古玻璃的特徵之一是其豐富的色彩。著色是用金屬氧化物。較具代表性的有鈷（深藍色）、銅（青色）、錳（紫色）、硫黃（琥珀色）、硒（紅或橙色）、鎘（黃色）、鉻（綠色）、氟（乳白色）與鎳（灰色）等。

還有，為了呈現出自然質感，在製造工程上需要花費不少工夫。例如徒手搬運原料混合、在玻璃膏凝固之前噴入液化的金屬、灌入壓縮氣體、拍打滾輪狀的玻璃使其呈現不均勻的波紋狀等，加入多道處理程序。

日本國內流通的仿古玻璃尺寸，以德國 SCHOTT 的產品來說，厚度約 3 公釐，最大尺寸約 1,500 × 800 公釐，而美國 Spectrum Glass Company 的產品尺寸是厚度約 3 公釐，最大尺寸約 600 × 1,200 公釐。

譯注：垂直引上法是引拉法的一種。引拉法可分成垂直引上法與平拉法兩種。

Spectrum 水痕

機械製法，採用引拉法製造。特色是顏色的濃淡與波紋的變化

Spectrum 水痕 SP 171W-E 橙色｜500×1,200mm（3mm厚）｜參考價格：JPY 17,800/m²（GARASU LAND）

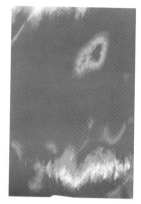

Spectrum水痕

與左圖為同產品、不同色系。此外，還有其他各色的產品

Spectrum 水痕 SP 121W-C 淺綠色｜500×1,200mm（3mm厚）｜參考價格：JPY 12,000/m²（GARASU LAND）

Spectrum巴洛克

製法與上圖相同。表面紋路酷似大理石紋理

Spectrum 巴洛克 SP 308R-D 白色略透明｜600×1,200mm（3mm厚）｜參考價格：JPY 15,600/m²（GARASU LAND）

Spectrum水滴

製法與上圖相同。如雨滴般的設計

Spectrum 水滴 SP 100RW-A 清玻璃｜600×1,200mm（3mm厚）｜參考價格：JPY 9,800/m²（GARASU LAND）

SCHOTT ARTISTA

以垂直引上法製造的產品。表面呈自然波紋，具有質感

SCHOTT ARTISTA DS0189 清玻璃｜800×1,500mm（3mm厚）｜參考價格：JPY 20,900/m²（GARASU LAND）

SCHOTT ARTISTA

與左圖為同產品、不同色系。淡淡的陰影，表面變化可一目了然

SCHOTT ARTISTA DS1062 淺灰色｜800×1,500mm（3mm厚）｜參考價格：JPY 25,400/m²（GARASU LAND）

SCHOTT ARTISTA

與上圖為同產品、不同色系。綠色系相當受歡迎

SCHOTT ARTISTA DS5640 草綠色｜800×1,500mm（3mm厚）｜參考價格：JPY 25,400/m²（GARASU LAND）

SCHOTT ARTISTA

以滾壓法製造的產品。幾乎完全不透光，經反射可清楚看見表面的樣式與質感

SCHOTT ARTISTA DS2500 黑色｜570×600mm（3mm厚）｜參考價格：JPY 59,200/m²（GARASU LAND）

其他平板玻璃

POINT

● 平板玻璃是容易做二次加工的材料。市面上有各式各樣產品，例如張貼複數的玻璃賦予設計或性能，或施加表面加工等。

層合玻璃（膠合玻璃）

層合玻璃是用透明的 PVB（聚乙烯醇縮丁醛）或 EVA（乙烯 - 醋酸乙烯酯共聚合物）的中間膜，貼合兩塊平板玻璃所製成的產品。中間夾入和紙或纖維、PET 薄膜（聚酯薄膜）等材料，就可以做出多種不一樣的變化。近年來流行省略不貼 PET 薄膜，改以直接噴墨印刷在中間膜上的方式。還有，也能把復古玻璃等做成層合玻璃，使其具備有現代性能。

複層玻璃（雙層玻璃）

窗戶用的玻璃種類當中也包含複層玻璃。因為用於模板或復古玻璃的複層玻璃也可以用 LOW-E 玻璃（低輻射鍍膜玻璃）、防盜玻璃等來製造[原注]，所以人氣節節攀升。

鍍銀（鏡子）

鏡子是玻璃表面鍍銀膜所製成的產品。首先在玻璃面上噴附銀溶液與還原液，使微小的銀粒子沉澱並黏著在玻璃表面上形成銀膜。然後，在這層銀膜上再噴附銅溶液與還原液形成銅膜，最後塗上保護塗料就是完成品。這種表面處理稱為「鍍銀」，除了用來製造鏡子以外，也能運用於其他多種設計。例如在仿古玻璃上鍍銀，可創造出令人不可置信的立體感。雖然效果很好，但能做這種加工的工廠相當稀少。

其他加飾方法

其他還有像裂紋玻璃的表面加工方式。這是以噴砂處理把膠（動物蛋白質膠黏劑）噴灑在玻璃的其中一面上，然後當膠開始乾燥收縮時撕下，藉此創造裂紋表面的技法。玻璃表面的紋理看起來就像是鳥的羽毛。因為這是隨機製成的紋路，所以即使是同廠商的產品，每一塊玻璃所呈現的圖樣仍會有些微的差異。

原注：若是一般的平板玻璃，無論哪種都可做雙層加工。霧面處理的產品已產品化。

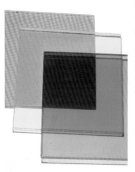

層合玻璃

中間層使用彩色膜的層合玻璃，就像貼膜一樣不必擔心脫膜問題

層合玻璃 中間膜為彩色膜｜可製造厚度：浮製玻璃=3+3mm；強化=4+4mm｜可製造尺寸：2,250×3,210 mm（GLASS CUBE）

層合玻璃

透明玻璃中夾有和紙的層合玻璃。可當做隔間材料使用

層合玻璃 和紙 G2-WA-002｜1,100×1,500mm（12～19mm厚）

凹凸狀 高清鏡子

在表面凹凸不平的玻璃背面上做鍍銀處理

表面凹凸狀 SP100H MR3 高清鏡子｜600×1,200mm（3mm厚）｜參考價格：JPY 39,200/m²（GARASU LAND）

水滴 高清鏡子

在具有各種形狀的水滴凸點的玻璃背面上做鍍銀處理

燦爛 水滴 SP 100RW MR5 高清鏡子｜600×1,200mm（5mm厚）｜參考價格：JPY 49,400/m²（GARASU LAND）

復古鏡

表面施加霧化加工、散發暗淡色調的彩色玻璃。可反射柔和光線

復古鏡 Antico Veneziano ANM-21｜1,200×2,400mm（4mm厚）｜參考價格：JPY 40,700/m²（GARASU LAND）

復古鏡

與左圖為同產品、不同色系。並非全黑，而是有細微差異的復古風格

復古鏡 黑色 ANM-23｜1,100×2,400mm（4mm厚）｜參考價格：JPY 32,300/m²（GARASU LAND）

LaFlor 金色鏡子

在凹凸不平的黃色玻璃上做鍍銀處理。金色光芒、閃耀奪目

LaFlor 金色鏡子 SP 110.2RR MR3｜1,200×600mm（3mm厚）｜參考價格：JPY 39,200/m²（GARASU LAND）

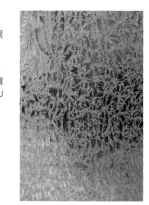

裂紋玻璃

在玻璃表面以動物蛋白質膠黏劑施加不規則圖樣處理

裂紋玻璃 GL001 MR3 高清鏡子｜600×900mm（3mm厚）｜參考價格：JPY 39,200/m²（GARASU LAND）

2
石材＋磁磚＋玻璃篇

玻璃磚與結晶化玻璃（微晶玻璃）

POINT

● 玻璃磚是同時具有隔熱性等性能，以及穿透性的表面飾材。分成中空玻璃磚與實心玻璃磚兩種。而結晶化玻璃則是具有針狀結晶的高耐久性素材。

玻璃磚

　　玻璃磚是美國在一九三〇年代後半期所開發出的產品，主要是把兩個箱形玻璃熔接成一個中空方形的產品。這產品的特徵是具有高隔熱性能或高隔音性能。日本國內除了日本電氣硝子株式會社製造販賣以外，也有流通義大利製的進口品。

　　現在市面上販賣的產品，一般都是115×115×80 公釐、145×145×95 公釐、190×190×95 公釐的尺寸。另外，適用於木造建築的是 145×145×50 公釐的薄型或圓形、玻璃磚片等。玻璃本身的顏色是透明和乳白色，其他也有在玻璃磚的側面或裡面塗上彩色塗膜的類型，例如藍、綠、粉紅等顏色。

　　近年來，還有把玻璃磚片直接固定在框架上販賣的產品，這樣一來，能省略掉現場堆砌玻璃磚的作業時間。框架種類有不鏽鋼、鋁、木頭等各式各樣的材質。至於玻璃磚之間的防漏水處理，可以使用墊片或密封材等。

結晶化玻璃

　　結晶化玻璃是玻璃熔解、燒成，使內部形成細小的針狀結晶，自玻璃中析出的結晶與玻璃的性質起作用而發揮獨特性能的材料。具有石材以上的抗彎強度、低膨脹的零吸水率、抗酸或鹼的化學耐久性、容易進行曲面加工等各種優良性能。

　　因為性能高，主要做為免保養的表面飾材使用，經常被運用於大樓外壁或地下鐵車站內等地方。產品有日本電氣硝子株式會社製造的「Neopariés」系列。標準的尺寸規格是以 900×900 公釐、900×1,200 公釐、900×1,800 公釐為主。

　　不過，Neopariés 的板厚有 15 公釐以上，因此施工時必須依照石材的施工工法。正因為如此，為了能適用於板材基底的室內用途，日本電氣硝子株式會社後續也開發了板厚較薄、約 5 公釐的「lapiés」系列。這種產品只用支撐材＋膠合劑就能適用於板材基底。標準的尺寸規格是 600×600 公釐、900×900 公釐、900×1,200 公釐。

玻璃磚

在玻璃磚側面著色的產品。共有橄欖綠、灰、黃等 9 種顏色

陶磁彩色玻璃磚系列 橙色｜115mm 方形（80mm 厚）｜參考價格：JPY 880/ 個（日本電氣硝子）

玻璃磚

在乳白色玻璃磚側面著色的產品。與左圖為同產品、不同色系

乳白色玻璃磚系列 綠色｜145mm 方形（95mm 厚）｜參考價格：JPY 2,230 / 個（日本電氣硝子）

玻璃磚

玻璃磚的內側（只有一邊）貼有金箔的產品。華麗風格。室內裝潢專用

金箔系列 純金箔片｜190mm 方形（95mm 厚）｜參考價格：JPY 19,000/ 個（日本電氣硝子）

玻璃磚

與左圖同系列，內側貼有鋁箔片的產品

金箔系列 鋁箔片｜190mm 方形（95mm 厚）｜參考價格：JPY 14,000/ 個（日本電氣硝子）

薄型玻璃磚

厚度為 50mm 的薄型玻璃磚。雖然隔熱性比厚玻璃磚低，但可施工的場所較多

薄型玻璃磚 清玻璃波浪形 3195/DO｜190mm 方形（50mm 厚）｜參考價格：JPY 1,320/個（藤田商事）

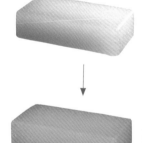

具蓄光性的玻璃磚

可在明亮的場所蓄光、在昏暗的場所發光的蓄光性玻璃磚。照片是沒有發光的狀態

BELLUNA BRICK｜197×97mm（50mm 厚）｜參考價格：JPY 8,000/個（日本電氣硝子）

左圖的產品是發光後的狀態。有綠光跟藍光兩種種類

結晶化玻璃

玻璃板是由微細的針狀結晶構成。根據光線的反射，可呈現不同的光澤

Neopariés 900mm 方形等｜價格由下而上分別為｜黑色（596M）JPY75,000/m²｜銀灰色（582M）JPY58,000/m²｜白色（413M）JPY53,000/m²｜米色（514M）JPY58,000/m²（日本電氣硝子）

結晶化玻璃

耐久性優良的結晶化玻璃板。表面呈光滑鏡面，可反射光線。也有半光澤的產品

lapiés 珍珠白 900mm 方形等（5 ± 0.5mm 厚）｜參考價格：JPY 35,000/m²（日本電氣硝子）

平板玻璃的施工與收整

POINT

● 基本上平板玻璃都採用嵌入木框方式。施工重點在於必須預留玻璃的餘隙。鏡子或彩色玻璃可用雙面膠與膠合劑來張貼。

工廠內的加工

玻璃的加工自由度是出乎意料之外地高。雖然玻璃不易彎曲，但透過道具的輔助，無論裁斷或開孔都能運用自如。加工是在玻璃工廠內進行。

裁斷是使用玻璃裁切機。不過，與其說「裁切」，倒不如說是從有損傷的部位「折斷」。此外也可以裁切成曲線狀。至於在玻璃上開孔的原因，主要是為了方便接合，因為接合時會使用到五金配件。開孔時，若開的孔為直徑 6 公釐以下的小孔時，用鎢鋼銑刀較佳。不但施工性優良，也能把孔處理得很漂亮。但若是開直徑 6 公釐以上的孔時，則必須改用玻璃鑽。玻璃鑽可對應到直徑 12 公釐左右。還要再更大一點的孔時就必須使用鑽孔機，這可對應到直徑 60 公釐左右。

玻璃之間的接合，用膠合劑相當有效。此時，可選用以紫外線來硬化的感光性膠合劑（UV 膠，全名稱為紫外線感光性膠合劑）。此膠合劑在日本以「PHTO bond」之名聞名業界。這是在使用夾具固定玻璃之後，才注入到玻璃間僅存的細小縫隙內，然後再照射紫外線，使其硬化。

施工現場的加工

平板玻璃幾乎都是搭配窗框做為窗戶使用，但也有做為門或隔間材料等用途使用。這類用途大多採用嵌入木框的方法。至於施工則是由工匠或門窗專門店家進行施工。一般都是木框製好之後再量尺寸訂購玻璃。量尺寸時，最好預留一些空間，以免玻璃承受過大壓力。

木框上必須有溝槽，加工方法是先把玻璃嵌入溝槽後，再以密封材填充。雖然這樣的製作方式看起來較簡潔美觀，但不太可能替換玻璃。另外，轉動壓條、以細螺絲固定的方式，在設計上雖然顯得較為俗氣，但這種方式對於後續的維修而言較有利。

還有，安裝鏡子或裝飾玻璃等可同時使用雙面膠與膠合劑。組裝大片玻璃時，必須注意搬運路線是否通暢，以及是否能以人力搬運等細節。

圖1　平板玻璃的固定方法

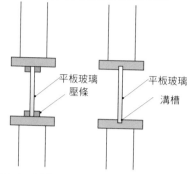

平板玻璃
壓條

平板玻璃

溝槽

基本上，固定平板玻璃的方法有兩種，一種是在窗框上設置溝槽加以固定；另一種則是用壓條固定

圖2　嵌入隔間材料的範例

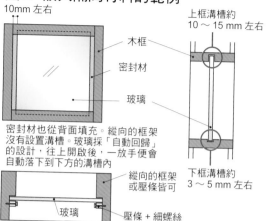

10mm 左右

木框

密封材

玻璃

上框溝槽約
10 ～ 15 mm 左右

下框溝槽約
3 ～ 5 mm 左右

玻璃

縱向的框架
或壓條皆可

玻璃

壓條 + 細螺絲

密封材也從背面填充。縱向的框架沒有設置溝槽。玻璃採「自動回歸」的設計，往上開啟後，一放手便會自動落下到下方的溝槽內

圖3　嵌入地板的範例

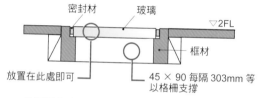

密封材　　玻璃　　　　　　　▽2FL

框材

放置在此處即可

45 × 90 每隔 303mm 等
以格柵支撐

地板用的玻璃是強化的層合玻璃（6mm+ 中間膜 +6mm 等），尺寸為 450 ×450 左右，四個邊都有格柵支撐。另外也有使用 8mm + 防眩光膜的案例

圖4　使用平板玻璃的扶手矮牆

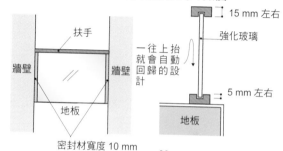

扶手

牆壁　　　　　　　牆壁

地板

密封材寬度 10 mm

一往上抬就會自動回歸的設計

15 mm 左右

強化玻璃

5 mm 左右

地板

圖5　工匠製作的玻璃桌

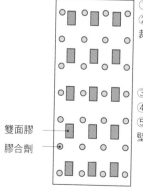

強化玻璃　　　密封材
（貼合則無需）

以 SPF 2' ×
4' 材等所製
造、著色而
成

牆化玻璃

89

18

8

38

SPF 2' ×4' 材
（框材）

桌腳（尺寸為 2' ×4' 的材料）

框材與桌腳是
採用榫頭接合
+ 螺絲所組裝
而成

89

18

38

82

牆化玻璃

支撐玻璃用的溝槽

圖6　在牆壁上張貼鏡子或彩色玻璃的方法

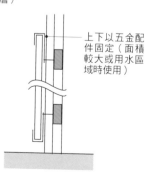

雙面膠

膠合劑

①先在牆壁上測量好放鏡子的位置
②在量好的位置上，內縮一些尺寸，裁切該處的壁貼並取下

③張貼雙面膠
④在雙面膠之間塗上膠合劑
⑤製作鏡子的鏡台，並水平張貼在牆壁上。一旦固定完成便無法再取下

基底合板（去除壁貼或塗裝層）

上下以五金配件固定（面積較大或用水區域時使用）

2

石材＋磁磚＋玻璃篇

玻璃磚的施工與收整

POINT
● 用於內裝的玻璃磚必須採嵌入木框處理。木框內側最好一併使用玻璃磚廠商製造的專用鋁板。

玻璃磚的施工方法與混凝土磚的堆砌方法相似。首先，塗上砂漿墊層，然後一邊放上專用的隔片隔離、一邊進行堆砌。等到凝固、硬化之後，再以鏝刀補上專用的填縫材，最後以沾溼的海綿擦拭表面即可完工。主要都是由外部設施業者或磁磚業者負責施工。施工的時機點排在木工工程完工之後。

以木框為邊堆砌而成

室內裝潢用的玻璃磚，大多以小面積堆砌方式貼在牆面上，或做為隔間牆壁的低層部位使用。此時，必須以木框等材料進行周圍的收整處理。

雖然玻璃磚可以直接用砂漿固定在木框上，但是由於木框直接接觸到砂漿的水分會造成不良的影響，再加上水泥中的鹼性也可能使木材變成褐色，所以最好一併使用玻璃磚廠商準備的鋁板較妥當。

木框與鋁板之間必須以填縫材來充填。玻璃磚與木框之間的餘隙大約留5～10公釐左右，這樣可使灰縫寬度看起來美觀一些。

當玻璃磚的周圍進行到施加泥作工程時，必須事先與負責施工的泥作工匠等人充分溝通，確認與木框之間的收整方式。

以乾式施工法做牆面

這種工法是不使用砂漿，採用木框與壓條進行收整處理。雖然這種工法是以木框做為骨架，少了用玻璃磚堆疊成牆面的感覺，但這是可簡便製作玻璃磚牆的方法。

還有，市面上也有單賣一種把單塊玻璃磚鑲嵌在鋁框等框架上的產品。這種產品若做為所謂的「不規則排列的窗戶設計」的話，看起來別有一番風味。

當面積超過一定以上的規模時，玻璃磚之間就必須使用鋼筋加以強化，把鋼筋固定在廠商指定的鑄鐵或鋁框上提升強度。

圖 1　使用木框與隔片的玻璃磚施工工程

①設置隔片

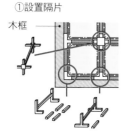

玻璃磚隔片以夾鉗等工具組合成 T 型
與 L 型，拼組在各自的位置上

②堆疊

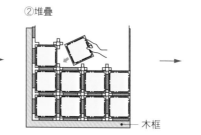

木框

將隔片夾入，以加水攪拌的磁磚用水泥，一邊
平均塗抹成需要的灰縫寬度，一邊由下往上堆
疊。接觸到木框的部位最好加上密封材

③除掉凸出的隔片

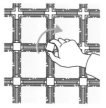

堆疊完成後將凸出的隔片如上
圖方式鈕開取下

④填補灰縫

填補後以鏝刀
將表面抹平

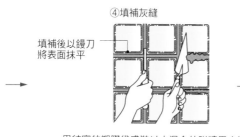

用結實的塑膠袋盛裝以水混合的磁磚用水泥，
剪掉其中一邊的塑膠袋角，將磁磚用水泥擠出
製成條狀，然後再填入灰縫的縫隙之間

⑤清潔表面

日本各大購物中
心均有販售隔片

由於玻璃抗鹼性弱，因此
必須馬上擦拭乾淨

圖 2　使用木框與壓條的玻璃磚施工工程

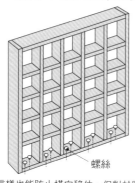

螺絲

雖然這樣也能防止橫向移位，但對於防止倒塌
卻不見得奏效。至少打入兩排螺絲較能安心。
如果可以將其中一邊固定在牆壁上更好

按數字大小依序放入壓條

一個方格用 1 根木螺絲（長 60mm）固定
在地板上

▼

4～5 層以上的框架，要以木螺絲固定。
比 5 層還高的框架，為了防止倒塌必須使
用補強配件加以強化固定，或者採用輔助
材連接至天花板固定

▼

若由上方空格開始放入玻璃磚的話，可能
會因重量而使得下方的玻璃磚無法放入。
所以放玻璃磚的順序應從下方依序往上

▼

雙面都要設置壓條，先設置好一面後再換
另一面

▼

壓條要依照①～④的順序以膠合劑貼上，
⑤～⑦先用膠帶暫時固定。把壓條⑧的長
度切割成 180mm，用膠帶暫時將其固定

▼

⑤、⑥、⑦的縱壓條用塗有膠合劑的膠帶
固定

▼

反面也以同樣的方法固定

＜組裝時的俯瞰圖＞

```
                B           210        9   D
  縱框                                      5
                    玻璃磚                  A
                   190 × 190 × 80
                                           5
                C   6 18 6    180    6 18
```

A：框架斷面圖（框架無塗裝）　B：切割成所需長度（縱壓條）
C：切割成 180mm 使用（橫壓條）　D：固定板

（參考：mihashi 資料）

混凝土磚

POINT

● 混凝土磚雖然是又重又硬的樸素材料，但也有適用於室內裝潢的產品，例如表面著色製成凹凸狀，或者製成小尺寸的產品。

混凝土磚的特徵

混凝土磚就如同字面上的意思，是指混凝土硬化之後所製成的磚塊。原材料是水泥、砂、礫石，先把這些材料放進攪拌機裡混練，然後換用成型機施以振動與加壓使其成型，最後再以蒸氣或熱能進行養生、硬化即成。另外，表面有施加處理的產品，是在產品製成後才進行自然面處理等加工。而規格依照重量等差異，從較輕的產品依序可分類成 A 種、B 種、C 種。

關於混凝土磚的尺寸規格，基本上是以 390×190 公釐為主，但是其他也有 190 公釐方形的產品。由於面積小，方便做鋪設上的安排，所以也適用於家具。厚度有70、100、120、150、190 公釐。其他還有著色的產品或表面刻有條紋的產品等。

市面上也有許多為了通風等而製成空洞狀的種類。尺寸以 190 公釐方形、390×190 公釐為中心，厚度則一般為100 ～ 150 公釐不等。

除了這些以外，主要用於外部設施的材料有大型砌磚。雖然這是用混凝土仿製成磚形的成型品，但是卻具有磚塊所沒有的無機物魅力。尺寸規格為 200×100 ×60公釐，適用於隔間牆壁或檯面板。可把灰縫塗裝成清楚可見的模樣也相當有意趣。

所謂空心花磚

日本沖繩特有的材料當中，有一種產品稱為「空心花磚」。特徵是磚塊中心的圖樣是以模具製造成型。原材料是粉碎水泥、海砂、石灰石的碎石砂，把這些碎石砂放進模具裡，一邊振動一邊加壓，離型後即是空心花磚。接著，放置在養生室乾燥一晚以後便可出貨。顏色看起來比一般的混凝土磚還要白一些。

空心花磚具有相當多樣的設計。據說模具種類高達一百多種以上。大小從 90 ～390 公釐方形都有，厚度則以 100 ～ 150公釐的產品居多。由於很多都需要以手工製造，因此是很好的應對特別下單的材料。

混凝土磚

表面有圓角條紋的產品。比素面產品更加柔和

NEO LINE 深褐色 | 400×190mm（120mm 厚）| 參考價格：JPY 500/ 個（TAIYO CEMENT INDUSTRIAL（東日本））

混凝土磚

與左圖為同產品、不同色系。有施加塗裝的產品

NEO LINE 米黃色 | 400×190mm（120mm 厚）| 參考價格：JPY 500/ 個（TAIYO CEMENT INDUSTRIAL（東日本））

混凝土磚

表面閃耀著光澤。且刻有粗細不一的條紋。不易粉化（白華）

雙金屬 亮棕色 | 398×190mm（120-140mm 厚）| 參考價格：JPY 1,008/ 個（S-BIC）

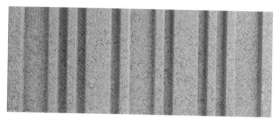

混凝土磚

與左圖為同產品、不同色系。塗裝後的產品，表面呈現的質感較為清晰

雙金屬 金屬灰 | 398×190mm（120-140mm 厚）| 參考價格：JPY 1,008/ 個（S-BIC）

混凝土磚

中心鏤空的混凝土磚。透光、通風

鏤空磚 方形鏤空 咖啡色 | 399×190mm（120mm 厚）| 參考價格：JPY 1,200/ 個（TAIYO CEMENT INDUSTRIAL（東日本））

混凝土磚

尺寸上高度較低的混凝土磚，稱為「羊羹磚」。尺寸有 100、120、150mm 等

羊羹磚 | 390×90mm（100、120、150mm 厚）（UJIGAWA BLOCK）

空心花磚

日本沖繩特有的混凝土磚。具有多種設計

圓型 A 型（Y.D-8-1）| 390mm 方形（100mm 厚）接單生產品 | 參考價格：JPY 400/ 個（山內混凝土磚）

空心花磚

空心花磚的設計。接受特製訂單

M-4 磚 390mm 方形（80mm 厚）| 參考價格：JPY 900/ 個（山內混凝土磚）

混凝土磚的施工與收整

POINT
● 室內使用混凝土磚時，必須把底板固定在雙層合板上，連結鋼筋底座形成一體化。

混凝土磚的施工

混凝土磚是外部設施常用的素材之一，樸素的外觀深受歡迎，也有做為室內裝潢材料使用的案例。尤其，近幾年日本吹起一股「昭和懷古」氣息，混凝土磚可說是再適合不過的材料。

工法相當簡單，先用鏝刀塗上砂漿，然後一邊以水平器測量水平，一邊分段鋪設混凝土磚。磚塊之間的灰縫要在砂漿乾燥之前處理好，萬一砂漿過多而溢出表面，可以用沾水的刷毛或海綿擦拭乾淨。因為貼面磚一旦乾燥之後，表面痕跡會變得相當明顯，所以一定要仔細清潔乾淨。施工大多是由專營外部設施業者或泥作工匠負責施工。用於外部設施時，也可委由基底工事的施工業者進行。

室內裝潢使用混凝土磚時，鋼筋要如何固定是一大難題。如右頁圖示，其中之一的辦法就是把底板固定在雙層合板上，然後使鋼筋直立於該處。若是訴求設計感的話，可切割混凝土磚把混凝土磚當成磁磚鋪設，也是相當別樹一幟的做法。

外部設施工程的注意事項

雖然本書是以室內裝潢為前提，但因為混凝土磚大多用於外部設施，所以本小段稍加說明用於外部時的注意事項。

混凝土磚施工的時機點在於建築工程完工以後。不過，若不使用重型機械的話，成本會大幅增加，所以也有以使用重型機械為優先，趕在建築工程前就施工的案例。

由於磚塊大部分都用於鋪地或堆疊成道路界線，所以鋪設時最好與相關人員做多方確認是否越境。當鋪設完成以後，才用挖土機開始挖掘地基。接著，鋪設碎石並碾壓，然後再鋪設混凝土並整平。在混凝土整平層上標記畫線時，一定要再次確認是否有超出建築用地。範圍千萬不要逼近使用面積的上限，最少也要保留一公分左右的餘隙較保險[原注]。

原注：在劃分區域時必須明確指示切割過的磚塊該如何配置較佳。

圖1 木造室內堆疊混凝土磚

CB

雙層合板

底板放在雙層合板上，以螺絲固定。底板隱藏於地板內

圖2 檯面板固定在混凝土磚上

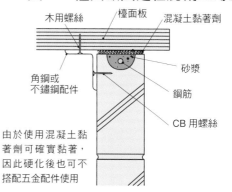

木用螺絲
檯面板
混凝土黏著劑

角鋼或
不鏽鋼配件

砂漿

鋼筋

CB 用螺絲

由於使用混凝土黏著劑可確實黏著，因此硬化後也可不搭配五金配件使用

圖3 將鋼筋直立在地板上的方法

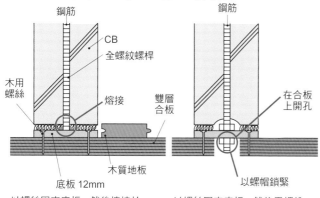

鋼筋

鋼筋

CB
全螺紋螺桿

木用
螺絲

熔接

雙層
合板

在合板
上開孔

木質地板

底板 12mm

以螺帽鎖緊

以螺絲固定底板，然後熔接於鋼筋上，以確實固定

以螺絲固定底板，然後用螺栓固定在鋼筋上

圖4 將混凝土磚牆壁直立在混凝土樓板上的方法

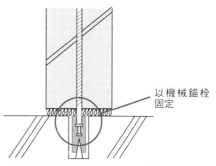

以機械錨栓
固定

預先把錨栓從基底中穿出，在混凝土塊中與鋼筋接合

圖5 切割混凝土磚鋪設在牆壁上

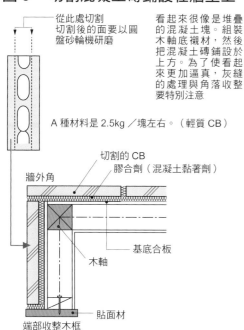

從此處切割
切割後的面要以圓盤砂輪機研磨

看起來很像是堆疊的混凝土塊。組裝木軸底襯材，然後把混凝土磚鋪設於上方。為了使看起來更加逼真，灰縫的處理與角落收整要特別注意

A 種材料是 2.5kg ／塊左右。（輕質 CB）

切割的 CB
膠合劑（混凝土黏著劑）

牆外角

基底合板

木軸

貼面材

端部收整木框

圖6 CB 用於外部設施的牆壁範例

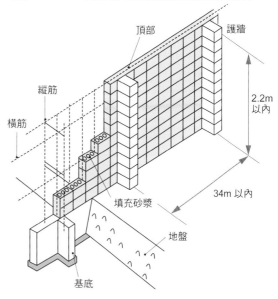

頂部

護牆

縱筋

橫筋

填充砂漿

地盤

基底

2.2m
以內

34m 以內

混凝土塊用於外部時，最重要的是必須遵守鋼筋規格與高度、跨度等。連接地板以及角落的收整處理都要注意

活用材料的關鍵②
磁磚、玻璃

集中相關資訊並加以活用

　　磁磚或玻璃等陶瓷材料是具有各種顏色或圖樣、質感、形狀,種類相當豐富的素材。

1 這種地磚最大的魅力是釉藥的色斑與結實的形狀。

2 窯變的大塊磁磚用於地板的範例。因為橫斷面經過研磨,更能表現出當代的潮流。

3 復古鑲嵌磚的範例。根據講究的圖案,不難看出所花費的心血與時間。即使只用小面積,也能創造極大的視覺衝擊。

4 表面經過多面切割的玻璃馬賽克磚。由於可將光線漫反射,看起來更加閃耀奪目。

5 玻璃磁磚上貼有小片復古玻璃的產品。因為添加了許多色彩,看起來相當活潑。

6 綜合鋪設各種形狀的磁磚。

7 仿製牆壁圖形的馬賽克磚。

　　如上所述,像顏色、圖案或形狀等,各種關於磁磚與玻璃的設計,只要透過強調就能展現出其他素材所無法取代的存在感。

3

泥作材料＋
塗料篇

灰泥的製作工程

POINT

● 日本傳統的灰泥是在攪拌成黏稠狀的消石灰裡，放入過濾後的海藻糊，然後適量地加入以麻纖維為主，還有稻稈纖維、紙纖維等材料，由工匠在現場調配製成。

灰泥是一種以消石灰為主成分的泥作材料，含有防止龜裂的麻纖維與改善施工性的海藻糊。當消石灰接觸到空氣中的二氧化碳時，會發生硬化（碳化）反應生成石灰質（碳酸鈣，$CaCO_3$）。

以往灰泥都是到施工現場進行調製工作，但現在則是以預先調製好的現成調合品為主流，為了補足施工性與性能，通常還會添加化學纖維或甲基纖維素（簡稱MC、俗稱海菜粉）。本節以日本傳統的灰泥[譯注]為基礎，說明灰泥的製作方法。

灰泥的構成材料和製法

消石灰是製作灰泥的主原料，成分中有原料的石灰石與貝殼原料的赤貝（血蚶）等。日本工匠都把前者簡稱為石灰、後者簡稱為貝灰，其中，貝灰的施工性與防水性，普遍廣受好評。不過，因為生產貝灰的廠商少之又少，所以價格昂貴。

用石灰石做成的消石灰，可分成用重油等燃料燒製的油燒消石灰、以及放入少量鹽慢慢燒製而成的鹽燒消石灰兩種。後者因為顆粒大小不一，且具有不容易裂開的特性，適用於泥作工程。

鹽燒消石灰的製法如下。首先，用粉碎機將採掘的石灰石粉碎，然後與煤炭、鹽巴一起放入窯內，以 1,000℃的溫度燒製半天製成生石灰。燒製後的石灰石因將二氧化碳釋出而形成生石灰。接著，在生石灰裡加入水，使其產生作用後就可得到消石灰。最後，以乾式消化法用少量的水製成粉末、或以溼式消化法用大量的水製成泥狀的生石灰泥。

灰泥中的海藻糊是由鹿角菜、銀杏藻（銀杏草）、海蘿製造而成。只要用鍋具就能烹煮製造。近年來的施工現場，也會使用海藻糊粉末化後的杉藻科或甲基纖維素等。

至於現場調製的方法，首先是把消石灰放進調製用的容器[原注]內，不斷地攪拌直到變成黏稠狀為止。接著將海藻糊過濾後放入，然後適量地加入以麻纖維為主，還有稻稈纖維、紙纖維等材料。因為材料的好壞取決於調製過程，所以需要耐心地細心調製。理想的狀態是，材料最好放置一天以上以確保品質良好。

譯注：日本傳統的灰泥調配方法大致有 「本漆喰」、「土佐漆喰」、「既調合漆喰」、「琉球漆喰」和「漆喰相關製品」五種，本節指的是本漆喰。
原注：日本大多使用稱為「プラ船」的容器，是用塑膠製成的長方形容器。

圖1　灰泥的製造工程與原料

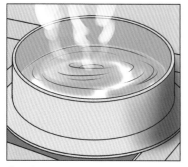

①日本傳統的灰泥是用杉藻科等原料，以鍋具煮成海藻糊使用

②當海藻糊開始變成泥狀時，先用濾網過濾，然後放入麻纖維後，再一點一點地放入石灰混合

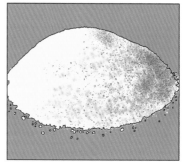

灰泥的主要原料石灰

混入日本傳統灰泥中的麻纖維

海藻糊的原料鹿角菜

圖2　Tadelakt 的調製

摩洛哥傳統的灰泥「Tadelakt」是以較低的溫度燒成，因為放入含有不純物質的石灰，所以具有耐水性（參照 P144）

圖3　矽藻土的製造工程

將原礦粉碎、乾燥後製成乾燥品，然後分成單純經燒成、粉碎、分級所製成的燒成品，以及另外添加助溶劑，經 1,100℃ 所燒成的助溶劑燒成品。以顏色來看助溶劑燒成品最為潔白。

注1　分級是指依照等級做分類

注2　解碎是指打散分解以便分級

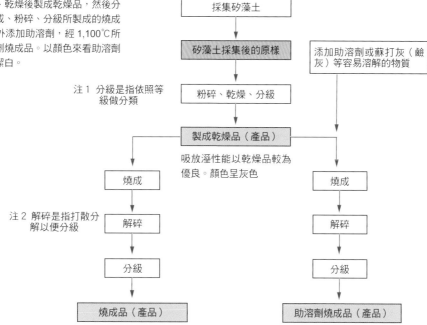

經加工後獲得的矽藻土裡添入黏合劑就成了矽藻土建材

灰泥

POINT
● 灰泥是消石灰與海藻糊、麻纖維混合而成的塗料。近幾年來的主流是預先調製好的灰泥調合品，除了有袋裝以外，也有罐裝的產品。

灰泥的特徵

日本傳統的灰泥是消石灰裡摻入杉藻科等海藻糊和麻纖維的塗料。主要是由工匠負責調製。這種由工匠調製而成的灰泥，稱做「練漆喰」或「本漆喰」。因為注重技術、也相當費工夫，所以近年來除了用於修補文化資產以外鮮少採用。

近幾年的主流是以預先調製好的灰泥調合品為主。這是把上述材料做成袋裝材料，然後運至施工現場，直接加水攪拌即可。基本上，材料中並沒有含化學物質，所以與傳統的灰泥相比幾乎沒有兩樣。為了使施工性、強度與表面處理的品質均一，有些會添加碳酸鈣或甲基纖維素、合成樹脂、玻璃纖維或尼龍纖維等灰泥材料。確認添加物是否會釋出化學物質，可參考日本灰泥協會（Japan Shikkui Association）的「化學物質檢測制度」[原注]。

另外，市面上也增加不少可提升現成調合品施工性的漿狀產品。把這些產品做成罐裝，就可以直接在施工現場使用。

可直接塗布的產品

近年來使用於室內裝潢的灰泥，大部分都用於塗抹石膏板基底。由於灰泥具有強鹼性，直接塗在石膏板上會侵蝕表面的紙材，使飾面材變色或剝落。因此，石膏板必須加工處理，例如在塗有石膏塗料上，再塗上有底漆的灰泥專用基底調整材。

另外，像上述 DIY 用的產品等，依照骨材或樹脂的種類，也有可快速乾燥、適合直接塗布的產品。不過，這些適用於簡易施工的產品，無論哪種品項都只能做為薄塗使用。

灰泥壁的表面如何呈現，取決於鏝刀的使用方法。主要分成橫向拖拉、撫抹、鏝刀平壓、磨光等四種方式。除此之外還有毛刷法跟平梳法。另外，DIY 用的產品等也能用滾輪來塗布。至於著色，市面上都有販賣粉末與液體的顏料。對灰泥來說，選用後者會比較容易達到均勻上色。

原注：除甲醛以外的其他八種物質也有設定基準。

灰泥　平壓

以鏝刀平壓表面的範例。特徵為光滑的平面，價格比表面做壓花處理昂貴

｜料工費：JPY 6,000/m² ～（原田左官工業所）

灰泥　磨光

先以鏝刀平壓表面後，面漆層塗上過濾好的灰泥泥漿，一邊壓平表面一邊磨光至出現光澤為止

｜料工費：JPY 8,000/m² ～（原田左官工業所）

灰泥2　上色

以有色灰泥為底，上面塗布白色灰泥，然後用鏝刀隨機修飾表面的範例。相當具有西洋風格

｜料工費：JPY 3,800/m² ～（原田左官工業所）

土佐灰泥

日本高知縣當地限定的灰泥。將摻有鹽巴經燒製過的石灰和發酵後的稻稈加以混合製成。強度比一般灰泥高

｜料工費：JPY 8,000/m² ～（原田左官工業所）

大津磨

表面的光澤是經灰泥磨光處理。石灰裡混有具黏度的有色黏土與纖維。透過工匠熟練的技巧，能以鏝刀磨出美麗的平滑面

｜料工費：JPY 30,000/m² ～（原田左官工業所）

黑灰泥　磨光

處理好底漆層＋面漆層之後，漆上磨光用的黑色塗料（糊狀），並塗上蜜蠟，最後以布磨光表面

｜料工費：JPY 20,000/m² ～（原田左官工業所）

石膏

以灰泥的底漆材料石膏做表面處理的範例。呈現沒有混合顏料的自然色調

｜料工費：JPY 4,000/m² ～（原田左官工業所）

彩色石膏

在石膏系底漆材料裡混合茶色與灰色顏料的範例。表面以鏝刀橫向拖拉

｜料工費：JPY 4,000/m² ～（原田左官工業所）

膏狀石灰泥與西班牙灰泥

POINT

● 膏狀石灰泥的主原料是石灰演變成消石灰的過程中所形成的膏狀石灰。西班牙灰泥以主原料分類，可分成石灰漿、水硬性石灰、消石灰＋樹脂。

膏狀石灰泥的特徵

膏狀石灰泥是可做成灰泥外觀的飾面材料。把生石灰倒入水中煮沸，在演變成消石灰的過程中，就會先形成膏狀，這就是膏狀石灰泥的主原料。使用時先加入纖維等材料，重覆塗2～3次左右便可完工。塗層厚度約1公釐，比灰泥的塗層厚度還薄。不過，因為具有容易展現光澤的特性，所以經常被用於拋光完成面。

為了提升施工性等性能，也有在上述材料中添加甲基纖維素或碳酸鈣、樹脂等的現成調合品。其中又以「生石灰漿」（田中石灰工業株式會社）最具代表性。搭配的工具雖然會依骨材的調製狀態而異，但一般來說像滾輪或鏝刀、抹刀（刮鏟）等各種工具都可使用。

西班牙灰泥的特徵

西班牙灰泥（亦稱西洋灰泥）是近年來廣泛被應用的產品。雖然產品種類相當多樣化，但大致上可分類成三種類型。

第一種類型的產品是在石灰漿裡混入骨材或可黏結的纖維等。產品呈漿狀以罐裝的型態販賣。與日本灰泥相比，石灰的比例較高，價格比較昂貴。施工時使用滾輪或鏝刀，是相當受歡迎的DIY產品。當基底是石膏板時，必須塗上專用的底漆，然後底漆上再塗一層漿狀材料。

第二種類型的產品是使用水硬性石灰，利用加水後與消石灰本身含有的不純物質結合並硬化製成。因為與水發生作用後就會凝固的特性，所以即使沒用黏著劑也能塗成厚厚的一層。另外，還有一種稱為NHL（Natural Hydraulic Lime的縮寫，天然水硬性石灰）的產品，這是用含有黏土成分的石灰石所製造的消石灰，像摩洛哥石灰也是其中一種。由於同樣是低溫燒成、且含有不純物質，所以同樣具有前述性質（耐水性），可用於洗臉台或浴室等用水區域。不過，這種材料的價位相對偏高。

第三種類型的產品是在消石灰裡混入骨材或可黏結的材料、合成樹脂等。這種類型的產品因為類似於日本灰泥，也類似於塗料，所以種類相當繁多。

石灰漿 × 矽砂
平壓

把矽砂加入石灰漿裡混合後塗布,以鏝刀平壓表面。因含有砂粒,所以表面略顯粗糙

| 料工費:JPY 4,200/m² ~(巧左官工藝)

石灰漿 × 矽砂
泥漿塗抹表面

把矽砂加入石灰漿裡混合後塗布,然後以混有風化花崗石、顏料、水等的泥漿塗抹表面
以平壓方式呈現平滑外觀

| 料工費:JPY 6,800/m² ~(巧左官工藝)

石灰漿 × 矽砂
木鏝刀

把矽砂加入石灰漿裡混合後塗布,表面以木鏝刀平壓

| 料工費:JPY 4,600/m² ~(巧左官工藝)

石灰漿 × 麻
平壓

把麻加入石灰漿裡混合後塗布,表面以鏝刀平壓。添加矽砂可使表面光滑

| 料工費:JPY 4,600/m² ~(巧左官工藝)

義大利灰泥
MARMORINO

泥狀的石灰裡添加大理石粉與矽粉的灰泥。MARMO 是義大利語,意為「大理石」。若使用的骨材顆粒再稍微大一點,就能呈現出一種稱為「CALCE RASATA」的表面效果

DUCALE MARMORINO | 料工費:JPY 9,300/m² ~(DUCALE)

義大利灰泥 VENETIANO
STUCCO ANTICO

可呈現 VENETIA 流行的大理石風格。照片是塗布三種顏色的範例。因為每層塗膜都很薄,所以可透出下層的顏色。基底盡可能處理至平滑

| 料工費:JPY 11,200/m² ~(Stucco)

摩洛哥灰泥
Tadelakt

表面是上了粉紅色的 Tadelakt 的平光面漆處理。用木鏝刀平壓砂漿做成基底,待乾燥後以沾水刷子,將加水混合的 Tadelakt 塗抹約 3 ~ 4 mm 厚。然後用木板把骨材刷平後,上蠟並以研磨石加以研磨

| 料工費:JPY 15,000 ~ 25,000/m²(Nurikan)

法國灰泥
Décors de Provence

先以鏝刀塗上法國灰泥勾勒樣式,然後用著色蠟上色。灰泥的主要成分是石灰與纖維素纖維。蠟是使用蜜蠟、石蠟、水以及顏料。具有透明感的蠟料,會積留在表面的凹處,使表面看起來有立體感

| 料工費:JPY 8,000/m² ~(Senideco)

3 — 泥作材料＋塗料篇

key word 068

土壁

POINT

● 原本重覆塗抹黏土所製成的牆壁稱為土壁，然而近年來所有使用有色黏土的泥作處理都可稱為土壁。用來黏著的材料也有使用樹脂製成的簡易預拌品。

「土壁」是指塗抹多層黏土所建造而成的牆壁。隨著古老傳統工法的沒落，現在只要採用「土壁工法（塗布有色黏土的工法）」來進行表層的表面處理，便可稱為土壁。

主要的土壁工法

土壁工法的種類不多，頂多同於生產有色黏土的地區數量而已。以有色黏土添加細砂或纖維（稻稈或麻、紙等黏結用的纖維）所製成的材料是主要材料。其中，以帶有淡綠色的「聚樂壁」譯注聞名全日本。

這些表面處理材料可分成混練時只添加水的「水狀土壁塗料」、混練時添加黏料的「糊狀土壁塗料」以及加水混練後又添加黏料的「半糊狀土壁塗料」。由於「水狀土壁塗料」的附著，完全是仰賴有色黏土的黏性，所以施工性差，表面也容易產生色斑。相反地，因為少了黏料這種易劣化的要因，所以也適用於室外。不過，這種塗料極少應用於高級的表面處理。

「糊狀土壁塗料」使用海蘿或鹿角菜糊、甲基纖維素等材料。因為能有效提高

有色黏土的黏性與保水效果，所以只要具備一般技能也可以處理至既薄又無色斑的平滑面。適合室內使用。不管是哪種跟灰泥等材料相比，表層的材料較容易剎落，因此必須特別注意。

另外，有種是有色黏土混入消石灰與纖維的「大津」技法。雖然顏色因混合了消石灰而略顯白色，但仍保有一定程度的硬度與土壤的質感。塗抹上泥漿（有色黏土裡添加紙纖維並混練再經過濾後的塗料）之後，也能進行表面研磨（參照P145）。還有，在土佐灰泥裡添加土壤混合的「半土」，也是能呈現有色黏土特色的表面處理。雖然土佐灰泥原本是屬於中塗漆層用的材料，但也能做為表面處理。

這些材料不但可依照有色黏土的種類、砂的含量與粒度，或纖維的種類、長度和含量等表現出不同的風味，就連鏝刀的種類與平壓方式都能改變素材的表情。使用前，最好先請工匠製作樣品，待確認後再指定較為保險。此外，近年來可重現「土壁工法」表情的各種現成調合品也已產品化。

譯注：聚樂壁是和風建築塗牆工法代表之一。名稱取自安土桃山時代落成的聚樂第遺址附近出產的土壤。

西京本聚樂壁

傳統的土壁。現在已不用細竹條做為基底，而是在石膏板上塗布底漆，然後把底漆塗布成粗抹面，再施加中塗、面漆等步驟，形成纖細、有質感的表面

| 料工費：JPY 20,000 ～ 25,000/m²（西京工業）

鋸齒纖維
橫向拖拉

放入長度 10 mm 以下的纖維，中塗後以鏝刀拖拉出線條製造表情的產品。在石膏板上抹上石膏塗料，乾燥後再塗上中塗（淺黃土＋砂＋鋸齒纖維＋黏料），最後用橫向拖拉專用的鏝刀進行表面處理

| 料工費：JPY 4,000 ～ 8,000/m²（木村左官工業所）

粗壁
稻稈纖維

這種土壁的稻稈纖維混合比例是一般粗壁的 1.2 倍。此範例是在石膏板上以砂＋灰泥為底塗，待乾燥後再塗布土＋中塗、土＋粗壁用稻稈纖維

| 料工費：JPY 5,000 ～ 8,000/m²（上野左官工藝）

土佐灰泥半土
表面處理

土佐灰泥混合土的產品。在石膏板上塗布石膏，並以土佐灰泥＋中塗＋砂＋稻稈纖維（半土中塗）做表面處理

| 料工費：JPY 6,000/m²～（河西左官）

土壁風格
現成調合品

添加丙烯酸樹脂將有色粘土硬化的產品。以噴附方式做成聚樂壁風格的範例

JOLYPATE 爽土 JQ-200 淡路 淺黃土 聚樂壁處理｜料工費：JPY 6,000/m²（AICA 工業）

土壁風格
現成調合品

與左圖為同產品、不同色系。以鏝刀處理成粗糙面的範例

JOLYPATE 爽土 JQ-200 淡路 土撫抹處理｜料工費：JPY 6,700/m²（AICA 工業）

土壁風格
現成調合品

與上圖為同產品、不同色系。是混合碎稻稈纖維多於撫抹處理的範例

JOLYPATE 爽土 JQ-200 三河白土 碎稻稈纖維撫抹處理｜料工費：JPY 7,900/m²（AICA 工業）

土壁風格
現成調合品

添加丙烯酸樹脂將河砂、有色粘土硬化的產品。施工時須與水混合。聚樂壁風格的範例

JULUX・AJ×A-21｜料工費：JPY 1,700/m²（四國化成）

3

泥作材料＋塗料篇

矽藻土、火山灰、貝灰

POINT
● 矽藻土或火山灰、貝灰的塗料是具有粗糙表情的泥作材料。無論哪種都屬於多孔質結構，具有調節溼氣、吸臭性等機能。

矽藻土泥作材料的特徵

矽藻土是單細胞植物的矽藻遺骸沉積在海或湖底所形成的化石。矽藻表面有許多微小孔洞，用來吸收水中的矽、製成細胞膜。由於這些小孔剛好是水蒸氣可以通過的大小，所以混在泥作材料裡可有效發揮調節溼氣的功能。

矽藻土自一九九〇年代起，便受到建築業者的關注。因為有許多建築師都被矽藻土那種粗糙自然的外觀吸引，所以發展成現成調合品開始在市面上販賣。爾後，隨著流行天然素材的潮流，特有的調節溼氣功能也受到注目，矽藻土建材就此聲名大噪。直到現在仍是知名度頗高的材料，各家泥作材料廠商都有販賣矽藻土系列的商品。

由於矽藻土本身不會凝固，所以必須借助能固化的材料輔助。固化材料大部分含有單一或複合的消石灰、石膏、水泥、海藻糊以及合成樹脂等。以合成樹脂為主體的產品，其表面較容易產生光澤。不過，合成樹脂會阻礙調節溼氣發揮作用。此外，除了調節溼氣的性能以外，各產品也會標榜吸附揮發性有機化合物（Volatile Organic Compounds，簡稱 VOC）等功能，但這些功能會受到矽藻土的添加數量與產地、孔的數量或不同的形狀等因素所左右。

其他泥作材料

機能材料中，除了矽藻土以外，其他也有具調節溼氣等機能的產品。其中，具代表性的是使用火山灰或火山噴出物「Shirasu（天然的岩漿陶瓷物質）」的產品。這是因為 Shirasu 屬多孔質結構，所以也具有調節溼氣功用，與矽藻土一樣本身不會凝固，必須搭配會凝固的材料使用。像室內裝潢用的「薩摩中霧島壁」（高千穗 Shirasu 公司）就是使用杉藻科製成的糊或石膏輔助凝固。

此外，機能性材料還有貝灰（亦稱扇貝貝殼），而且已被多數廠商產品化販賣。這是把貝灰燒成後粉碎使用，具有除臭或抗菌等效果。需要搭配的固化材料如同上述。

現成調合品
矽藻土泥作材料

以黏土凝結力硬化矽藻土的產品。在現場加水混練、施工

Returnable powder A 系列 AC-1 乳白色 | 料工費：JPY 2,000/m²
（Samejima Corp.）

現成調合品
矽藻土泥作材料

與左圖為同產品、不同色系。在施加補土或底漆處理的石膏板或砂漿、PVC 壁紙上，可直接施工的產品

Returnable powder A 系列 AC-2 淺粉紅色 | 料工費：JPY 2,000/m²
（Samejima Corp.）

現成調合品
矽藻土泥作材料

與上圖為同產品、不同色系與質感。「鄉土系列」是重現傳統黏土味的產品

Returnable powder 鄉土系列 RK-1 香林 | 料工費：JPY 3,182/m²
（Samejima Corp.）

現成調合品
矽藻土泥作材料

混合砂、土、矽藻土的塗料。表面壓平後看起來很像灰泥材質

矽藻摩登系列 平坦 平面處理 KMF-S154 | 料工費：JPY 3,100/m²～（四國化成）

現成調合品
Shirasu泥作材料

Shirasu 含量達 60% 的泥作材料。不含樹脂與有機塗料等化學物質。具有多種黏土色系

Shirasu 薩摩中霧島 SN-3 | 料工費：
JPY 2,270/m²（高千穗 Shirasu）

現成調合品
Shirasu泥作材料

與左圖為同產品、不同色系。以鏝刀塗布後，使用專用的毛刷或滾輪加強表面質感。照片是經過淺髮紋處理的表面

Shirasu 薩摩中霧島 SN-4 | 料工費：
JPY 2,270/m²（高千穗 Shirasu）

現成調合品
貝灰泥作材料

以燒成的扇貝貝殼與石灰等為原料的泥作材料。表面呈粗糙面

薄層灰泥 HR-1 原材質 | 料工費：
JPY 923/m²（Aimori）

現成調合品
貝灰泥作材料

與左圖為同產品、不同色系。共12 色，可與稻稈纖維等材料搭配使用

薄層貝殼灰泥 HB-5 淺灰色 | 料工費：JPY 923/m²（Aimori）

泥作工程的施工與收整

POINT

● 由於灰泥具強鹼性，因此必須有耐鹼對策或防止鹼液滲出等處理。此外，灰泥一旦附著在木材上，會使心材部分產生反應而變成焦黑色，養護時須特別注意。

　　雖然長期以來泥作材料都相當受歡迎，不過因施工而產生的問題也不少，可說是相當麻煩的材料。

　　內裝的泥作工程必須在木工工程完成以後才能施工。由於灰泥是強鹼性的材料，所以必須有耐鹼對策或防止鹼液滲出（俗稱吐鹼）等基底處理措施。若施工現場是石膏板基底時，應塗上做為底漆材料的石膏泥，等乾了以後再塗上底漆並在表面上塗布灰泥。另外，合板不管是否具有抗鹼性、或是進行了防止鹼液滲出的處理都不見得奏效，最好的解決之道是盡量避免直接在合板上施工。

　　泥作工匠的技術好壞在於，如何達到平滑又薄的塗布水準。因此，即便做壓花處理，第一個步驟也必須將表面整平，然後再把圖案壓製上去。近年來，表面有壓花處理的產品備受喜愛，然而有些工匠卻不太擅長處理鏝刀的壓痕。因此，最好事先確認工匠擅長和不擅長的部分較為保險。

　　表面處理使用的道具種類繁多，有鏝刀或木鏝刀、刷子或刷毛等，必須依照壓花圖案區別使用。有時也會使用海綿或壓花滾輪。為了塗抹時不留下重覆塗抹的痕跡，一面牆最好能夠一氣呵成完成。不過，當處理的是面積較大的牆面時就會變成一項艱辛的施工作業。

左右完成面品質的養護

　　對於泥作的完成面來說養護是最重要的一環程序。灰泥一附著在木材的心材部分就會產生反應，變成燒焦般的黑色。因此，地板或踢腳板、冠狀線板等，與木材接合的部分必須用防塵布或遮光紙帶（遮蔽用養護膠帶）養護。雖然施工後的養護通常都要確保適度通風、換氣，但因為灰泥屬於鹼性，不必擔心發霉，所以用於聚樂壁或砂壁也大可放心。

　　裝修上必須做好基底的防止鹼液滲出對策。然而，防止鹼液滲出的底漆（密封劑）並非天衣無縫，對於這點最好有所認知。尤其是香煙的焦油，最容易出現黃色斑漬。因此施工前務必仔細觀察現場狀況，判斷是否需要重做新的基底。

圖1 泥作工程的基底處理

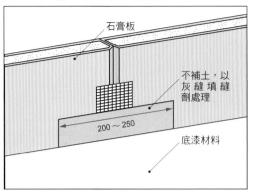

石膏板

不補土,以
灰縫填縫
劑處理

200～250

底漆材料

以泥作材料處理基底時,可塗上基底用的灰泥。一般來
說,泥作工匠都不太採用補土的方式,不過,近年來增
加不少以補土方式做基底處理的產品

圖2 牆外角的處理

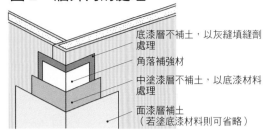

底漆層不補土,以灰縫填縫劑
處理

角落補強材

中塗漆層不補土,以底漆材料
處理

面漆層補土
(若塗底漆材料則可省略)

圖3 牆內角的處理

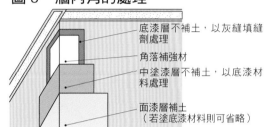

底漆層不補土,以灰縫填縫
劑處理

角落補強材

中塗漆層不補土,以底漆材
料處理

面漆層補土
(若塗底漆材料則可省略)

圖4 石膏板基底的工程

< 剖面圖 >

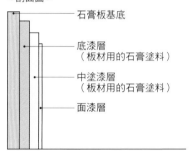

石膏板基底

底漆層
(板材用的石膏塗料)

中塗漆層
(板材用的石膏塗料)

面漆層

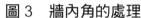

基底處理(檢查石膏板基底) → 底漆層(板材用的石膏塗料:縱向塗抹) → 中塗漆層(板材用的石膏塗料:處理邊端) 〔約乾燥一天〕 → 表面修補、著色 〔乾燥〕 → 面漆層(灰泥等:以鏝刀平壓等) → 完成

一般的石膏板基底都是先塗上石膏塗料
等底漆材料後,再塗布完成面。近年來,
中塗漆層這個步驟大多已被省略

圖5 木條基底的施工工程

< 剖面圖 >

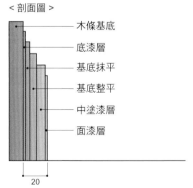

木條基底

底漆層

基底抹平

基底整平

中塗漆層

面漆層

20

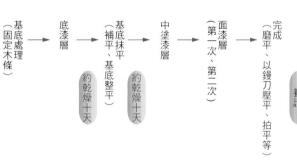

基底處理(固定木條) → 底漆層 → 基底抹平(補平、基底整平) 〔約乾燥十天〕 → 中塗漆層 〔約乾燥十天〕 → 面漆層(第一次、第二次) → 完成(磨平、以鏝刀壓平、拍平等) 〔養護〕

雖然材料從黏合劑少又粗的到黏合劑多又緻密的
應有盡有,但由於採多層施工因此可做出不易裂
開的牆壁。木條基底現今已不通用

塗料的製造工程

POINT

● 塗料是把顏料與樹脂混合成泥狀後，以分散器分散成顏料的顆粒大小，然後倒入添加劑等充分混合，最後再經過濾所製成的產品。

　　塗料是由樹脂、顏料、溶劑構成，依照不同的使用目的，可斟酌搭配添加劑使用。在這些材料當中，顏料、樹脂、添加劑等材料，在乾燥後會形成塗膜。而溶劑等則會揮發，不會殘留在塗膜上。

　　首先，介紹主要原料的功能。樹脂是形成塗膜的主要成分，塗膜性能中的耐候性與耐水性是由樹脂特性所決定。大部分用於塗料的樹脂都是石油原料的合成樹脂，其中具代表性的有壓克力樹脂（簡稱PMMA，亦稱丙烯酸樹脂）、聚氨酯（優麗旦）樹脂、矽氧樹脂、氟樹脂等。

　　顏料是指有顏色的粉末，主要做為塗料的染色材料。顏料分成著色顏料、增量劑與機能性顏料三種。著色顏料用來將塗料染成所需顏色，又可細分成由石油製造的有機顏料與礦物系的無機顏料。有機顏料的種類相當豐富，可以創造出許多繽紛美麗的色彩。不過，缺點是不具抗紫外線等功能，不但容易褪色，耐侯性與遮蔽性也比無機顏料差。另一種無機顏料的原料是礦物或鏽等，其耐候性或遮蔽性、耐藥品性都相當優良，但不易展現鮮亮的色彩。

　　還有，補足塗膜厚度時使用的增量劑，必要時也可利用機能性顏料的特殊機能來防鏽或賦予金屬感等。

　　溶劑的功能是溶解、稀釋樹脂類。大多用在塗裝時調整黏度、提升表面處理的完善度。溶劑裡含有水分子的產品稱為水性塗料；含有稀釋劑或酒精的產品則稱為溶劑型塗料。

製造工程

　　製造工程的第一步是把顏料與樹脂混合並攪拌成泥漿。接著用分散器把泥漿分散成顏料顆粒大小的尺寸。然後在分散、安定化的泥漿裡倒入添加劑等材料並均勻攪拌，便能製成原色塗料。還有，只要在塗料裡加入調色用的原色並充分攪拌，就能調成所需的顏色。最後，用濾網器過濾工程中不小心混雜掉入的垃圾等雜質。製造好的成品經過產品檢驗後便可出貨。

圖　塗料的製造工程

塗料的主要原料是樹脂。市面上流通的主要以顆粒狀為主

製作主要無機顏料的氧化鐵（上圖）與製作白色顏料的氧化鈦（下圖）

可應對小批製造的調色機。這台機械可因應特殊色彩需求的訂單

（照片提供 Oriental-ind 產業）

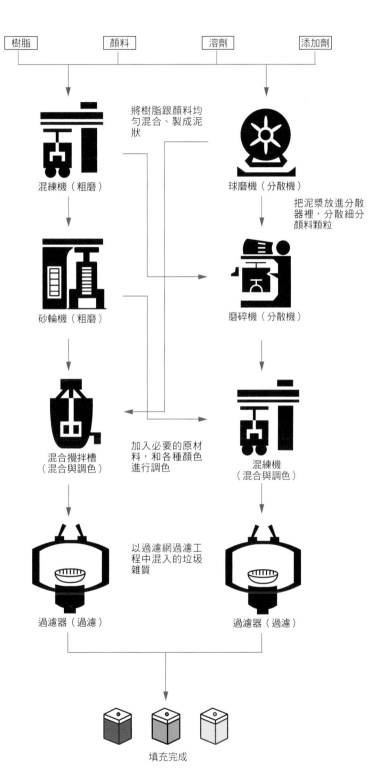

丙烯酸乳膠漆、石灰塗料

POINT

● 用水溶解丙烯酸樹脂所製成的水性塗料產品中，已出現許多講究光澤或纖細質感的進口產品等。

進口的丙烯酸乳膠漆

住宅的內裝一般都使用丙烯酸乳膠漆（Acrylic Emulsion Paint，簡稱 AEP）。這是用水溶解壓克力樹脂所製成的水性塗料。雖然 AEP 產品的品項多到數不清，但近年來以注重設計感的進口乳膠漆較受矚目。

具有豐富的色彩與美感是進口產品的特徵。無論哪家廠商都各自持有百種色調以上，甚至還有高達上千多色的顏色樣本，而這些色彩還可以互相搭配、調色。

另外，還有一項優點是無論微光澤（光澤度為 3 分）或無光澤，其消光質感趨近臻至完美。塗料的耐久性會依照光澤強弱而異，假設全光澤（光澤度為 10 分）的耐久性為 10，那麼微光澤的耐久性就只有 3 以下而已。因此預防塗料的性能衰減，同時提升施工性，通常都會調增丙烯酸樹脂的比例。而且，為了增加質感，有時也會添加石英或大理石的粉末。

各家廠商為了能適用於一般內裝用的基底，通常都會準備自家推薦的底漆或密封劑、石膏板或合板、混凝土等。大部分以 DIY 形態販賣或者用於責任施工型的工程等，其中有名的產品，像 Porter's Paints、Benjamin Moore、Colorworks 等。

石灰系塗料

同樣具有消光質感的塗料是石灰系塗料，亦稱為「石灰粉刷（LIME WASH）」，是以石灰為主體的塗料。因為這種產品原本就是以水溶解石灰漿，然後再以顏料著色，所以也有住戶自行 DIY 的案例。流通於市面上的產品，為了提升施工性與附著性，有些會以石灰為主體，然後添加獸脂或亞麻仁油、酪蛋白等材料，其他也有在合成樹脂塗料中添加石灰的產品。石灰系塗料大致上與一般的灰泥塗料相同，顏色上近似於石灰漿或灰泥，彩度略低的色調。

AEP EGG SHELL

如蛋殼般的微光澤,光澤度大約只有2～3分程度。像用刷毛輕刷過的表面。具有上等質感

EGG SHELL 亞麻色 ｜料工費：JPY 5,300/m²（塗兩層）（Porter's Paints）

AEP EGG SHELL

與左圖為同產品、不同色系。有許多實際的採用實例,色調是人氣頗高的淺灰色

EGG SHELL PLASTER OF PARIS ｜料工費：JPY 5,300/m²（塗兩層）（Porter's Paints）

AEP EGG SHELL

與左圖為同產品、不同色系。光澤度較低、具有沉穩氣息的水藍色。大面積塗布時,亮度看起來會比樣品還要明亮許多,所以選用時要注意

EGG SHELL AMALFI ｜料工費：JPY 5,300/m²（塗兩層）（Porter's Paints）

AEP STONE PAINT FINE

含有顆粒較細的大理石粉末,塗布後呈現出無光澤、具有沉穩感的完成面

STONE PAINT FINE ASHEN ｜料工費：JPY 5,400/m²（塗兩層）（Porter's Paints）

AEP STONE PAINT COARSE

含有顆粒較粗的石英,表面看起來較為粗糙。透過陰影的呈現,可營造柔和的氣氛

STONE PAINT COARSE 櫻鼠 ｜料工費：JPY 5,400/m²（塗兩層）（Porter's Paints）

AEP STONE PAINT COARSE

與左圖為同產品、不同色系。塗布後整體看起來相當柔和

STONE PAINT COARSE DONKEY ｜料工費：JPY 5,400/m²（塗兩層）（Porter's Paints）

石灰系塗料
INTERNO LIME WASH

以灰泥為基礎,混合顏料後製成的塗料。乾燥後會出現色斑,看起來頗有西洋灰泥的風格

INTERNO LIME WASH BLOOD WASABI ｜料工費：JPY 5,900/m²（塗兩層）（Porter's Paints）

石灰系塗料
INTERNO LIME WASH

與左圖為同產品、不同色系。透過顏色與刷痕的組合,可創造出各式各樣的表情

INTERNO LIME WASH LIBLARY RED ｜料工費：JPY 5,900/m²（塗兩層）（Porter's Paints）

石灰系塗料
LIME WASH

與左圖為同產品、不同色系。曝露在風雨下時,石灰成分會變得較無光澤。外部玄關專用

LIME WASH BLOOD ORENGE ｜料工費：JPY 5,900/m²（塗兩層）（Porter's Paints）

特殊塗料

POINT
● 利用在塗料裡混入特殊顏料，調製出具有皮革質感或金屬感、漸層效果等各種
不同表情的特殊塗料，已發展到產品化流入市面。

消光質感的塗料

在歐美的一般塗料中，有一種「麂皮塗料」是在丙烯酸乳膠漆裡混入細矽粉，使表面呈現微凹凸狀的塗料。這種塗料用滾輪塗布後，再以除塵刷處理表面，可使表面留下刷痕。不過，缺點是比平滑表面易髒。

同樣屬於消光質感的產品還有矽藻土塗料。這是把矽藻土混入石灰塗料與合成樹脂塗料等所製成的產品。可使表面呈現出適中的粗糙質感。

此外，黑板塗料也極富趣味。依照日本工業標準（JIS）的規定，主要的原料為水成岩微粉末、著色材料、合成樹脂塗料。市面上流通的多數是顯色佳的進口產品。這裡的塗料是使用丙烯酸樹脂系搭配方解石（石灰石或大理石的粉末）與著色顏料。

金屬塗料

金屬塗料含有著色顏料以及可反射光線的反光材料。其中最具代表性的是鋁顏料與珠光顏料。透過著色顏料與反光材料的組合，可創造出銅或不鏽鋼等金屬特有的色澤。

還有，金屬塗料照射到不同角度的光線，會呈現出不同的色調。那是因為反射光透過塗料表面的反光材料會平均分配光的方向。其中，比較特殊的反光材料，是「變色龍（MAZIORA）塗料」所使用的珂瑪菲干擾顏料。這種顏料具有五層構造，以表面層反射 50%，中間層再反射 50%。由於這樣的分光效果可以使特定顏色產生波長，所以光線會出現像彩虹一樣的漸層效果。為了使塗布金屬塗料後的表面更加完美，反光材料必須能平均分散。另一方面，雖然塗料本身具有特性，但施工的過程也不容輕忽，均勻塗布是基本要素。

除此之外，還有一種稱為「IRON」的塗料，不但具有防鏽功能，塗布後的表面看起來頗有黑皮風格。這類的塗料以德國製的「SCHUPPENPANZER P」最為出名。其中，評價最好的是搭配珠光顏料、具有深邃黑的產品。這些塗料除了能用於金屬材質以外，也適用於木材或塑膠。

麂皮感塗料

以滾輪或刷毛塗布，呈現出天鵝絨質感的 AEP 塗料

仿軟麂皮革 Blue Shoes ｜料工費：JPY 1,246/m²（塗兩層）（Color works）

麂皮感塗料

具有柔滑觸感的 AEP 塗料。以短毛滾輪沾專用的彩色底漆塗布 1～2 次，然後再以 100 mm 寬的刷毛沾專用塗料塗布兩次

高牆 高貴 TT-N7041/TTBP-N6612 ｜料工費：JPY 3,360/m²（底漆層兩層＋面漆層兩層）（MIHASHI）

黑板塗料

可將表面處理成粗糙黑板狀的塗料。除了基本款的黑色與濃綠色外，還有水藍色或粉紅色等

Organic Chalk Board Paint ｜料工費：JPY 2,730/120 mℓ 罐（約 2.6 m² 用）（Green Elephant）

變色龍塗料

白色系的變色龍塗料。含有偏光性的特殊顏料，顏色依照不同角度會呈現不同的變化

MAZIORA Alps Collection Everest ｜料工費：JPY 16,800/0.9 kg 罐（NIPPONPAINT）

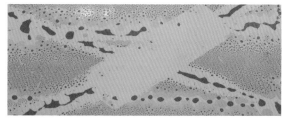

防塗鴉塗料

容易去除塗鴉的塗料。可利用專用塗料或膠帶將表面清潔乾淨

防塗鴉塗料 幻視藝術兩液型 4kg 組合（主劑：3.2kg、硬化劑：0.8kg）（SUNDAY PAINT）

帳篷專用塗料

帳棚地墊素材用的噴漆塗料。調配多種著色顏料，即使在寒冷的氣候下折疊也不會破損。尼龍或聚氯乙烯的成形產品也能輕易上漆

帳篷專用塗料 聚氯乙烯透明塗布（1mm 厚）。自右起為黑、玫瑰色、金色。｜1 罐約 5 m²｜定價：JPY 4,200/ 500 mℓ

常用鍍鋅

具有與熱浸鍍鋅相同防鏽效果的常用鍍鋅。可像塗料一樣，以滾輪或噴塗方式施工

常溫鍍鋅 Z.R.C ｜料工費：JPY 4,410/0.68kg 罐（ZRC JAPAN）

地板塗料

以「標準工法（延展塗抹）」塗上無溶劑型環氧樹脂的黑色地板。在混凝土等基底上塗一層底漆、底漆層＋面漆層塗布。平滑的表面不但耐磨耗性佳，且具有光澤

標準工法 DN-10 深黑色 標準施工厚度 約 1mm ｜料工費：JPY 3,885/m²～（AICA 工業）

復古刷舊塗裝

POINT

● 復古刷舊塗裝是重現古老風貌的表面處理方法。除了有將材料與步驟都流程化的產品之外，依據工匠的技術還有各式各樣的技法。

復古刷舊塗裝的特徵

復古刷舊塗裝就如同字面上的意思，是一種呈現「老化」的塗裝方法。其塗裝技巧在大型遊樂園進駐日本的同時，也一併被引進，現在不僅被用於餐飲店或服裝店等商業空間，就連住宅也會採用。不過，能否重現出符合想像的老化狀態，完全取決於工匠的知識與技術水準。不只是選用特定的塗料來塗布而已，大多也追求特殊塗料的搭配組合，或利用繪畫技巧勾勒色斑或陰影等。本節暫且不針對特殊技術進行探討，只對各種塗料的特性做出整理，介紹各種好用的塗料特性。

鐵鏽的表現

鐵鏽是表現老化的基本選項之一。混合鐵與銅等微粉末的塗料能表現出這種外觀質感。大部分的工程都是在上完塗料後，再塗上氧化劑製造出鐵鏽，然後用表塗層覆蓋表面。其中，著名的有 PORTER'S PAINTS 的「LIQUID IRON（鐵水）」等。

另外，除了塗裝以外，也有用黑鏽把鐵染黑稱為「Gun Blue」的產品。這是以氫氧化鈉（苛性鈉）為主成分的液體，用來強制讓鐵的部分產生黑鏽以保護表面。使用方法是重覆「塗上、擦拭」的動作，使表面由青色轉變成黑色。若是希望表面維持為某一種指定顏色的話，可不採用這種鐵鏽的表現方式，改以油性漆等覆蓋表面。

裂痕的表現

塗了亮光漆或油漆的古老家具，隨著時間流逝，表面會逐漸產生細微的裂痕。現在，市面上已有塗料可以重現出這種代表時間感的裂痕。因為這是重覆塗上不同收縮率的塗料，藉以製造裂痕的產品，所以產品不是可調配出恰到好處裂痕的指定組合，就是特定塗料套組。至於木材用的塗料，則是第一層用乳漆，第二層用 AEP 等組合而成。

復古刷舊塗裝　銅鏽風格

施以聚氨酯樹脂做 5 分光澤度的烤漆塗裝的產品。照片是金屬
塗裝，最大尺寸可達到 2,000 × 2,000 mm

鏽匠　銅鏽 2 ｜參考價格：JPY 15,600/m² ～（nomic）

復古刷舊塗裝　鐵鏽風格

看起來像是一整面鐵板都生鏽一般，相當具有質感的設計。照
片是在無機質板材上施加塗裝的防火貼面板

鑄土羅　鐵鏽　鏝刀 600mm 方形（6 ～ 7mm 厚）｜參考價格：JPY
11,945/m² 接單生產品（nomic）

復古刷舊塗裝　鐵鏽風格

先塗兩次含有銅粉的 AEP 後，再塗上特殊塗料，使其產生銅綠
鐵鏽的工法

PORTER'S PAINTS LIQUID COPPER ＋ PANTA GREEN ｜料工費：
JPY 7,500/m² ～（Porter's Paints）

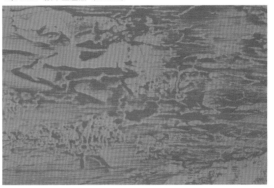

復古刷舊塗裝　銅綠風格

以 AEP 做表面處理。然後一邊在表面上勾勒出圖樣，一邊厚塗
上棕黃色的塗料，接著表面刷上淺灰色的刷痕，重覆塗抹，最
後再以砂紙往同一個方向磨擦

復古刷舊塗裝 灰色 ｜料工費：JPY 13,000/m² ～（AR, TEE'S）

復古刷舊塗裝　風化後的油漆風格

以 AEP 做表面處理。在灰色的底層上再分四個階段塗上白 ＋
重黃色 ＋ 米黃色 ＋ 黃色，然後用砂紙磨擦，使表面看得到下
層顏色

復古刷舊塗裝處理 灰色 ｜料工費：JPY 13,000/m² ～（AR, TEE'S）

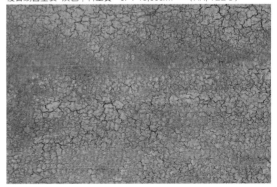

裂痕

AEP 較濃的灰色 ＋ 裂紋塗料 ＋ 淡灰色的表現。塗上裂紋塗料
並加上色斑，可讓表面看起來有如細微的裂紋與粗裂痕

裂痕 ＋復古刷舊 ｜料工費：JPY 13,800/m² ～（AR, TEE'S）

木材用的塗料（合成樹脂塗料）

POINT

● 一般來說，用合成樹脂製造的木質保護塗料，大多會形成被膜的聚氨酯塗料。另外，具有消光質感的玻璃塗料也相當普及。

聚氨酯塗裝

　　內裝用的地板材料等大多採用聚氨酯塗料。因為聚氨酯塗裝的塗膜性能強，所以維護性相當高。反之，因為表面會覆蓋一層被膜，所以木材的觸感與特徵較不明顯。

　　聚氨酯塗料分成水性與溶劑型。原本是以後者的溶劑型為主流，但因為受到揮發性有機化合物（Volatile Organic Compounds，簡稱 VOC）的影響，近來採用水性的案例逐漸增多。水性聚氨酯大多是低臭味的產品。雖然初期時，強度與乾燥時間等性能都比溶劑型的產品差，但現在幾乎毫無差別。

　　聚氨酯塗料可選擇有光澤或消光（無光澤）的產品。若想要質感近似於木質的話，可以選用消光的產品。不過，依照不同的產品跟塗布方法，即使採用消光的產品有些仍會有光澤感。此時，只要以砂紙打磨表面，便可使所謂的「光澤」消失。只是，有光澤的產品具有不易髒的特性，卻是消光沒有的優點。至於重塗的時機，會與產品或塗布次數、使用方法有關，但一般來說，大多都可維持 7 ～ 10 年左右。

玻璃塗裝

　　近年來，玻璃塗裝最受矚目的主成分是二氧化矽（SiO_2）的矽溶液，在常溫時會硬化，硬化後的表面形成非晶質玻璃。基礎為「SSG系列®」（日東紡績）的無機、有機奈米複合材料（以 nm 把粒子化的素材混合其他素材的複合材料）等。

　　無論是耐久性、硬度、耐水性，還是通風性、耐藥品性、防汙性等性能，都比以往的木材用塗料優良。其中，又以耐水性與耐藥品性的評價最高，而且像麥克筆的塗鴉等也能擦拭乾淨，因此相當適合家有幼小孩童的家庭使用。還有，因為沒有光澤、不會吸水變色，所以能夠忠實地呈現木質質感。適用於 LDK 整體的地板、LD 用天然系塗料，或只有廚房採用玻璃塗料等方案，有「Fine crystal wood」、「GLANOL」等產品。

照片1 樹脂別 聚氨酯塗裝的光澤感比較

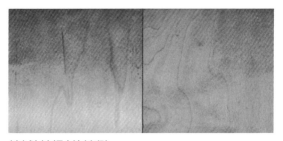

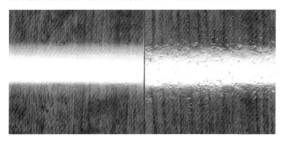

糖槭(糖楓)的範例
左邊是研磨後的表面;右邊是全光澤。所謂研磨是指每次塗布完聚氨酯塗料後,便以砂紙擦拭表面。可呈現深沉光澤

糖槭(糖楓)的範例
左邊是5分光澤度的表面;右邊是無光澤的消光表面。無光澤的消光表面若不與原素材比較的話,看起來像是無塗裝

胡桃木的範例
左邊是研磨後的表面;右邊是全光澤的表面。因為全光澤相當耀眼,所以反而會讓粗糙木紋看來更加顯眼

胡桃木的範例
左邊是半光澤的表面;右邊是無光澤的消光表面。無光澤的消光表面呈現清楚木紋,看起來頗有沉穩感

照片2 比較不同塗料所呈現的木材質感(以橡木為例)

消光聚氨酯塗料
適中的消光質感。塗膜厚、無立體感。顏色略深

消光塗料
光澤比消光聚氨酯塗料略多一些

聚氨酯透明木紋塗料
表層材料近似於木材質感。與原素材相比的話,可感覺表面隱約有一層塗膜

浸油處理
雖然是觸感最接近原素材的手法,但顏色相當濃厚

照片3 比較不同著色塗料所呈現的質地(以橡木為例)

原素材只用顏料著色處理的範例。原素材不過度滲透,適當地顯現表面木紋

以聚氨酯塗料進行塗膜著色的範例。過度做塗膜著色會使透明感降低

木材用的塗料（天然塗料）

POINT
● 天然塗料是以植物油當做原料、利用溶劑溶解的塗料。漆或柿澀、紅色氧化鐵（赤鐵氧化物）等傳統保護塗料也包含在內。

天然塗料的特徵

天然塗料是指以不引起過敏、不損害健康為主要目的，不使用甲苯或二甲苯等強溶劑，而是用天然材料所製造的塗料。大部分都是以德國等製造的產品居多，廣義來說，也包含傳統塗料。

天然塗料與一般塗料相同，都是以油脂和溶劑製造。油脂使用向日葵油或亞麻仁油等；溶劑則使用檸檬醛或松節油等。這些溶劑都是天然材料，雖然香味很濃，但鮮少引發過敏。其他產品也有以無臭石油系的異烷烴替代，少數產品甚至是在溶劑中加水。

除了上述以外，也有不利用溶劑溶解油脂而塗布的產品。這種產品大多都是日本國產、以紫蘇油或桐油、米糠油等為主原料的產品。雖然溶劑中的天然原料可以有效降低健康上的風險，但缺點是不容易乾燥等。

以上這些塗料是以刷毛或布來塗布、擦拭表面（擦拭處理）。擦拭前先用砂紙磨過表面的話，能使完成面更加臻至。

另外，雖然含有蜜蠟或棕櫚蠟的蠟油並不屬於塗料，但也能和塗料一併列入考慮。因為這是由 10 ～ 20% 左右的蠟與紫蘇油等乾燥油所製成的固態材料。施工方法是用布或海綿塗布。大概需要靜置乾燥一天。

傳統塗料

漆是從漆樹樹液抽取出來的天然塗料，因與溼氣產生反應而形成固體化，具有獨特光澤。擦拭在柳杉或扁柏等可使早材（春材）部分的顏色更濃，成為逆轉現象的完成面。保護機能比聚氨酯塗料差，主要用於室內裝潢。一般都塗布 3 次左右。

柿澀是將澀柿粉碎、壓榨出汁，再經發酵、熟成形成的半透明液體，塗布上柿澀可使木紋變得更加明顯。但是不具有機能性，且照射到紫外線的話很快就會變薄，所以也不太容易營造效果。

木地板

用 100% 植物油與植物性蠟的天然塗料。成分是亞麻仁油、桐油的熟油、亞麻仁油的熟油、松節油、天然樹脂、礦物質（色粉）、無鉛乾燥劑

Planet 彩色系列 gross oil 木地板 流行色 #15 藍｜料工費：JPY 7,200/0.75ℓ罐（Planet Japan）

木地板

與左圖為同產品、不同色系。塗布面積是每 1 公升約為 15～20m² 左右

Planet 彩色系列 木地板 流行色 #8 綠｜料工費：JPY 5,200/0.75ℓ罐（Planet Japan）

紫蘇油

青紫蘇油（日本的主要品種為荏胡麻）混合植物油的滲透型天然塗料。全 7 色，塗布面積是每 1 公升約為 45m² 左右

工匠用的塗油 彩速系列 紅鏽色｜料工費：JPY 7,350/1ℓ罐（太田油脂）

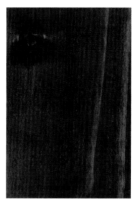

紫蘇油

與左圖為同產品、不同色系。適用於內外裝，塗布一次的乾燥時間大約將近 12 個小時左右

工匠用的塗油 彩速系列 玄色（黑中帶紅）｜料工費：JPY 7,350/1ℓ罐（太田油脂）

塗布紅色氧化鐵

以氧化鐵為原料的天然塗料。顏色除了黑、紅、黃、米黃、酒紅色、咖啡色、朱紅等七色之外，還有白色（氧化鈦）、深綠色（古代色調）

紅色氧化鐵 朱 500g｜料工費：JPY 1,360/500g（深綠色〔古代色調〕是 JPY 2,160）（TOMIYAMA）

柿澀

以柿澀為原料的天然塗料。因為比漆便宜，所以曾被廣泛應用

柿澀系列 G 柿色 塗布面積是約 50m² 以上/2kg｜料工費：JPY 8,800（1 箱 2kg 入）（TOMIYAMA）

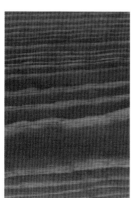

拭漆

不會阻塞木材呼吸，具有調節溼氣或防水性、耐久性

地板材料 F-020 短葉赤松（日本赤松）有樹節 拭漆表面處理（透明）｜160×1,900mm（15mm 厚）舌槽邊加工｜參考價格：JPY 14,700/m²（KISOARTECH）

麻布表面塗漆

在麻布表面上塗漆的產品。具有獨特的質感，耐久性也大大提升

地板材料 F-072 麻布塗漆 古代朱 450mm 方形（17mm 厚）｜參考價格：JPY 38,000/m²（KISOARTECH）

基底塗裝和塗裝的施工與收整

POINT

● 牆壁或天花板的塗裝作業上，石膏板等的基底處理相當重要。至於木材部分的塗裝，應選用符合用途的塗料。

基底塗裝的處理

室內裝潢的塗裝，可分成在牆壁或天花板等石膏板基底上的塗裝，以及在地板或隔間門窗、家具等木材部分上的塗裝。前者的塗裝工程是在木工工程結束後進行；後者則是配合其他的表面處理施工，排在該項工程之前進行。例如張貼壁紙或泥作工程就必須排在塗裝工程之後進行。

石膏板基底的塗裝，是使用耐鹼性的水性乳膠漆（EP）或氯乙烯樹脂瓷漆（VP）。

室內牆壁或天花板的塗裝上，最重要的是防裂對策，不但石膏板必須張貼兩層，而且內側與外側的接縫處還要錯開等，皆是為了確保基底穩固的措施。接縫處可使用木膠加以輔助接合，石膏板的接縫處理可用壁貼或施以泥作處理加工成平滑面。如此一來，便可補救塗層厚度較薄的部分、基底不平等不足之處。修補處理通常都會比塗裝施工花時間。尤其是黑色有光澤的部分，一旦基底不平就會相當顯眼。裝修時，可在既有的基底上塗布底漆或補土，以利進行修補。施工前必須請工匠先確認

過狀況後，再來判斷要採用哪種基底處理方法。有時不可採用塗裝方式來修補。

木材部分的塗裝

室內裝潢的木材部分經常採用可展現木紋的油性著色透明噴漆（OSCL 塗裝）的塗裝方法。由於具高防水性，因此大多被用於用水區域的檯面等[原注]。天然塗料是滲入木材中的保護塗料，因為不容易出現塗布色斑，所以即使是新手也能輕易施工。多用在不特別要求防水性能的木材部分。

木材的塗裝必須先以砂紙研磨後再進行塗裝。若希望呈現出耀眼光澤的話，就要重覆進行這項作業。不過，氣溫低時會使乾燥時間拉長，因此遇上低溫時期會花費不少時間。還有，進行噴漆或亮光漆施工時，必須嚴禁塵埃與振動，應避免與其他工程同步進行。

原注：亮光漆（Varnish）的用途也一樣。

圖1　不易開裂的牆壁基底

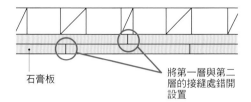

石膏板

將第一層與第二層的接縫處錯開設置

建造不易開裂的牆壁的唯一辦法是確保基底穩固不動。設置兩層石膏板並確實固定，可使基底更加牢固。而且板材的接縫（接合處）最好上下層錯開

圖2　石膏板的接縫處理

※ 依照①～⑥的順序施工

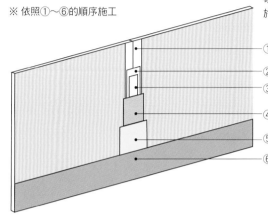

基底處理的成效好壞，會直接影響到塗裝效果。修補處理、研磨等工程通常是最花時間的步驟，養護也需要時間。實際施工時，用滾輪或刷毛來塗布的時間通常較短

①石膏板（「Taper board」兩塊石膏板之間以補土方式填平）
②底漆層補土
③張貼填縫膠帶
④中塗漆層補土（寬度 150～200 mm）
⑤面漆層補土（寬度 200～300 mm）
⑥表面塗裝處理

圖3　乾砌牆工法的概要

美國相當普及的乾砌牆工法（Dry wall）也稱為 Taper board，這是使用邊緣為平滑斜角的石膏板來相互接合，然後在縫隙上張貼紙帶，接著再以補土方式填平的工法。與日本的石膏板基底相比，這種比較不容易開裂，相對地施工也較花費時間。

①塗布專用補土塗布，寬度約 10cm

約 10cm

②上方貼上紙帶

③然後再次補土

④使用約 30cm 左右的抹刀大範圍塗上補土

⑤用砂紙打磨到平滑為止

圖4　牆外角的處理

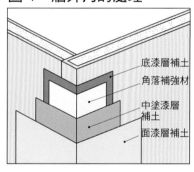

底漆層補土
角落補強材
中塗漆層補土
面漆層補土

圖5　牆內角的處理

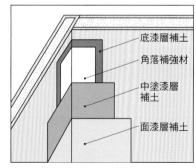

底漆層補土
角落補強材
中塗漆層補土
面漆層補土

因為牆外角與牆內角的部分容易受力，所以必須先設置好補強材後再補土，以增加強度。尤其是牆外角部分，最容易受到撞擊，施工時應仔細慎重

3

泥作材料＋塗料篇

活用材料的關鍵③
泥作

創造高質感的牆壁

　　泥作材料的特徵之一是質感細緻且持久。

1 是舊民宅的粗壁。雖然中層的土已剝落並露出內部，但也因此張顯出稻稈纖維量的存在感。正因為牆壁夠厚，才能混入具份量的纖維。

2 使用有裂痕的表面處理方法，其裂痕手法在視覺上呈現漸層感，相當美觀。還有，材料的「黑色色系」也是特點之一。

3 夯土壁是在土裡面混有鹽鹵或石灰，可使牆壁堅固並產生一層一層的層別。

4 僅表層施以仿真處理，並以不鏽鋼隔開灰縫，創造出時髦的現代感，魅力與原本的夯土截然不同。

5 基底大膽設置細竹條的範例。可清楚看見牆壁的內部構造，在視覺上增加不少衝擊感與存在感。**6** 與 **7** 是把木片埋在牆壁裡的表面處理方式。這種方式以磁磚或磚塊較為常見，埋設木片的案例少之又少。

　　如以上所述，泥作材料的厚度可透過各種形態的表現手法強調質感，創造出令人印象深刻的獨特牆面。

4

其他材料篇

原注：本書中所記載的產品價格，建議零售價的部分是以「參考價格」標示，而其他不二價的產品則是以「定價」標示。此外，除了特別標示以外，產品價格皆不包含運費、工資、消費稅等。由於價格會隨著市場波動，欲知詳細內容，請洽詢各廠商或代理店。

石膏板的製造工程

POINT

● 石膏板是用原紙夾著石膏與化學摻料等混合物，然後透過水和反應產生針狀結晶，藉此與石膏形成一體化的產品。

石膏板有如三明治一般，是以紙（石膏板原紙）夾著石膏所製成的板材。做為主要原料的石膏，大部分是採用發電廠或肥料工廠等產出的排煙脫硫石膏，然而從現況來看會以進口的天然石膏補上不足的份量。而石膏板原紙主要是回收舊報紙或雜誌、瓦楞紙板等所製成的再生紙。

簡言之，主原料為再生材料這點即是石膏板的最大特徵。此外，過去曾經製造過含有少量石棉的產品，現在則已停產。

製造工程

以下介紹石膏板的製造工程。首先，石膏要先經過鍛燒工程。接著以烘乾機將做為原料的石膏乾燥以後，投入鍛燒爐內。石膏在這個階段裡會形成半水石膏（熟石膏），具有從二水石膏提煉出結晶水、與水反應便固化的性質。然後，再以粉碎機將其粉碎成微粒子。

把石膏製成熟石膏的目的在於，利用加水便產生水和反應並轉換回二水石膏這種固化性質，可形塑成型板材。

在熟石膏裡添加混合劑或添加劑，就可製成泥漿（泥狀的混合物）。將混合好的泥漿均勻平緩地灌注到流動於生產線上的原紙上，然後快速豎起邊緣，並從上方放置原紙背面。如此一來，在發生上述水和反應而轉換成二水石膏的當下，會產生針狀結晶，針狀結晶會與紙纖維緊密咬合，使紙與石膏形成一體。

這些都是在輸送帶上連續進行的過程，生產線上的石膏板就在未切割的狀態下不斷地往下個流程移動。石膏在輸送過程當中會達到一定的硬化程度。然後，在達到硬化的這個時機點，把板子裁切成原板的尺寸。像這樣快速的硬化速度，正是石膏板得以量產與平價化的關鍵。

接著，把裁切好的石膏板放進乾燥機內。由於石膏在放進乾燥機前就已經經過水和反應而硬化了，所以乾燥的目的是為了去除殘留的水分。最後把從乾燥機取出的石膏板，切成所需尺寸即大功告成。裁切後的廢材也就是中間蕊心的石膏部分仍可做為原料再次利用。

圖1　石膏板的製造工程

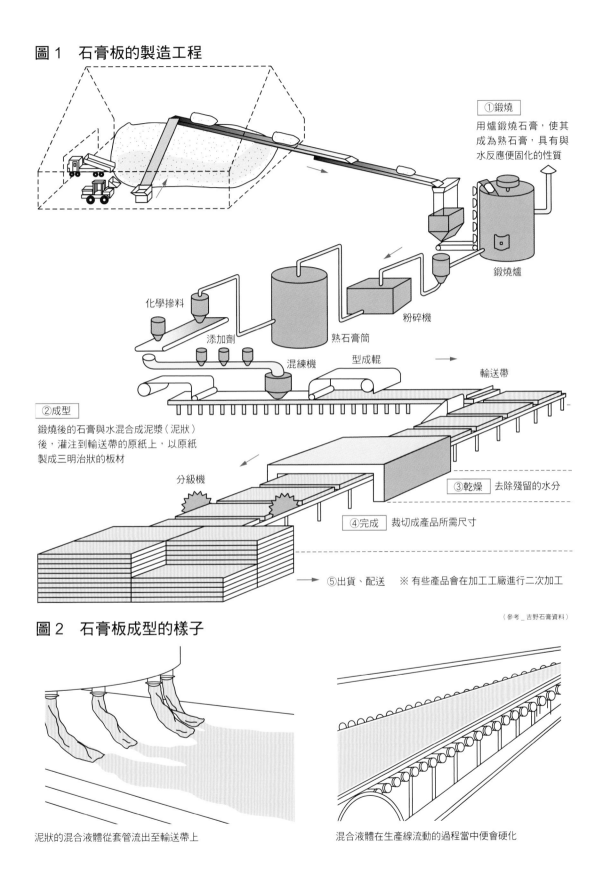

①鍛燒
用爐鍛燒石膏，使其
成為熟石膏，具有與
水反應便固化的性質

鍛燒爐

化學摻料

添加劑

粉碎機

熟石膏筒

混練機

型成輥

輸送帶

②成型
鍛燒後的石膏與水混合成泥漿（泥狀）
後，灌注到輸送帶的原紙上，以原紙
製成三明治狀的板材

分級機

③乾燥　去除殘留的水分

④完成　裁切成產品所需尺寸

⑤出貨、配送　※ 有些產品會在加工工廠進行二次加工

（參考＿吉野石膏資料）

圖2　石膏板成型的樣子

泥狀的混合液體從套管流出至輸送帶上

混合液體在生產線流動的過程當中便會硬化

石膏板

POINT

● 石膏板的主原料石膏，多以排煙脫硫石膏製成，被覆在石膏上的紙則是報紙等回收的舊紙。石膏板既便宜又具有性能，因此經常用做內裝基底材料。

石膏板是用紙被覆石膏的兩面所製成的板狀建材。在日本做為主原料的石膏，主要是從國內發電廠等排煙所提煉而出的排煙脫硫石膏，除此之外也進口天然石膏。被覆在石膏上的紙是使用報紙或雜誌等回收的舊紙。因為便宜又具有優良的防火、隔音、尺寸安定性等性能，所以經常被當做室內裝潢的基底材料。石膏板厚度有9.5、12.5和15公釐。大小則分成一般的910×1,820公釐、910×2,420公釐、910×2,730公釐、1,000×2,000公釐等。

做為室內裝潢的基底材料使用時，接縫的形狀攸關完工後是否容易開裂等問題。因此，有把板材的邊緣形狀製成錐形，也有製成接合時接縫處會形成V字型的斜角板材。前者適合用於一種稱為「乾砌牆工法」的基底工法。這是在接合處貼上填縫膠帶，然後以補土方式補平，使牆壁或天花板的表面呈現一體化的工法。這種工法可讓基底穩定，但卻是相當耗費時間的工夫，所以在日本並不普及。日本一般較常採用斜角板材這種可以簡易處理的板材，然而，因接縫處理的方式不一所產生的問題是屢見不鮮。

石膏板的多樣化

其他也有在原料裡添加別種素材、附加性能的產品。例如「清爽型石膏板」（CHIYODA UTE）是添加矽藻土的產品，具有調節溼氣性能。而「高機能石膏板(Hi-Clean Board)」（吉野石膏）則是具有分解甲醛的機能。分解機能可透過特殊分解劑或化學黏著進行分解。在一般的使用情況下，機能可維持3～4年左右。

還有，稱為「可彎曲板（FG board）」（A&A Material Corporation）的產品，是在石膏板裡添加可曲面施工的纖維。這種板材不但容易進行切削加工或打釘，同時也是加工性相當優良的有趣素材。另外還有一種用來做表面處理的化妝石膏板，可在紙的色彩上或板材形狀上做出各種變化的產品。

具吸放溼性的石膏板

石膏混合矽藻土所製作成型的石膏板。吸放溼性優良，可將室內溼度維持在 40～70% 左右

清爽型石膏板｜910×1,820mm（9.5mm 厚）等｜參考價格：JPY 1,100/m²（CHIYODA UTE）

高機能石膏板

這種石膏板附加了吸收、分解並降低甲醛的機能。表面張貼色紙

Tiger Hi-Clean Board｜910×1,820mm（9.5mm 厚）｜定價：JPY 900/塊（吉野石膏）

具吸音性的石膏板

在一般的石膏板上開小孔的產品

Tiger Tone（吸音用小孔 石膏板）張貼有標準牛皮紙、耐燃紙｜455×910mm (9.5mm 厚)｜定價：JPY 2,240/ 塊（吉野石膏）

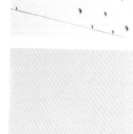

具吸音性的石膏板

與左圖為同產品、不同色系。是塗裝白色漆的產品。表面貼有牛皮紙

New Tiger Tone（化妝石膏吸音板）｜455×910mm（9.5mm 厚）｜定價：JPY 2,810/ 塊（吉野石膏）

具吸音性的石膏板

與上圖為同產品、不同型號。是具有正方形小孔的產品。表面施加塗裝處理

Tiger Square Tone・D 吸音型｜455×910mm（9.5mm 厚）｜定價：JPY 3,500/ 塊（吉野石膏）

普通強化石膏板

這種石膏板的表面硬度是普通石膏板的四倍。也具有防水效果

Tiger Super board 超硬質、高強度石膏板｜910×1,820mm（12.5mm 厚）｜定價：JPY 2,040/ 塊（吉野石膏）

石膏壁櫥板

用於壁櫥內部表面的化妝石膏板。具有吸收、分解甲醛與調節溼氣的性能。照片是仿壁紙感的產品

Tiger Hi-Clean Sukatto 簡便型壁櫥板（壁紙）｜910×1,820mm（12.5mm 厚）｜定價：JPY 1,960/ 塊（吉野石膏）

石膏壁櫥板

與左圖為同產品、不同樣式。照片是木紋圖樣

Tiger Hi-Clean Sukatto 簡便型壁櫥板（木紋）｜910×1,820mm（12.5mm 厚）｜定價：JPY 1,960/ 塊（吉野石膏）

石膏板的施工與收整

POINT

● 石膏板是內裝基底材料的基本款。仔細處理石膏板間的接縫（接合處），與完成面結果的呈現有密切關係。

石膏板的施工

石膏最常被拿來做成室內裝潢的基底。石膏板的鋪設方式與板材之間的接縫處理是攸關表面處理的結果好壞。石膏板的鋪設工程是由工匠或專業業者（如板材業者）負責施工。施工的時機點安排在木工工程的最後階段，鋪設好石膏板後，只要安裝上踢腳板或冠狀線板即可完工。

再者，由於石膏板是絕對不可碰到水的材料，因此會等室外的防雨板裝設完善以後再搬入室內。

石膏板是以進行補土處理為前提的材料，所以大部分都會使用縱向接合部分呈V字型或錐形邊緣的產品。表面處理若採用塗裝或張貼PVC壁紙時，由於接縫處必須施加補土處理，所以切斷面必須先以專用的鉋刀或板材用的銼刀等切削成錐形邊緣後再接合。

板材的鋪設方式依工匠而異，有使用3×6的板材自下方開始橫向往上堆疊鋪設的方法，也有使用一塊3×8的板材從天花板處垂直縱向鋪設的方法[原注]。還有，在接縫處使用木工用木膠，做為完成面材

料的接縫裂開的對策。

一般使用專用螺絲加以固定，固定螺絲時必須注意不可弄破厚紙板；釘厚紙時，要以氣動衝擊螺絲起子釘入，直到呈現些微內凹為止。由於一人獨自鋪設天花板相當辛苦，所以許多工匠都會使用打釘機輔助。

還有，專用螺絲必須經防鏽處理，為了使螺絲能確實固定在板材的厚紙板上，選用釘頭較大的螺絲較為恰當。而且，為了使補土表面能夠平整均衡，釘頭會經過特殊加工處理。

化妝石膏板的施工

化妝石膏板是指石膏板上已預先貼了印有圖樣的紙。主要的用途是基於設計美觀考量，讓接縫或釘子可以完善地收整、隱藏。施工時是以釘頭可彎曲的釘子加以固定。由於這種化妝石膏板不需要做表面處理，所以相當具有經濟性。

原注： 3×6的板材，是指尺寸為910×1,820 mm的板材；3×8的板材則是尺寸為910×2,425 mm的板材。選用板材尺寸時，建議按照工匠的習慣來做決定。

圖1 石膏板接合部分的處理（乾砌牆工法）

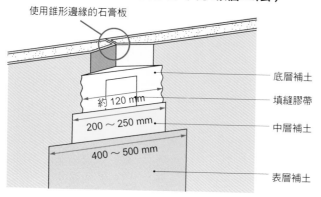

使用錐形邊緣的石膏板

底層補土

填縫膠帶

約 120 mm

中層補土

200 ～ 250 mm

表層補土

400 ～ 500 mm

使用填縫膠帶處理接縫的方法，適用於塗裝的表面處理或張貼薄壁紙。每一層都以補土處理，最後再以砂紙打磨平整即可完工

圖2 基底處理的步驟（乾砌牆工法）

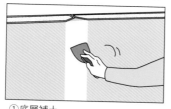

①底層補土
在石膏板上塗抹黏土。特別注意黏土的量應充足，否則填縫膠帶就無法完全緊密地黏著

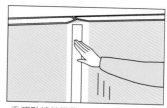

②張貼填縫膠帶
在塗有黏土面上黏貼填縫膠帶。切勿將膠帶的正反面搞錯

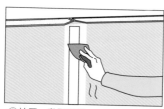

③抹平、黏緊膠帶
黏好填縫膠帶後，必須馬上以抹刀（刮鏟）順著膠帶刮平。若膠帶裡面殘留空氣未加以刮平的話，就容易造成剝落。同時，突出的黏土要清除乾淨

④中層補土
底層的黏土乾燥後，先以砂紙打磨平整，然後塗抹上寬度約 200 ～ 250 mm 的黏土做為中層補土

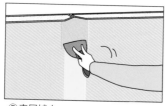

⑤表層補土
中層的黏土乾燥後，先以砂紙打磨平整，然後塗抹上寬度約 400 ～ 500 mm 的黏土做為表層補土

⑥以砂紙打磨平整
表層的黏土乾燥後，以砂紙打磨平整，使之平滑

※ 注意：每一層用砂紙打磨之後，一定要將附著在表面的粉塵清除乾淨，以免造成壁貼或漆無法完全緊密黏著

4
其他材料篇

矽酸鈣板與柔性板材

POINT

● 矽酸鈣板是由石灰質原料或矽酸質原料、強化纖維所製成。柔性板材的主原料則是水泥與纖維。無論哪一種產品都不使用石棉。

室內裝潢所使用的無機板材當中，在日本 JIS 規格 A5430「纖維強化水泥板」中有所規定的是矽酸鈣板（Calcium Silicate Board）與柔性板材（Flexible board，或稱柔性板、可撓板）這兩種。矽酸鈣板是由石灰質原料和矽酸質原料、強化纖維所構成的產品。依照結晶種類又可分類成雪矽鈣石系與硬矽鈣石系，前者屬於高比重、高強度；後者則是比重較低，具有切削加工性。一般較常用的是前者的雪矽鈣石系。

由於具有耐火性，所以大多被鋪設於廚房周圍的牆壁或車庫、工廠的天花板或牆壁等場所。尺寸分成 1,820 × 910 公釐與 910 × 910 公釐，厚度有 5、6、8、10、12 公釐。缺點是容易開裂。因為素材是白色系，所以大部分都會施加塗裝加工，但底漆的選用分外重要。另外，也有以矽酸鈣板為基材，在表面貼上裝飾用膠膜或紙等的產品，或者是表面經過切削加工成蛇腹紋的硬矽鈣石系產品。

柔性板材的主原料是水泥與纖維。以前是在纖維裡添加石棉，現在則是改用合成纖維與紙漿。除了具有耐火性與防水性之外，強度高、耐久性與韌性都很優良，也不易產生開裂，所以常被用於內裝基底或隔間等。還有，這種板材與矽酸鈣板同樣也有以柔性板材為基材，表面貼有裝飾用膠膜或三聚氰胺貼面板的產品。

個性材料

除了上述產品以外，「木絲水泥板」也是適用於室內裝潢的有趣產品。這是在切成帶狀的木絲纖維裡，添加水泥和水所製成的成型品，因為含有大量空氣且是種多層結構，所以隔熱性與吸音性佳。再加上具有重量，隔音性也很優良。以完成面來看，雖然木絲水泥板具有也適用於土壁的素材質感，但未經加工的素板，其表面上附著的水泥等材料很容易剝落，因此最好的處理方法是施加塗裝，這個動作還有調整表情的用意。

另外，還有像「MOISS 調濕板」（三菱商事建材株式會社）與「DAILITE」（大建工業株式會社）這兩種主要用於承重牆的無機材料。前者具有調節溼氣性能，不但可以進行曲面加工，還能拿來用做室內裝潢的表面處理。

矽酸鈣貼面板

左上圖是塗有 UV 塗層、丙烯酸酯類樹脂的表面；左下圖則是未經處理的素面

矽酸鈣板 ASLUX200 204｜1,820 × 910mm（6mm 厚 ）（NICHIAS Corporation）

矽酸鈣貼面板

切削矽酸鈣板的表面，使其形成凹凸面。表面是經塗裝處理。除了六角形以外，還有其他豐富的圖案

SAKAIRIB 蜂窩狀 80-60 D 型｜600×1,000mm（15mm 厚）｜定價：JPY 16,800/ 塊　JPY 28,000/m²（SAKAI）

矽酸鈣貼面板

高密度矽酸鈣板上塗有 8H 以上的塗膜硬度 100% 水性無機塗料的產品。不容易有傷痕，而且像墨水或油汙等髒汙都可以用水擦拭乾淨

無機塗裝｜貼面板 從圖左邊起分別為米黃色、米色、灰色｜910×1,820mm（6mm 厚）｜參考價格：JPY 9,700/m²（AICA TECH KENZAI）

DAILITE

礦物纖維與火山玻璃質素材的複合板材。承重牆板材。可用於室內外裝潢或地板基底

DAILITE 壁將　大壁 910 型｜910mm 方形（12.5mm 厚）｜參考價格：JPY 32,000/m²（含施工零件）（大建工業）

MOISS調濕板

此板材是以天然礦物的蛭石為主原料。具有纖細空隙（細孔）可調節溼氣

MOISS 調濕板 無塗裝｜910 × 1,820mm（6 mm 厚）｜定價：JPY 3,500/塊（三菱商事建材）

岩棉吸音板

以岩棉為原料所製成的天花板材料。特徵為輕質

岩棉吸音天花板 平板 ST9-600 仿地面裂痕狀｜300×600mm（9mm 厚）｜定價：JPY 4,400/箱（18塊入）（吉野石膏）

木絲水泥板

照片是使用寬 2～3 mm 的木絲纖維，略帶灰色的產品

木絲水泥板　淺灰色｜910×1,820mm（25mm 厚）（竹村工業）

木絲水泥板

照片是使用寬度 5 mm 以上的木絲纖維，加入矽藻土所製成的產品。基底用的澆注框

木絲水泥板　粗木絲板　木質水泥板｜910×1,820mm（30mm 厚）（竹村工業）

4

其他材料篇

矽酸鈣板的施工與收整

POINT

● 鋪設天花板的矽酸鈣板可選用 5 公釐或 6 公釐的產品，至於牆壁則選用 8 公釐厚的產品較佳。施工於天花板時，必須以釘子固定於平頂格柵上；施工於牆壁時，則以釘子固定於柱子或墊條上。

　　矽酸鈣板最常用於住宅室外的屋簷，其次是天花板或用水區域、廚房瓦斯爐前的牆壁等。施工工程由工匠負責。

天花板的施工

　　鋪設於天花板的矽酸鈣板大多採取有接合縫隙的鋪設方式，然而近年來也增加很多直接對接的案例。一般都是使用厚度約 5～6 公釐的產品。無論採用哪種方式鋪設，每隔 150 公釐的跨距都要以釘子固定。最後再以塗裝處理表面。

　　由於有接合縫隙的鋪設方式是不做灰縫補土處理，因此不會發生塗層開裂的情況。不過，灰縫若不是規整的直線，外觀看起來會不太美觀。一般來說，這種鋪設方式都有 5 公釐左右的灰縫，所以該如何讓矽酸鈣板的邊緣恰當地接合在對象物上，可說是相當費工夫的工程。

　　施工的第一步是以 303 公釐的跨距設置平頂格柵，然後以釘子固定。這裡就設計方面來看，釘頭裸露在外會破壞美感，所以可考慮併用黏合劑與雙面膠帶，藉此盡量減少用釘數量。然後為確保完全接著，使用伸縮棒加以輔助支撐，直到確定牢固

接著為止。

　　接著是塗裝，首先以刷毛塗抹灰縫，然後再以滾輪塗抹整體。因為矽酸鈣板容易吸收塗料，所以必須塗上能阻隔吸收的底漆（合成樹脂透明乳膠漆等）。

牆壁的施工

　　用於鋪設室內牆壁的矽酸鈣板若厚度達 6 公釐以上，是可以直接施工在每跨距 455 公釐所設置的間柱或柱子上。或者也可以每間隔 303 公釐設置一支墊條。不過，考量到使用者可能使物品撞擊牆壁的情況，鋪設在牆壁上的矽酸鈣板，可選用厚度超過 8 公釐以上的產品較為合適。

　　把板材固定在牆壁上時一般都用不會生鏽的不鏽鋼釘子加以固定。若不希望釘頭外露時，可同時使用黏合劑與雙面膠帶輔助固定。黏合劑建議選用乙酸乙烯酯樹脂系或變性矽利康（改質矽油）系等。

圖1 鋪設天花板的方式

有接合縫隙

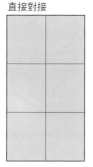直接對接

〈剖面圖〉

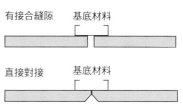

採矽酸鈣板之間留有灰縫的接合方式。這種方式相當注重配置比例，因此事前檢討是不可或缺的

採矽酸鈣板之間不留灰縫，以直接對接的方式接合。若接合處不對稱或基底不平整時，很容易產生高低落差等問題而影響美觀性

矽酸鈣板之間的處理，可分成有接合縫隙與直接對接兩種方式。採取前者時，接縫底部的處理方法也須一併納入考量(可採用塗裝或膠帶等)

圖2　在有接合縫隙的天花板上裝設美觀的聚光燈

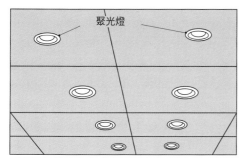

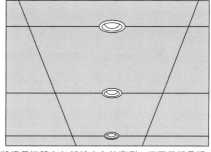

左圖是把燈具裝設在板材上任意位置的案例；右圖則是將燈具裝設在灰縫線中心的案例。當天花板是採用有接合縫隙的鋪設方式時，照明器具可以把灰縫當做基準來決定裝設位置，這樣一來，外觀也會非常整齊、美觀。反之，不以灰縫為基準來設置的，看起來會像是隨意安排，而顯得凌亂不堪，這點務必注意。右圖將照明器具裝設在灰縫上，看起來整齊劃一、相當美觀

圖3　在 MOISS 調濕板或矽酸鈣板材的露柱壁上施工的方法

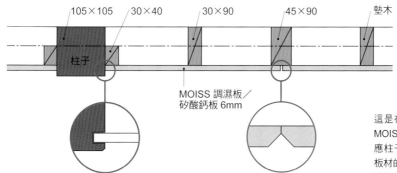

MOISS 調濕板／矽酸鈣板 6mm

MOISS 調濕板／矽酸鈣板採直接嵌入裝飾用柱子內接合，不必切削成倒角

MOISS 調濕板／矽酸鈣板板材之間的對接部分，則採以鉋刀切削成倒角

這是在露柱壁上鋪設矽酸鈣板或 MOISS 調濕板等的鋪設方法。對應柱子方面，採柱子上開孔插入板材的收整處理。至於 MOISS 調濕板／矽酸鈣板板材之間的對接部分，則採切削成倒角來互相接合的方法，這種方法較費工夫

塑膠板的製造工程

POINT
● 適用於家具飾面材等的三聚氰胺貼面板，其表面處理的技術是日益進步。此外，做為隔間門窗等的聚碳酸酯板，其尺寸大小依壓鑄機而異。

本節針對住宅中常採用的塑膠材料三聚氰胺貼面板（Melamine Faced Chipboard，亦稱 MFC 塑合板、美耐板）與聚碳酸酯板，說明其原料與製造方法。

三聚氰胺貼面板的製程

三聚氰胺樹脂（Melamine，又稱美耐皿樹脂）屬於熱硬化性，材質是一般使用的塑膠品當中最堅硬的。除了無色透明、幾乎不會沾色之外，表面相當有光澤，而且還具備極為優良的耐水性、耐氣候性、耐衝擊性與耐磨耗性。利用這種樹脂特性所製成的三聚氰胺貼面板，其紙與樹脂的重量比為 60%：40%。

在構造上，大致可區分成表面層與板芯兩部分。表面層是印有彩色圖樣、且含浸三聚氰胺樹脂的紙；而板芯則是以牛皮紙含浸酚醛樹脂 (Phenol Resin)。酚樹脂具有高強度、不易燃燒等性質，是相當適用於補強的熱硬化性樹脂。三聚氰胺貼面板即是將含浸過不同樹脂的表面層與板芯進行乾燥、加壓，使樹脂熱硬化所形成的片狀板材。板材表面可經過鏡面拋光處理，或利用不鏽鋼板進行壓花加工。此外，為

了使成品維持壓印圖樣的耐磨耗性與耐水性，可把經過三聚氰胺樹脂含浸處理的紙做為覆蓋層放在最上面，然後再進行壓印。

近來，還有一種將含有軟質塑膠的極小顆粒樹脂液塗布在板材表面的做法，這種做法可表現出皮革般的觸感，而且不易沾附指紋。樹脂薄膜相當注重厚度管理，過厚看起來一片白；過薄則又顯得不均勻。

聚碳酸酯板的製程

聚碳酸酯板（Polycarbonate board，簡稱 PC 板）是在 300℃的溫度下熔化聚碳酸酯樹脂，並以壓鑄機加壓後，再用滾輪加工成型所製成的板材。聚碳酸酯板的寬度與厚度依據壓鑄機的種類而定，而平面的平滑度與形式則是取決於滾輪的形狀。另外，具有耐光性與耐磨耗性的商品，在成型後還需要經過一道塗膜加工才算完工。

圖1 三聚氰胺貼面板的構成

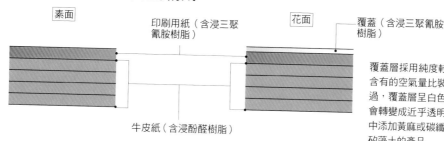

素面　　印刷用紙（含浸三聚氰胺樹脂）　　花面　　覆蓋（含浸三聚氰胺樹脂）

牛皮紙（含浸酚醛樹脂）

覆蓋層採用純度較高的 α- 纖維素材質，含有的空氣量比裝飾用的印刷用紙多。不過，覆蓋層呈白色，必須利用加壓工程才會轉變成近乎透明。另外，也有在覆蓋層中添加黃麻或碳纖維強化塑膠（CFRP）、矽藻土的產品

圖2 三聚氰胺貼面板的製程

①原紙的含浸

· 表面紙
· 貼面紙
· 牛皮紙（板芯）

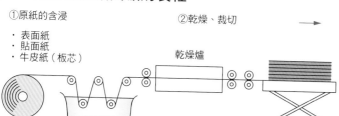

乾燥爐

共有兩次含浸處理，貼面紙或覆蓋層所使用的紙是含浸三聚氰胺樹脂、板芯層的牛皮紙則是含浸酚醛樹脂。其他多餘的樹脂以刮棒刮除

②乾燥、裁切

分別以 100℃、150℃ 左右的熱風隔空乾燥含浸三聚氰胺樹脂的紙和含浸酚醛樹脂的紙，使樹脂變成半硬化狀態。乾燥後再依照壓模機的尺寸裁切

③拼組

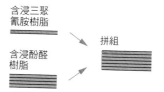

含浸三聚氰胺樹脂

含浸酚醛樹脂

拼組

含浸三聚氰胺樹脂的紙與含浸酚醛樹脂的紙，必須依照貼面板所需的厚度或性能等拼組成一塊板。由於樹脂為半硬化狀態，所以需要兩人一組以手工作業方式合力拼組

④壓製

表面處理可依照不鏽鋼板的形狀壓製圖樣。壓製時間約莫兩小時。透過這種加熱加工工程，可使樹脂熱硬化、形成片狀板材則採切削成倒角來互相接合的方法，這種方法較費工夫

⑤表面處理

裁切四個側面，並以砂紙打磨內側以提升接著性能。還有，可把產品編號與批號印蓋在內側

⑥檢查

編列三人一組等小組形式進行規格檢查。只要產品上有些微汙垢，也必須歸類至不良品，回收再利用。其他的良品則捆包、出貨

圖3 聚碳酸酯板的製程

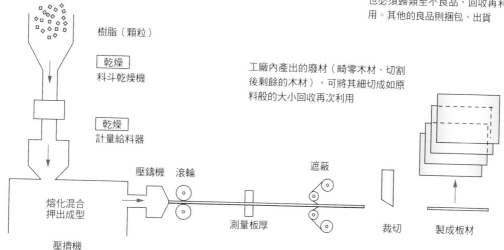

樹脂（顆粒）

乾燥　料斗乾燥機

乾燥　計量給料器

熔化混合
押出成型

壓擠機

壓鑄機　滾輪　　　　遮蔽

測量板厚　　裁切　　製成板材

工廠內產出的廢材（畸零木材、切割後剩餘的木材），可將其細切成如原料般的大小回收再次利用

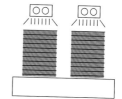

壓克力板

POINT

● 壓克力板是以壓克力樹脂為基礎的素材，透明度頗高且加工性佳、不易裂開。
  只是，對於容易留下傷痕以及具有伸縮性這兩點須特別留意。

壓克力板（又名 PMMA 板）是以壓克力樹脂為主要原料的塑膠素材。最大的特徵是透明度相當高，透光度高達 93%，甚至比玻璃高（浮製玻璃的透光度是 92%）。這種板材容易拿來做切削加工或開孔，也能以黏合劑貼合。由於耐衝擊性佳、不易裂開，所以也經常被用來取代玻璃。

壓克力樹脂不能濾除紫外線、可見光，其耐候性佳且透明度不易劣化。但是，因為表面容易留下傷痕，與木材同樣屬於可燃性的材質，所以不適合用於外裝。另外，有一點須特別注意的是，這種材質的尺寸會隨著溫度或溼度而伸縮，所以必須把這項特性列入收整的規劃考量。

壓克力板的製法

壓克力板有兩種製造方法。一種是把整塊壓克力樹脂擠出後製成擠出板。這種板材的厚度，就尺寸精度而言相當高，而且不但便宜又容易以溶劑將板材溶解接著、進行溶劑焊接（以溶劑把壓克力板溶解接著的方法）。不過，缺點是硬度比下述的澆鑄板低，所以比較容易產生翹曲或裂痕。用途上，大多傾向於做成盒子或陳列架等，這類具有加工性與接著性的薄板。

另一種製造方法則是在兩塊玻璃之間注入壓克力原材料，使其硬化製成澆鑄板。因為澆鑄板的硬度比擠出板高，所以不易產生翹曲或裂痕，相當適合用於機械加工。但缺點是進行溶劑焊接時較花費時間，而且板厚也較不一致。由於無法大量生產，所以價格昂貴，大多用於需要大面積或板厚的大型水槽或室外招牌等。

壓克力板最大的特色在於穿透率，像是透明或彩色透明、乳白、穿透率低的煙灰色等各式各樣具穿透性的產品應有盡有。另外，無穿透性產品的色彩也相當豐富。除此之外，還有珍珠光澤感或金屬色調、僅在邊緣上色，以及用真空鍍膜方式鍍上鋁的鏡面壓克力板、中空壓克力板等產品，種類可說是包羅萬象。甚至連表面硬度高達 6H 這種外觀不易損傷的產品也有生產。

至於尺寸方面，若需求是 1,000 × 2,000 公釐左右的話，市面上很容易取得。

厚壓克力板

實心的透明壓克力板。穿透率相當高，不會像一般板玻璃會折射出彩色光線

壓克力板 透明｜2,000×1,000mm（15mm 厚）｜參考價格：JPY 60,000/ 塊（OS.PRODUCTS）

厚壓克力板

透明壓克力板的正面背面都施加霧化處理加工，形成半透明質感的產品

壓克力板 霧化處理加工｜2,000×1,000mm（15mm厚）｜參考價格：JPY 88,000/塊（接單生產品）（OS.PRODUCTS）

厚壓克力板

乳白色的實心壓克力板。稍微透光的產品

壓克力板 乳白色｜2,000×1,000 mm（15mm 厚）｜參考價格：JPY 88,000/ 塊（接單生產品）（OS.PRODUCTS）

壓克力板 × 鍍膜(鋁)

以真空鍍膜的方式在壓克力擠出板上鍍鋁所呈現的鏡面。使用平滑性與玻璃鏡面雷同的丙烯酸樹脂，不易歪斜。質輕且具有不易裂開的性能

ACRYMIRROR｜300 × 450 mm（3 mm 厚）等（菱晃）

邊緣塗螢光色的壓克力板

邊緣經研磨處理散發明亮螢光色的壓克力板。耐候性優良，室外也可使用（除紫羅蘭色以外）

壓克力板 彩色邊緣 由下而上分別為透明、綠色、黃色、粉紅色、藍色、穿透率低的煙灰色｜1,300×1,100 mm（2mm 厚）等（KURARAY）

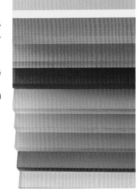

顯色的壓克力板

特徵為易顯色且具有似緞的光澤與質感。德國製的壓克力板。此材料經常被用於家具或招牌

PLEXIGLAS 由下而上分別為 _ 紫色、天空藍、蘋果綠、草綠、冰雪藍、莓紅、正紅、橘色、檸檬黃（山宗）

高平滑性的壓克力板

以擠出法製成的壓克力板。特徵為平滑性佳、板厚精度高。加工時的溫度可比澆鑄板低，時間也較短。有白色、黑色、乳白色

Dela glasA 915×1,830mm 等｜由下而上 _A-999 透明厚板（2mm 厚）AM 玻璃厚板單面消光（1.5mm 厚）AMS-999 透明厚板單面消光（Asahi Kasei Technoplus）

壓花加工的壓克力板

用丙烯酸樹脂製成的稜狀板材。表面施加壓花的產品。約玻璃的二分之一重，具強度

Delaprism 915×1,830mm 等｜從左下起分別是 15M（5mm 厚）、5M（3mm 厚）、12M（3 mm 厚）、4M（3mm 厚）、58M（2mm 厚）（Asahi Kasei Technoplus）

4 — 其他材料篇

聚碳酸酯板

POINT

● 聚碳酸酯板是以聚碳酸酯樹脂為主體的塑膠素材，不但具有穿透性且耐衝擊。
住宅大多用做室內的隔間門窗材料。

聚碳酸酯板是以聚碳酸酯樹脂為主體的塑膠素材。最大的特徵是具有穿透性，且相當耐衝擊。可見光的透光度比玻璃或壓克力材質略差，大約是 90% 左右。因為具有以上的特性，經常被用於開放式無牆車棚的屋頂或住宅的室內隔間門窗材料、固定式窗戶等。以塑膠材質來說，這種材質較不易變形。還有，萬一著火的話，只要遠離火源就會自然熄滅的獨有特徵。

反之，缺點是比壓克力板容易留下傷痕。若是用來做成室內隔間門窗用材的話，也許問題不大，但用於室外或室內地板時，就必須特別注意。再加上耐候性欠佳，所以使用年限愈久，透明性與強度就愈低。有些產品為了彌補這個缺點，也會以矽的鍍膜材料來做表面處理。

另外，由於這種材質不耐鹼性或有機溶劑，一旦接觸到混凝土、溶劑系的塗料或防水材料等，就會變成白濁現象。還有用力使其彎曲也會造成白濁現象，所以施工時應多加留意。

產品的多樣性

聚碳酸酯板的形狀可分成平板、波浪板以及中空板三種。用於室內裝潢的話，大部分是採用平板與中空板。雖然在顏色與質感上沒有壓克力板那麼多樣化，但基本上有具穿透率的透明或彩色透明、青銅色、穿透率低的煙灰色等種類。平板的厚度從 2 公釐到 15 公釐都有，尺寸依厚度而異，最大尺寸是 2,000×4,000 公釐。

中空板具有一定程度的隔熱性，因為中空層的排列可產生恰到好處的遮蔽效果，所以經常被拿來當做室內的隔間門窗材料使用。而且，價格僅同厚度的一般聚碳酸酯板一半以下。由於可應用於隔間門窗材料，所以有些產品也會單面印上和風圖樣，如「TWINCARBO® d 系列」（日本旭硝子株式會社）。

中空板的厚度有 4 公釐到最大 32 公釐的尺寸。尺寸依產品而異，最大尺寸是 2,000×4,000 公釐。

「TWINCARBO®」是使用特殊技術將聚碳酸酯板製成一體成形、具有中空構造的板材。
材質較輕，大約是一般聚碳酸酯板的五分之一。透過空氣層的構造，具有隔熱與保溼效果。
厚度有 4、4.5、6、10、16 公釐等。TWINCARBO®「i 系列」可用於華麗的室內裝潢。
TWINCARBO®「d 系列」是單面添加和紙般圖樣的產品。具有控制視線或光線的遮蔽效果。

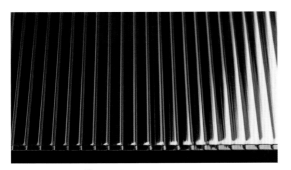

TWINCARBO®　標準規格

TWINCARBO® 標準規格　灰色｜2,000×4,000mm（4mm 厚）｜參考
價格：JPY 4,280/m²（日本旭硝子）

TWINCARBO®　標準規格

TWINCARBO® 標準規格 乳白色｜2,000×4,000mm（4mm 厚）｜參考
價格：JPY 4,280/m²（日本旭硝子）

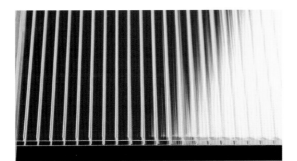

TWINCARBO® i系列

TWINCARBO® i 系列　螢光橘｜2,000×4,000mm（4mm 厚）｜參考價
格：JPY 6,660/m²（日本旭硝子）

TWINCARBO® d系列

TWINCARBO® d 系列 簾狀｜1,950×3,900mm（6mm 厚）｜參考價格：
JPY 8,650/m²（日本旭硝子）

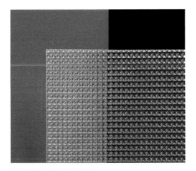

LEXAN* 90316

表面呈稜柱狀的室內用聚碳酸酯板。不但
可阻隔視線，光線的擴散性也很優良

LEXAN* 90316｜1,219×2,438mm（3.2 mm 厚）
｜參考價格：JPY 13,200/m²（日本旭硝子）

CARBOGLASS® 光澤

這是表面具有優良平滑性的聚碳酸酯板。
而且耐衝擊性比同厚度的玻璃高約 200
倍、比壓克力板高約 30 倍

CARBOGLASS® 光澤 照片上方是透明；下方
是碳灰色｜2,000×4,000mm（5 mm 厚）｜參
考 價 格：透 明 JPY 20,620/m² 碳 灰 色 JPY
22,680/m²（日本旭硝子）

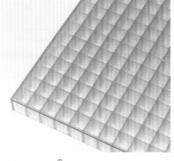

LAGRACE®

由耐衝擊、柔軟的「CARBOGLASS® 霧
化」和不太彎曲的「FRP 格子」所製成
的透光複合板

LCK2WCF4C LAGRACE®｜1,007×2,007 mm
（45 mm 厚）｜參考價格：JPY 92,000/m²（日
本旭硝子）

4
其他材料篇

FRP 板（纖維強化塑膠）

POINT

● FRP 是以合成樹脂與玻璃纖維為主原料，因此具有優良的強度與耐候性。格子狀的 FRP 格子板可用於隔間牆壁或樓梯踏板等。

FRP 板的特徵

FRP 是指纖維強化塑膠 (Fiber Reinforced Plastics) 又稱玻璃纖維。這種材料不但適用於系統衛浴或船舶等具複雜形狀的成形品，也能製造出板狀的產品。

主原料是聚酯樹脂與玻璃纖維，也有使用環氧樹脂製造的產品。因纖維補強的特性，使其具有高拉力、高抗彎強度，以及抗腐蝕、電絕緣性佳，還有即使遇熱尺寸變化也不大等特徵。然而，綜觀塑膠產品，雖然耐候性相當高，但長期使用於室外的話，表層的樹脂成分還是會受紫外線照射或雨水沖刷而分解，使玻璃纖維外露。另外，原料中的樹脂屬於可燃、不具耐火性。

以加工方面來看，其加工性佳，可用圓鋸或電鋸切割。只是切削面會露出玻璃纖維，所以要以砂紙打磨表面。還有，由於必須使用能適用於樹脂的底漆進行塗裝，因此施工前應尋求專業廠商或經驗豐富的塗裝業者的建議。有一點必須留意的是，FRP 是熱硬化性塑膠，所以在常溫、加熱的情況下是無法進行彎曲加工。固定時可用螺栓或鉚釘接合。

平板的一般尺寸規格是厚度 1.0 ～ 10 公釐、長寬為 910 × 1,820 公釐與 1,000 × 2,000 公釐。顏色除了有透明、乳白色以外，還有白色、綠色、黃色、紅色等。至於波浪板的波浪形狀則分成好幾種，寬度介於 660 ～ 960 公釐之間，依形狀而異。長度最長有 3,600 公釐，顏色有透明與白色兩種。

FRP 格子板

由於 FRP 格子板可單獨使用，所以用途相當廣泛。「LAGRACE」（日本旭硝子株式會社）是由 FRP 格子板與聚碳酸酯板合製成的複合板材，可用於地板與樓梯。「採光牆壁」、「採光地板」（AGC MATEX CO.,LTD）是承重牆或水平構面的補強材料。「採光牆壁」經過認證確定在 726 ～ 876 × 2,256 ～ 2,916 公釐（跨距 30 公釐）範圍內，具有 2.5 倍的剪力牆倍率。而「採光地板」則是以自主認證有 3.0 倍的地板倍率，可安裝在 910 × 1820 公釐的樑柱上。

FRP平板

玻璃纖維強化塑膠製成的平板。尺寸穩定，不太會隨溫度變化，具有強度。亦有白色的產品

Epolight 平板　灰色｜910×1,820 mm（2mm厚）（Nippon Polyester）

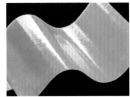
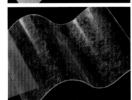

FRP波浪板

同左圖產品材料，製成波浪狀的產品。波浪大小共分成 4 種。照片上方是雪白色；下方是透明。亦有淺藍色的產品（接單生產品）

Epolight 波浪板　石板色　大波浪130波｜雪白／透明　寬 960mm、波浪之間的間隔 130mm（1mm厚）等（Nippon Polyester）

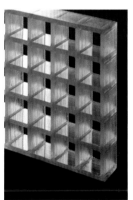

FRP熱壓積層板

在玻璃纖維製成的布表面塗上亮光漆，使其乾燥並重疊多片所製成的板材。從上下方加壓、加熱，使其硬化。亦稱為環氧玻璃

FRP　熱壓積層板　白色｜1,000×1,000mm（5mm厚）等｜參考價格：JPY 26,300/m²～（大阪高分子化學）

FRP熱壓積層板

與左圖為同產品、不同色系。因為環氧玻璃比其他樹脂素材硬，所以必須用鑽石刀切割

FRP　熱壓積層板　透明｜1,000×1,000mm（5mm厚）等｜參考價格：JPY 26,300/m²～（大阪高分子化學）

FRP格子板

FRP製成格子狀的產品（溝蓋）。產品性能除了有樹脂的耐水、耐藥、耐熱性之外，還具有玻璃纖維的機械強度

FRP 格子狀　FG4040（透明）｜3,007×1,007mm（40mm厚）｜參考價格：JPY 89,500/塊（CHUBU CORPORATION）

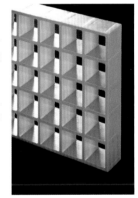

FRP格子板

與左圖為同產品、不同色系。因為成型時添入顏料到樹脂裡，所以看起來像塗裝不會剝落

FRP　格子狀　FG4040（淺灰色）｜3,007×1,007mm（40mm厚）｜參考價格：JPY 60,000/塊（CHUBU CORPORATION）

FRP格子板

與上圖為同產品、不同色系。利用樹脂著色可特製黑色。其他還有紅色或藍色等顏色。可接單生產指定顏色

FRP 格子狀　FG4040（黑色）｜3,007×1,007mm（40mm厚）（CHUBU CORPORATION）

FRP承重牆・補強材

具 FRP 強度的內裝用地板材料、牆壁材料。因製成格子狀，所以可透光

採光牆壁 FRP 部分的最大尺寸為876×2,916mm（30mm厚）｜參考價格：JPY 189,000/塊（含專用五金的費用）、採光地板 基本建材尺寸為786 × 1,686 mm（30 mm厚）｜參考價格：JPY 120,000/塊（不含專用支撐材、五金的費用）（CHUBU CORPORATION）

三聚氰胺貼面板

POINT

● 三聚氰胺貼面板是重疊含浸過樹脂的紙，經過高溫高壓成型的塑膠和紙的複合材料。廣泛用於家具飾面材料或桌子檯面等。

三聚氰胺貼面板

三聚氰胺貼面板分成高壓三聚氰胺貼面板（高壓美耐板）與低壓三聚氰胺貼面板（低壓美耐板）兩種。前者是高溫高壓壓製牛皮紙與含浸過三聚氰胺樹脂的影印紙，使其一體化、形成約 1 公釐厚的板材。然後再貼上合板或 MDF（中密度纖維板，俗稱密集板）等，可拿來做門板材料或檯面材料。一般指的三聚氰胺貼面板就是指這種板材。而後者是含浸過三聚氰胺樹脂的影印紙搭配粒片板（塑合板）或 MDF 之類的木質板材，經熱壓成型製成的產品。

三聚氰胺貼面板的表面硬度相當高，約為 8～9H[原注]，表面不易有傷痕。而且，耐藥品性也很優良，不但耐燃，當發生火災時也不會產生氯氣。耐用年限非常長，用於室內即使經過 30 年也只會褪色，並不會產生明顯劣化。

另外，搭配印刷與壓花等設計所呈現出的多彩、多樣化也是特徵之一，近年尤其盛行特別下單訂購具有獨創性的圖樣。

近幾年各家日廠都利用這種特徵，不斷地創新、追求獨有的機能性。例如「DECORA RIGEL」（Sumitomo Bakelite Co., Ltd.）就是以特殊的粒子塗膜技術來提升其耐磨耗性。還有，「CELSUS」（AICA 工業株式會社）則是採用特殊的表面處理技術，使指紋較不明顯。

板芯層材料的多樣性

當三聚氰胺貼面板張貼於檯面或門板上時，會特別在意板芯紙的側邊茶色層露出，與影印紙的顏色形成落差的情形。因此為了避免這種情形發生，板芯層通常會使用與影印紙同色系的紙材。如此一來，產品的表面顏色就會與橫斷面的色彩一致，看起來比較自然。

以目前的情況來看，雖然板芯紙材採用白色的頻率相當高，但各家日廠仍不斷地增加各種色彩。例如「MELAVAIO」（Nihon Decoluxe Co., Ltd.）是把特殊的板芯紙比照影印紙的製作方式，一樣都含浸過三聚氰胺樹脂，讓板芯紙材的色彩能與影印紙一致，一共有 58 種顏色可選擇。

原注：板材的表面硬度是以「H」為單位，數值愈大代表愈硬。聚酯貼面合板（聚酯裝飾板）的硬度約為 2～3H，而單板貼面合板的硬度則約為 1～2H 左右。

圖 三聚氰胺貼面板的結構

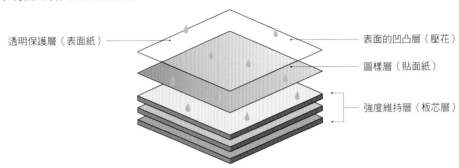

透明保護層（表面紙）
表面的凹凸層（壓花）
圖樣層（貼面紙）
強度維持層（板芯層）

三聚氰胺貼面板

照片是表面經過塗裝處理、有質感的產品。有豐富的圖案與色調

Aica Core C-6507BN ｜ 935×1,850 mm（1.2mm 厚）｜參考價格：JPY 13,860/ 塊（AICA 工業）

三聚氰胺貼面板

具有布紋般抽象圖樣的產品

Aica La Vie en JI-877KS22 抽象 ｜ 935×1,850 mm（1.2mm 厚）｜參考價格：JPY 8,280/ 塊（AICA 工業）

三聚氰胺貼面板的背面

以含浸過酚醛樹脂的牛皮紙製成的板芯紙模樣。可維持強度（AICA 工業）

三聚氰胺貼面板

可抗指紋（使指紋不明顯），且用植物油就可輕易擦拭乾淨的三聚氰胺貼面板「CELSUS」。不易反光。照片是具有皮革質感的產品

Celsus 皮革質感 TKJ6400 KT89 ｜ 935×1,850mm（0.95mm 厚）｜參考價格：JPY 8,280/ 枚（AICA 工業）

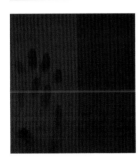

比較以往的產品

與照片中的左邊以往產品相比，右邊的 CELSUS 因採取特殊技法，所以可使指紋看來不明顯（AICA 工業）

比較以往的產品

與照片中的左邊以往產品相比，右邊的 CELSUS 因加深色彩後的鮮明圖樣，使光線的反射降低（AICA 工業）

三聚氰胺貼面板橫斷面

考量表面的圖樣與板芯層的顏色搭配，共有黃色、茶色、白色、灰色、黑色 5 色

AICA 高壓三聚氰胺貼面板 上 _ 棕色板 下 _ 黃色板（AICA 工業）

三聚氰胺貼面板橫斷面

選用合乎化妝面顏色的板芯層，使橫斷面與表面呈現一致顏色的產品。全部共有 58 色

MELAVAIO ｜ 928×1,840mm（0.9mm 厚）VAIO COLOR CORE DX-7471W ｜參考價格：JPY 7,200/ 塊（Nihon Decoluxe）

4
其他材料篇

鋁塑複合板

POINT
● 鋁與聚乙烯樹脂複合製成的鋁塑複合板不但耐氣候性或耐水性佳，且質輕又容易加工。經常被用於外壁或招牌、隔間牆壁等。

複合積層板是以鋁片等薄金屬片與聚乙烯樹脂製成的三明治夾板狀板材。因為質輕、加工性佳，且表面平滑又沒有色斑，再加上施工性良好，所以經常被用於內外裝或招牌使用。

複合積層板就像是結合鋁與樹脂兩者之優點的材料。雖然表面的鋁片厚度大約是 0.1 ～ 0.5 公釐，但因為施加了氟之類高耐候性樹脂的烤漆塗裝，所以耐候性或耐蝕性、耐汙性都相當優良。由於構造像三明治夾板，所以其線膨脹係數與兩面張貼鋁材的產品幾乎是大同小異，溫度變化時的尺寸安定性也頗優秀。還有，心材的聚乙烯樹脂是獨立發泡，使得耐水性相當出色。另外，也有可做成耐燃材的產品。

由於加工性佳，因此可使用直線鋸或裁板機、電動圓鋸做切削加工。雖然用線鋸也能進行曲線切削等加工，但因為切斷面的表面會變得相當粗糙，所以加工後必須用砂輪機或銼刀處理表面。當然也能用鑽床或電動鑽孔機、沖壓方式來加工。固定方法可採用金屬接合片或使用黏合劑、雙面膠固定。若是使用於室內裝潢的話，由於板材本身質輕，所以大膽採用黏合劑與雙面膠固定也無妨。不過，邊緣必須使用接合片或角鋼加以保護。

複合積層板的設計

在設計方面，大致可依據金屬種類和塗裝表現區別成兩大類，前者例如鋁和不鏽鋼等，後者則可透過顏色、光澤或壓花等凹凸面，呈現出各種不同的質感或者像打孔之類的模切表面。從上述種類大抵可列舉出「ALPOLIC」（三菱樹脂株式會社）、「PLAMETAL」（積水樹脂PLAMETAL）、「DELANIUM」（Sumitomo Bakelite Co., Ltd.）、「COLORACE」（福田金屬箔粉工業）等市售產品。

在尺寸規格上，以「ALPOLIC」來說，厚度有 2、3、4、6 公釐，庫存品中尺寸最大的有 1,220 × 2,440 公釐。還可以特別訂做尺寸或指定顏色。

圖 鋁塑複合板的構成

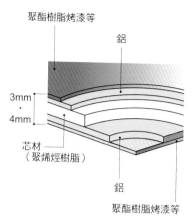

聚酯樹脂烤漆等

鋁

3mm
·
4mm

芯材
（聚烯烴樹脂）

鋁

聚酯樹脂烤漆等

PLAMETAL

表面做消光不鏽鋼感的烤漆塗裝處理。厚 3 mm 的產品有 10 種標準規格的顏色

PLAMETAL 不鏽鋼 PA-015 ｜ 910×1,820mm （3mm 厚）｜參考價格：JPY 14,400/ 塊（積 水樹脂 PLAMETAL）

PLAMETAL

亦有通過防火材料認證的產品。適用於指 定使用防火材料的場所

PLAMETAL FRC405-N90 ｜ 1,250×2,500mm （4mm 厚）｜參考價格：JPY 46,400/ 塊（三 菱樹脂）

ALPOLIC／fr 鏡面處理

表面貼有鋁製面材的產品。照片是鏡面處 理的範例

ALPOLIC /fr Reflective Finish fr 芯材 氧化鋁膜 處理｜ 1,220×2,440mm（3mm 厚）｜參考價 格：JPY 56,000/ 塊（三菱樹脂）

ALPOLIC／fr NEW BRIGHT

表面做白色的氟樹脂塗裝處理。防火材料

ALPOLIC 潔白 P fr 芯材 兩面聚酯貼面合板 ｜ 1,220×2,440mm（3mm 厚）｜參考價格： JPY 32,200/ 塊（三菱樹脂）

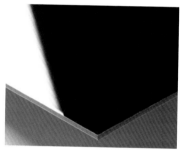

ALPOLIC／fr NEW BRIGHT

表面做黑色的氟樹脂塗裝處理。防火材料

ALPOLIC 鋼琴黑 P fr 心材 單面聚酯貼面合板 ｜ 1,220×2,440mm（3mm 厚）｜參考價格： JPY 32,200/ 枚（三菱樹脂）

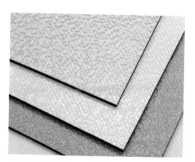

COLORACE／哈密瓜紋路

兩面施加哈密瓜紋壓花處理。有光澤與無 光澤（消光）的產品都有

COLORACE 下 _ 米黃色 M 雙面哈密瓜紋、上 _P 不鏽鋼色 M/ 棕色 M 雙面哈密瓜紋｜ 910×1,820mm（3mm 厚）等｜參考價格： JPY 11,000/ 枚（福田金屬箔粉工業）

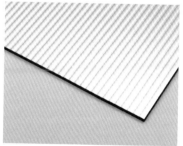

COLORACE／蛇腹紋

兩面施加蛇腹紋壓花處理

COLORACE C201L-F 銀色蛇腹紋｜ 910× 1,820mm（3mm厚）等｜參考價格：JPY 7,500/ 枚（福田金屬箔粉工業）

Metacolor

在有光澤的金色表面上施加噴砂處理（珠 擊法）。圖樣與色系相當多樣

Metacolor SKWR SB-HANA ｜ 914×1,829mm （2mm 厚）｜參考價格：JPY 50,000/ 枚（積 水樹脂 PLAMETAL）

塑膠板的施工與收整

POINT

● 以住宅用材來看，三聚氰胺貼面板是廚房的裝潢材料，而中空的聚碳酸酯板則大多用做拉門等隔間門窗的材料。

三聚氰胺貼面板的施工

三聚氰胺貼面板一般大多被拿來做成家具等的飾面材料，但用於住宅內裝方面，也常貼在矽酸鈣板等基材上做為用水區域的裝潢材料。產品裡也有獲得防火材料認證、稱為「廚房專用板材」的品項。廚房專用板材必須由工匠或廚具系統業者施工。

施工作業在木工工程結束後進行，與其他室內裝潢工程做接合時應格外小心謹慎。施工現場的注意事項有：因為板材是以 3×8 板材（910 × 2,425 公釐）為主，所以現場必須有可以裁切板材的場所、板材裁切時會產生許多細小的粉塵，因此最好使用具有集塵機能的圓鋸等。

基底採用石膏板或合板，並以專用的黏合劑搭配厚雙面膠鋪設而成。接縫處使用鋁製的收整材，或者留下 3 公釐左右的空隙以密封材料收整。雖然後者的完成面看起來較為簡潔，但若是牆壁嚴重變形的話會使施工變得困難。此外，收整材用於裝修現場較無疑慮。只是，用圓鋸裁切時，需注意刀刃是否夠銳利，若刀刃太鈍，裁切面就容易出現細小缺角，這點必須留意。

做為家具的飾面材料使用時，若為一般產品的話，其斷面可見基材的酚醛樹脂黑色層，因此「張貼」的感覺會過於明顯。為了避免發生這樣的情況，可選用與表面同樣顏色的板芯材。雖然橫斷面也能用橫斷面專用膠帶遮掩，但還得設法防止膠帶脫落，不如使用同色調的板芯材、並做倒角處理來得簡單。張貼三聚氰胺表面的工程是在工廠進行，是使用黏合劑並以空壓壓床加壓黏著。

聚碳酸酯板的施工

除了上述以外，住宅使用的塑膠產品還有聚碳酸酯板。中空型產品等適合做成內部用的木製隔間門窗材料等使用。做法為嵌入厚度 4、6、10 公釐之類的框中，並以木板壓條固定。由於橫斷面呈現中空，為了使密封材料避免過於內置，內部可適當地填充填縫材。

圖 1 用於廚房的三聚氰胺貼面板

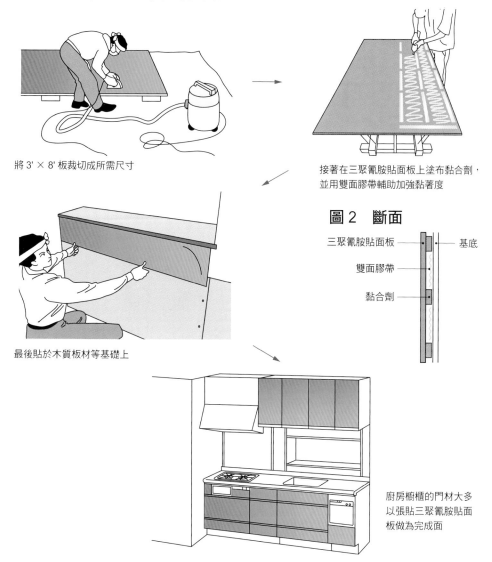

將 3' × 8' 板裁切成所需尺寸

接著在三聚氰胺貼面板上塗布黏合劑，
並用雙面膠帶輔助加強黏著度

圖 2 斷面

三聚氰胺貼面板 ── 基底
雙面膠帶
黏合劑

最後貼於木質板材等基礎上

廚房櫥櫃的門材大多
以張貼三聚氰胺貼面
板做為完成面

圖 3 中空聚碳酸酯板的施工範例

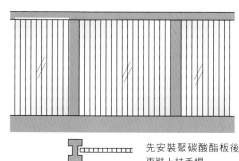

先安裝聚碳酸酯板後
再裝上扶手桿

圖 4 聚碳酸酯板用於地板表面處理
的範例（2F）

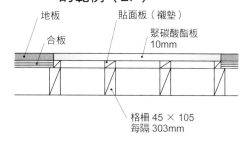

地板　　貼面板（襯墊）
合板　　聚碳酸酯板
10mm

格柵 45 × 105
每隔 303mm

基本上只會放在格柵上形成浮動地板

PVC 壁紙的製造工程

POINT

● PVC 壁紙是將滾輪壓延製成的塑膠片貼於襯紙製成半成品，並在半成品上進行印刷與打印，最後通過檢驗、製成卷材的產品。

PVC 壁紙的原料與製法

PVC 壁紙是混合聚氯乙烯（Poly Vinyl Chloride，縮寫 PVC）樹脂、填充劑（碳酸鈣等）、可塑劑、安定劑、著色劑（鈦等）等製成的壁貼。

PVC 壁紙是引發病態建築症候群的要因之一。雖然主要的問題在於施工用的接著劑，但紙力增強劑與阻燃劑使用的三聚氰胺類藥劑，其羥甲基在加水分解時也會釋放出微量甲醛。由於現在已廢止了阻燃劑的添加，而且也把紙力增強劑替換成丙烯醯胺系藥劑，所以病態建築症候群的問題總算獲得解決。

另外，同樣重視的問題還有印刷墨水揮發的 VOC（揮發性有機化合物）。由於以往大多是採用油性墨水，而用來溶解那些墨水的溶劑會揮發 VOC。因此，現在已改用水性（水＋酒精）墨水。對 PVC 壁紙引發病態建築症候群的對策如上述，幾乎極為完善。

PVC 壁紙的製造方法

接著說明它的製造工程。首先，把滾輪壓延製成的塑膠片張貼在襯紙上。到這個步驟的稱為半成品。然後在半成品上進行印刷與打印（壓花），最後經檢驗後製成卷材。

裝飾層的製造工程有各式各樣的方式。這個工程可採用壓延法（calendaring）與塗膜法（coating method），壓延法是把原材料充分混練後，以一種壓延用的金屬滾輪壓延製成薄片。之後，在貼有薄片與襯紙的半成品上印刷、壓花便大功告成。以此種方法製成的壁紙，基本上強度比塗膜法的高。

塗膜法是把溫和配方的聚氯乙烯樹脂漿平均塗抹在襯紙上，然後以加熱爐使其發泡，並同時凝固成半成品。製成半成品後的加工方法與壓延法相同。順帶一提，彈性地板也是以此種製法製成。

圖 1 PVC 壁紙的製造工程

<採用壓延法時>

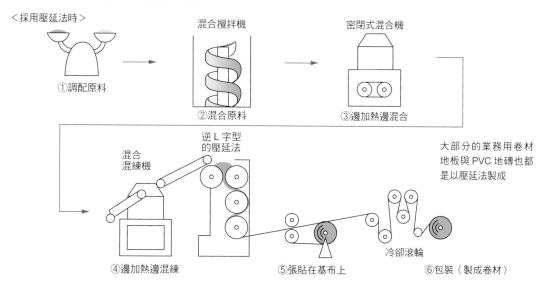

混合攪拌機

密閉式混合機

①調配原料

②混合原料

③邊加熱邊混合

逆 L 字型
的壓延法

混合
混練機

大部分的業務用卷材
地板與 PVC 地磚也都
是以壓延法製成

冷卻滾輪

④邊加熱邊混練

⑤張貼在基布上

⑥包裝（製成卷材）

<採用塗膜法時>

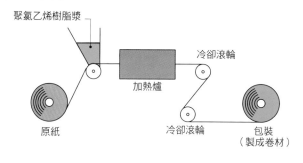

聚氯乙烯樹脂漿

冷卻滾輪

加熱爐

原紙

冷卻滾輪

包裝
（製成卷材）

圖 2 PVC 壁紙的構成

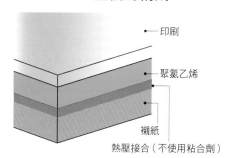

印刷

聚氯乙烯

襯紙

熱壓接合（不使用粘合劑）

原材料為聚氯乙烯樹脂。也可稱為聚氯乙烯
壁紙或乙烯基壁

圖 3 紙質壁紙的製造工程

表層紙（木漿紙、和紙、洋麻、月桃紙等）

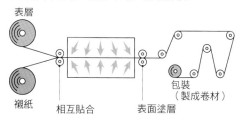

表層

襯紙

相互貼合

表面塗層

包裝
（製成卷材）

凹版印刷加工與壓花加工必須在貼合工程前實施於表層紙上

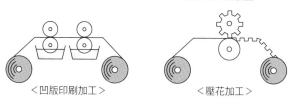

<凹版印刷加工>

<壓花加工>

圖 4 紙質壁紙的構成

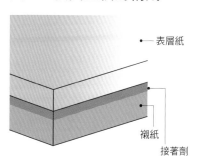

表層紙

襯紙

接著劑

紙質壁紙是以接著劑把可展現設計
性的表層紙與襯紙相互貼合構成

PVC 壁紙

POINT

● PVC 壁紙可分成便宜的量產款壁紙與具有豐富設計樣式的型錄款壁紙。後者當中也有厚度較厚、用於凹凸不平的基底也不易凸起的裝修用壁紙。

PVC 壁紙是壁紙的一種，是在滾輪壓延製成的塑膠片上張貼襯紙，然後在其表面施加印刷或打印製成的材料。款式可分成量產款壁紙與型錄款壁紙[譯注]，前者產品在設計上的選擇性少，所以較為便宜；後者則選擇性多，因此稍微貴些。

在型錄款壁紙當中，也有厚度較厚的裝修用壁紙，這類壁紙用於凹凸不平的基底時不太容易產生凸起現象。因此，裝修現場的基底狀態較差時，建議從這類當中挑選。

壁紙的潮流

一般日本住宅使用的 PVC 壁紙當中，最受歡迎的是響應北歐家具潮流、灰色又帶有消光質感（消光灰）的產品。只要在單色壁紙上搭配同色系的圖案就可創造出北歐風的裝潢設計。同樣地，和紙風格的壁紙的人氣也逐漸高漲，這種風格的壁紙，大多用於大面積，以米黃色系的產品最受歡迎。

還有，近年來把電視櫃背面等設計成主題牆（重點牆）的案例愈來愈多，因此採用壁紙做為主題的比例也隨之增加。其中，最具代表性的是透過「立體製法」（在接著劑上撒上粒子，然後加熱使粒子發泡，藉此產生立體感的製法）與「植絨加工」（使樹脂層產生靜電，然後把纖維垂直插入的加工法）創造出圖樣的產品等。

另外，像洗臉台或廁所等地方所選用的壁紙，也愈來愈偏向選擇纖維系等自然質感上帶有金蔥線、看起來金光閃閃的樣式。

再者，過去從產品或施工用膠材中釋放出甲醛而轟動一時的問題，也因為材料改良而獲得平息。現在，幾乎所有的產品都已符合日本 JIS A 6921 中規定的「甲醛 0.2m g/ℓ 以下」條件。而且，日本壁紙工業會訂立的 SV 規格也已普及。這是近似於德國 RAL 規格的品質基準，有氯乙烯單體或重金屬的規定。

譯注：型錄款壁紙不僅花色豐富多樣且具有機能性，日本稱為 1000 號壁紙。

PVC壁紙　素色

近年來較具人氣的些微色差的產品。北歐風

FE4166 有效寬度 920mm ｜ 參考價格：JPY 1,090/m² （SANGETSU）

PVC壁紙　圖樣

表面有低彩度、色彩看起來相當沉穩的圖案。與左圖產品等同色系素面非常相襯

FE4161 有效寬度 920mm ｜ 參考價格：JPY 1,090/m² （SANGETSU）

PVC壁紙　素色

普遍採用的白色素面產品。近年來較受歡迎的是灰色調且帶有些微色差的白色產品

SG837 有效寬度 920mm ｜ 參考價格：JPY 1,090/m² （SANGETSU）

PVC壁紙　泥作風格

以立體製法使粒子發泡，然後將表面製成像泥作剝落紋理的樣子

SG1687 有效寬度 920mm ｜ 參考價格：JPY 1,090/m² （SANGETSU）

PVC壁紙　附晶鑽

具有金蔥質感的表面，裝飾有施華洛世奇®元素的產品。此為一張壁紙上附有 350 顆鑽石的設計

晶鑽設計 SG178 寬 900×3,000mm ｜ 參考價格：JPY 50,000/張（SANGETSU）

PVC壁紙　紡織風格

像麻一樣的紋路，看起來像是大型編織物的產品

SG959 具有調節空氣機能 有效寬度 920mm ｜ 參考價格：JPY 1,090/m²（SANGETSU）

PVC壁紙　和紙風格

色調像手工抄製的和紙。日本傳統雅素系列

日本色彩（顏色）SG762 有效寬度 920mm ｜ 參考價格：JPY 1,090/m²（SANGETSU）

PVC壁紙　石紋風格

刻有細微縱向直線、表面看起來像石灰華的產品

SG1678 有效寬度 925mm ｜ 參考價格：JPY 1,090/m²（SANGETSU）

PVC 壁紙以外的壁紙

POINT

● PVC 壁紙以外的壁紙，除了 OUGAHFASER 等塗裝基底壁紙之外，還有矽藻土壁紙、和風壁紙、灰泥壁紙等。

在 PVC 壁紙以外的壁紙當中，塗裝基底壁紙較常被使用。其中，混雜有木屑的積層產品也很受歡迎。這款產品不含黏合劑等化學物質，每一層都是以壓接的方式把木屑與再生紙壓製成一體化。原本基底應該是水性塗料，但為了順應潮流，大多都會混雜木屑，藉此創造出更多豐富的表情。

其中以德國 OUGARANA 公司的「OUGAHFASER」與德國 Erfurt 公司的「Runafaser chips」最具代表性。另外，在高質感的壁紙當中，也有在襯紙上張貼和紙的和式壁紙。由於這種壁紙大多採用以機械連續抄製而成的長條型和紙，所以進貨時都是捲筒狀的產品。為了凸顯和紙的質感，有些產品還會添加稻稈與麻等。以壁紙價格來看是屬於高價的產品。

高質感的自然系壁紙

另一方面，雖然數量極少，也有把襯紙貼在手工抄製和紙上的產品。這種產品大多在和紙上以塗漆等附加表面裝飾，做為整體重點。價格上也相當昂貴。還有用紙製成線所編織而成的壁布或軟木壁紙等，這些都是具有高質感的自然系壁紙。前者是使用日本出產的素材，適合搭配復古設計。

另外，矽藻土壁紙也相當受歡迎。這是在襯紙上製造一層混合樹脂和矽藻土的混合層，然後在這層混合層上方進行印刷或塗膜的產品。表面上微細的凹凸在光線的照射下會產生漫射效果，能營造出自然氛圍。而且不易察覺壁紙的接縫處。矽藻土壁紙除了設計上的效果之外，也有很多訴求調節溼氣性能的產品，不過，因為矽藻土的厚度大約只有 0.5 公釐左右，所以不具有等同於牆壁的效果。

其他還有稱為灰泥壁紙（灰泥健康壁材）的產品。這是在襯紙上塗布一層消石灰的產品。雖然施工難度偏高，但這是較容易獲得灰泥獨特質感的方法。

以機能性的觀點來看，雖然一般大眾的目光多聚焦在 PVC 壁紙上，但除此之外的其他產品，如高耐久性的產品、防塵型的產品、具有告示機能的產品、或附有磁石的產品等，種類繁多、應有盡有。

織物壁紙

表面像碎花紋般的產品

SG82 有效寬度 960mm ｜參考價格：JPY 6,200/m² （SANGETSU）

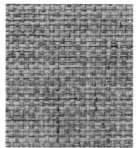

壁布

利用染色紙線編織成的壁布

壁布 SG237 有效寬度 920mm ｜參考價格：JPY 5,170/m² （SAN-GETSU）

和紙壁紙

以麻、楮、鋸屑手工抄製而成的和紙壁紙

SG186 有效寬度 920mm ｜參考價格：JPY 3,370/m² （SAN-GETSU）

和紙壁紙

以楮樹（構樹）、鋸屑、稻稈手工抄製而成的和紙壁紙。色彩加深後，看起來有土壁感

玄 SG195 有效寬度 920mm ｜參考價格：JPY 2,830/m² （SAN-GETSU）

軟木壁紙

把切成薄片的軟木張貼在壁紙上的產品。軟木切割的形狀相當具有衝擊力

軟木壁紙 SG311 有效寬度 900mm ｜參考價格：JPY 6,450/m² （SAN-GETSU）

月桃紙壁紙

從產自於日本沖繩的原生植物月桃的莖中取出纖維，加入紙漿中製成的壁紙

月桃和紙 椪樹 L11A ｜920mm×50 m ｜參考價格：JPY 1,400/m （日本月桃 /KISHIMOTO）

木屑紋壁紙

使用再生紙與木屑製成的塗裝基底壁紙。木屑的大小尺寸分成 3 種，顏色則有 10 種。照片是天然塗料等灰泥風的產品

OUGAHFASER 混合 DKMG ｜750mm×75m ｜參考價格：JPY 19,152/ 捲（含稅）（Livos）

木屑紋壁紙

與左圖同為塗裝基底壁紙。照片是在長纖維的紙上壓花。具有柔和的立體感

Runafaser 帶狀裝飾 ｜750mm×125 m ｜參考價格：JPY 26,250/ 捲（含稅）（日本 Runafaser）

調濕壁紙

添加矽藻土的壁紙。具有調節溼氣，張貼在石膏板上使用時不易結露

矽藻土 聚樂土 SG263 有效寬度 920mm ｜參考價格：JPY 1,090/m² （SANGETSU）

耐水性壁紙

塗布特殊樹脂，使用有添加玻璃纖維的襯紙，是相當耐溼氣的壁紙

耐水性 SG1781 有效寬度 920mm ｜參考價格：JPY 1,960/m² （SAN-GETSU）

耐久性壁紙

表面以特殊膠膜強化的產品。耐刮，強度比一般的 PVC 壁紙強 10 倍。適用於養寵物的家庭

SG1803 有效寬度 920mm ｜參考價格：JPY 1,090/m² （SANGETSU）

具告示機能的壁紙

由於具有彈力且復元力強，能使圖釘痕跡較不顯眼

Sanform 點陣式 SG1856-1 有效寬度 920mm（0.85mm 厚）｜參考價格：JPY 2,070/m² （SAN-GETSU）

4 — 其他材料篇

和紙

POINT
● 和紙是以構樹與三椏等韌皮纖維為主原料的紙，依照不同的原料和製法，其品質與外觀是形形色色。另外，表面加工方法也相當豐富，有染紙、浮水印或皺紋紙等。

和紙是指以構樹與三椏、雁皮等韌皮纖維（從植物的莖或幹等韌皮部位抽出的纖維）為主原料的紙。以日本現況來看，韌皮纖維幾乎都是靠進口輸入，所以大多也採用木漿製成。製造時為了使纖維能夠分散於水中，以往會採用一種稱為「黃蜀葵」的黏液，現在則是以聚氧化乙烯之類的化學萃取材料為主。

多彩的表面加飾

製造方法大致上可分成手工抄紙與機械抄紙兩種。手工抄紙也稱為「搖動抄紙」，這是把黏液混入韌皮纖維中製成紙漿，然後用紙篩舀起紙漿並搖動整體，使紙漿均勻地平鋪成一層的方法。而機械抄紙則是把上述方法改成機械化，可連續生產長度較長的紙。一般來說，機械抄紙所生產的方格紙表面都相當均質，有些產品透過線條，也能呈現出手工抄紙特有的質感。

尺寸上，手工抄紙的尺寸是取決於紙篩的大小。但紙篩不但依地區而異，而且依照紙的用途也各有所不同。小尺寸為 67 × 136 公釐、中尺寸為 97 × 188 公釐、最大的尺寸有 212 × 273 公釐。機械抄製的和紙原理上可以無限長，但目前市面上流通的尺寸是以符合用途的尺寸為主。

以室內裝潢為前提的表面加飾可列舉出三種。第一種是染紙，這是指經過草木染或顏料染的素紙。第二種是浮水印（又稱浮水染或浮染），這是混入植物纖維等，使紙張具備特徵的手法。其中，最有名的是表面散布著長纖維的「雲龍紙」。第三種則是皺紋紙，這是把和紙揉出皺摺，呈現出類似布的柔軟質感。另外，也有在揉搓紙張之前，先塗上澀柿以強化表面的做法。

在石膏板上張貼和紙時，應考慮紙張的伸縮性，基底以「袋貼」的方式進行張貼。「袋貼」是指在紙張的四周塗上漿糊黏著、且中央部位呈中空狀態的浮貼方法。以袋貼方式張貼的紙張，其邊緣須採用沾水手撕方式，先用水浸溼和紙相互垂直的兩邊，再以手指頭撕開，使邊緣厚度因呈現不規則纖維絲狀而變薄，如此一來紙張接縫處就不會那麼明顯。

上漆和紙壁紙

在構樹和紙上塗漆的產品。具防水性能，適用用水區域壁面

上漆和紙 W-004 春慶 楮紙 漆塗裝｜630×930mm｜參考價格：JPY 5,800/ 張（KISOARTECH）

構樹和紙壁紙

將膠與顏料混合並塗在構樹和紙的產品。如日本畫般的色彩

色彩和紙 W-039 630×930mm 等｜參考價格：JPY 3,300/ 張（KISOARTECH）

構樹和紙

與左圖同樣的和紙。如木棉一般的柔和印象。可用同色系的彩色和紙來調整色彩濃淡。膠的彈性，可提升紙張的耐久性

色彩和紙 W-055 630×930mm 等｜參考價格：JPY 3,300/ 張（KISOARTECH）

機械抄製和紙

原料是楮、再生舊紙、鋸屑、稻稈，以機械抄製而成的產品。照片是壁紙背面的保護層。共有 7 種色調

A-WALL 玄｜AW-1008 寬 940mm｜參考價格：JPY 2,200/m（Awagami Factory）

機械抄製和紙

原料是燈芯草與構樹、構樹表皮，以機械抄製而成的產品。做為壁紙用。看起來相當素雅

A-WALL 由下至上 _OSUSA AW-1044（構樹、燈芯草、再生舊紙）寬 940mm｜參考價格：JPY 2,500/m、塵 AW-1040 （楮、楮表皮）寬 940mm｜參考價格：JPY 2,300/m（Awagami Factory）

機械抄製和紙

原料是麻與再生舊紙，以機械抄製而成的產品。做為壁紙用。共有 4 種色調

A-WALL 芭蕉｜由下至上 _ AW-1026、AW-1028 寬 940mm｜參考價格：JPY 2,300/m（Awagami Factory）

機械抄製和紙

原料是稻稈與再生舊紙，以機械抄製做為的產品。做為壁紙用。看起來有如粗抹壁。共有 7 種色調

A-WALL 棕櫚 ｜由下至上 _ AW-1007、AW-1003 寬 940mm｜參考價格：JPY 2,500/m（Awagami Factory）

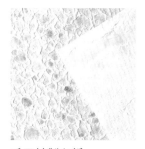

手工抄製和紙

以構樹為原料，由工匠手工製造的和紙。純白色具有透明感

手工抄製和紙 1,000 × 2,000 mm 由下至上 _ 流水（小）TE-1053｜參考價格：JPY 42,000/ 張、構樹 TE-1059 ｜參考價格：JPY 45,000/ 張（Awagami Factory）

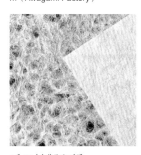

手工抄製和紙

以構樹與麻為原料的和紙。具有柔和色彩。光線照射下，麻的纖維看起來有如剪影

手工抄製和紙 由下至上 _TE-1057 麻落水（大）｜參考價格：JPY 45,000/ 張、TE-1055 麻 ｜參考價格：JPY 42,000/ 張、1,000 × 2,000 mm（Awagami Factory）

手工抄製和紙 雲龍紙

製造時混入構樹的長纖維。依照混入的纖維量可創造出各種表情。照片是些微透光的產品

春木紙（雲龍）白 620×980 mm｜參考價格：JPY 1,312/ 張（含稅）（紙之溫度）

手工抄製和紙 雲龍紙

這也是雲龍紙。製造時混入彩色的小紙片，看起來相當可愛

有毛邊的七夕和紙 寸尺多樣 290×400mm｜參考價格：JPY 126/ 張（含稅）（紙之溫度）

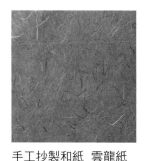

手工抄製和紙 雲龍紙

這也是雲龍紙。水藍色與紫色的構樹長纖維形成美麗圖案

多色雲龍紙 青 13 650×970 mm｜參考價格：JPY 252/ 張（含稅）（紙之溫度）

貼面板

POINT

● 貼面板是在印有圖樣的 PVC 板上張貼 PVC 透明膜的產品。不但抗衝擊性或耐汙性比 PVC 壁紙強，且耐久性或耐水性也較良好。

貼面板也稱為 PVC 硬質板（聚氯乙烯硬質板），這是在 PVC 板上印刷圖案，然後再貼上 PVC 透明膜的產品。產品背面塗有背膠，可直接張貼在家具或牆壁、天花板等處。印刷層上可印刷木紋或石紋等圖樣，除此之外還有超過數百種的圖樣種類可選擇。

因為 PVC 硬質板就如同產品名一般，是硬質的 PVC 產品，所以比起 PVC 壁紙更不容易受損或附著髒汙，耐久性或耐水性也相當優良。還有取得防火材料認證的產品。另外，也有用聚烯烴樹脂取代聚氯乙烯的產品，但以現成的建材來說，PVC 硬質板才是主流。

貼面板的表面處理優劣須視基底而定。平坦又乾燥是最理想的狀態，最好是多一層底漆處理，效果更佳。

張貼時，必須先確認張貼位置，然後把離型紙撕下，邊注意是否有氣泡殘留邊抹平服貼。接縫處先重疊後再裁切，並留意接縫處不可翹起仔細壓緊，養護時也應避免急速的溫度變化。

圖板

圖板是類似貼面板的材料。透過特別下單可印刷所需的文字或圖樣，所以經常被用於招牌或店鋪內的室內裝潢。雖然 PVC 硬質板是主流，但也有用特殊聚氨酯（優麗旦）或聚烯烴製成的產品。

印刷方式有孔版印刷與噴墨印刷兩種。由於孔版印刷的墨水厚度較厚，所以色彩對比高，圖樣清楚可見。只不過圖樣細部容易發生墨水堆積等現象。至於尺寸，最大可對應到 1,800 × 900 公釐左右。

圖板進行噴墨印刷的原理與一般的噴墨印刷相同。室外用的圖板會選用耐候性高的油性墨水，室內用的則會選水性墨水。目前的技術不僅在對比上相當一致，就連圖樣細部的呈現也都有一定的水準。顏色是採 CMYK[譯注]調配，尺寸必須視印刷來決定，但寬度可對應到 1 ～ 1.5 公尺左右。

板材性能取決於墨水的樹脂，氟樹脂系的墨水是最具耐久性、且耐候性很高的材料。另外，也有用來保護印刷層的透明膠膜。

譯注：CMYK 是指印刷四原色（CMYK color model）。這是彩色印刷時採用的一種套色模式，主要是運用三原色原理（黃、品紅、青）加上黑色油墨，把四種顏色混合疊加形成各種複雜的顏色。四種標準顏色分別是 C 代表青色（Cyan）、M 代表品紅色（Magenta）、Y 代表黃色（Yellow）、K 代表（Black）黑色。

貼面板 仿木紋

表面是胡桃木的木紋圖樣。透過
「SUPER GLOSS COATED」
特殊塗膜，讓輕微擦撞痕跡不明
顯的做法

Reatec TC7255 胡桃木 直紋 橫線
條 寬 1,220mm/50m 卷｜圖案重複
範圍：縱向 642× 橫向 1,240mm｜
參考價格：JPY 5,800/m² （SAN-
GETSU）

貼面板 仿木紋

表面的木紋圖樣像是用鋸齒鋸過
的闊葉樹榆木（日本榆樹）

Reatec 粗鋸齒狀的榆木 TC7236 寬
1,220mm/50m 卷｜圖案重複範圍：
縱向 1,294× 橫向 790mm｜參考價
格：JPY 5,800/m²（SANGETSU）

貼面板 仿木紋

表面是楓木鳥眼紋的木紋圖樣

Reatec New Birdseye 楓木 鳥眼紋
TC7213 寬 1,220mm/50m 卷｜圖案
重複範圍：縱向 774× 橫向 600mm
｜參考價格：JPY 5,800/m²（SAN-
GETSU）

貼面板 仿木紋

表面是槭樹捲曲紋的木紋圖樣。
透過特殊塗膜「SUPER GLOSS
COATED」可有如聚氨酯塗裝的
光澤

Reatec 歐洲槭樹 直紋 TC7251 寬
1,220mm/50m 卷｜圖案重複範圍：
縱向 816× 橫向 400mm｜參考價
格：JPY 6,500/m²（SANGETSU）

貼面板 仿金屬質感

表面如不鏽鋼振動研磨處理後的
質感

Reatec 金屬色彩 GRINDER CIRCLE
TC7456 寬 1,220mm/50m 卷｜參考
價格：JPY 6,800/m²（SANGETSU）

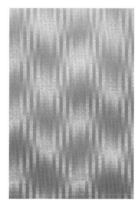

貼面板 偏光型

表面是有規律方向的細線條，偏
光下看起來就像雲紋綢（一種有
波紋的絲綢）

Reatec 娛 樂 風 格 AURORA WAVE
TC7485 寬 1,220mm/50m 卷｜參考
價格：JPY 6,800/m²（SANGETSU）

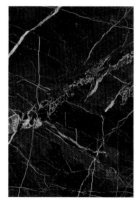

貼面板 仿石紋

表面如研磨處理後的黑色大理石
圖樣

Rreatec 大 理 石 風 格 TC7563 寬
1,220mm/50m 卷｜參考價格：JPY
6,800/m²（SANGETSU）

貼面板 仿塗漆

表面呈漆黑有光澤的色調

Rreatec 日 本 風 格 漆 TC7574 寬
1,220mm/50m 卷｜參考價格：JPY
6,800/m²（SANGETSU）

壁紙的施工與收整

POINT

● 貼壁紙是使用上膠機，一面在壁紙背面上膠、一面張貼於牆上。為了避免事後剝落，施工時應仔細謹慎。

由室內裝潢業者負責施工

壁紙的施工工程是在木工工程結束後進行。雖然一般會由專賣壁紙的室內裝潢業者施工，但也可由和室拉門或紙糊橫拉窗等裱褙工匠負責。以日本的新建住宅來說，一個工匠一天可張貼三間六張榻榻米大小的房間。但若是裝修工程，由於基底處理較花費時間，所以施工時間大約是新建住宅的兩倍左右。在施工現場準備一台自動壁紙上漿機，邊塗上膠水邊黏貼。當裝修面積較小時，壁紙可先在作業場所把漿糊塗好，然後放入塑膠袋內，搬到施工現場使用。

基底處理的重要性

現場作業是從修補處理（補土）開始，石膏板的接縫處或螺絲孔先以較粗的補土補滿，再用細補土把表面抹平。最後，表面再以砂紙研磨成平滑面。當工期時間緊迫時，補土也可混入硬化劑加快施工速度。即使遇到像塗裝基底不平，壁紙也不會因此凸起，所以不易對完成面造成問題。若

是以合板為基底時，建議採用厚度 5.5 公釐以上的合板較好。因為合板的厚度若太薄，壁紙乾燥時，很容易因收縮而形成波浪形的表面。還有，石膏板很容易因人或物品的撞擊而產生缺損，所以石膏板的牆外角最好用合板或塑膠製的 L 型補強材補強。

壁紙大部分都是製成寬度約 920 公釐的卷材。由上往下張貼時，接縫部分必須重疊，然後檢查兩邊的圖案是否有互相銜接，再用刀片和尺切割。切割後，為了讓接縫處較不明顯，可使用接縫壓平滾輪滾壓。過程中必須注意以下兩點：一是牆外角不可有壁紙的接縫，否則容易剝落，二是壁紙的接縫不可與石膏板等基底材的接縫重疊。壁紙邊緣切割後可不做任何處理，但如果會產生縫隙的話，要以壁紙接縫膠等黏貼。面與轉角的接合處與其他材料一樣，必須使用收整材輔助，才不容易剝落。

壁紙具有上漿時延伸；乾燥時收縮的特性。因此太過急速乾燥會造成接縫寬度變大[原注]，這點務必留意。

原注：若是進行有人居住的裝修現場時，施工後應以空調或電風扇通風一晚。

圖 1　不鏽鋼板用於廚房檯面板的張貼方法

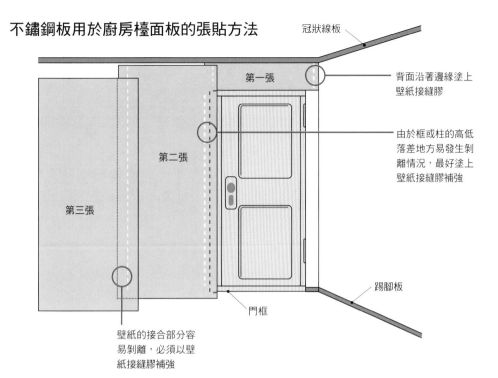

冠狀線板

第一張

背面沿著邊緣塗上
壁紙接縫膠

由於框或柱的高低
落差地方易發生剝
離情況，最好塗上
壁紙接縫膠補強

第二張

第三張

踢腳板

門框

壁紙的接合部分容
易剝離，必須以壁
紙接縫膠補強

圖 2　防止壁紙接縫的膠帶張貼方法

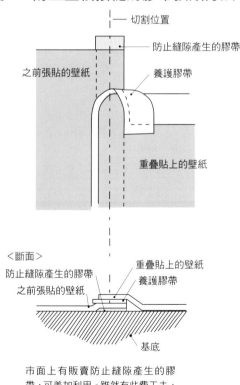

切割位置

防止縫隙產生的膠帶

養護膠帶

之前張貼的壁紙

重疊貼上的壁紙

＜斷面＞

防止縫隙產生的膠帶
之前張貼的壁紙

重疊貼上的壁紙
養護膠帶

基底

市面上有販賣防止縫隙產生的膠
帶，可善加利用。雖然有些費工夫，
但可長時間維持

圖 3　不考慮圖案重複範圍的切割方式

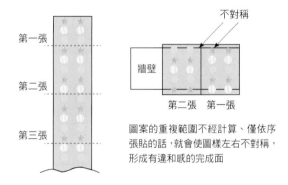

第一張

第二張

第三張

不對稱

牆壁

第二張　第一張

圖案的重複範圍不經計算、僅依序
張貼的話，就會使圖樣左右不對稱，
形成有違和感的完成面

圖 4　考慮圖案重複範圍的切割方式

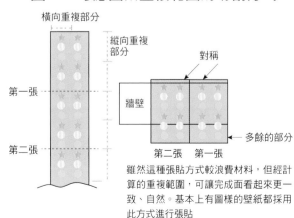

橫向重複部分

縱向重複
部分

對稱

第一張

牆壁

第二張

多餘的部分

第二張　第一張

雖然這種張貼方式較浪費材料，但經計
算的重複範圍，可讓完成面看起來更一
致、自然。基本上有圖樣的壁紙都採用
此方式進行張貼

4

一
其
他
材
料
篇

地毯

POINT

● 市面上流通的地毯有國外進口、製造上相當費工夫的威爾頓地毯，以及日本國產、生產效率高的簇絨地毯。

地毯有許多種製造方法，市面上的流通品大多是威爾頓地毯（Wilton Carpet）與簇絨地毯（Tufted Carpet）。

威爾頓地毯是十八世紀中期英國威爾頓地區開發的機織地毯，這是同時編織基布（編織毛線的布）與毯面纖維（毛面）的製法。不但毯面纖維的密度高，耐久性也十分優良。日本的進口品大多是採用這種製法製造。由於製造上很花費時間，所以成本高。施工方法是採用在地毯下方鋪設氈製基底材料的卡條式工法[譯注]。

簇絨地毯的做法則是把毯面纖維植入聚丙烯纖維的基礎底布上，然後塗上橡膠乳膠以防止毯面纖維脫落，甚至還有張貼兩層基礎底布的黃麻地毯等。因為這種地毯的生產效率高，所以價格便宜。日本的國產品大部分都是採用這種製法。施工方法可採取滿鋪工法或卡條式工法固定。

除上述產品以外，其他還有方塊地毯等。這是在基布上植入毯面纖維，然後貼上聚氯乙烯基材並製成磚狀的產品。一般尺寸是 450 公釐方形、500 公釐方形。方塊地毯主要用於辦公室空間，基本上都是採用滿鋪工法施工。而住宅用的則以雙面膠帶或黏性膠帶加以固定的簡易工法最為方便。

毯面纖維的材質與形狀

地毯質感視毯面纖維的材質與形狀、長度、密度而定。住宅用的地毯除了使用聚丙烯纖維和尼龍等化學纖維以外，也有使用毛料、綿等天然素材。質感上以天然素材取勝[原注]，但維護上則是化學纖維較為輕鬆。

依照毯面纖維的形狀可分成圈毛地毯與剪毛地毯。圈毛地毯因毯面呈現圓圈的形狀，所以觸感佳、具有彈力，且復元力優良。而剪毛地毯則因為毯面纖維是一根根個別獨立，所以雖然觸感上也很柔軟，但在彈力度或耐久性方面都比圈毛地毯差。還有，毯面纖維的長度愈長，踩踏感愈舒適，但踩踏頻率高會使下凹提早出現。因此毯面纖維密度高，不僅可使踩踏感更充實、舒適，而且耐久性也會大大地提升。

譯注：卡條式工法是在沿牆壁周圍的地面上鋪設附有朝天釘的木卡條，利用木卡條上的許多支小釘將地毯背面牢牢固定住的手法。
原注：筆者是依據寫作當下的狀況而論，化學纖維的質感仍持續提升中，後續產品值得關注。

方塊地毯

搭配長 & 短毯面纖維，透過陰影創造立體感的產品。毯面纖維長度為 5mm 與 3mm

GRANDE OURSE G×9604V 有織紋的圈毛地毯 | 250×1,000mm（8mm 厚）| 參考價格：JPY 9,300/m²（TOLI）

方塊地毯

搭配不同顏色與長度（高度）的圈毛地毯。毯面纖維長度為 4.5mm 與 3mm

RUSCELLO G×5216 長與短的圈毛 | 500mm 方形（7.5mm 厚）| 參考價格：JPY 9,100/m²（TOLI）

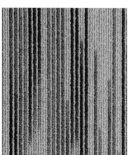

方塊地毯

利用不同顏色在線條上做圖案的圈毛地毯

CORENTE V G×9304V 圈毛地毯 | 250×1,000mm（6.5mm 厚）| 參考價格：JPY 9,300/m²（TOLI）

方塊地毯

剪斷毯面纖維圈毛所製成的剪毛地毯。毯面纖維長度是 6mm

G×2001 剪毛地毯 500mm 方形（9mm 厚）| 參考價格：JPY 8,800/m²（TOLI）

方塊地毯

圈毛地毯的纖維長度是 3.5mm，極短纖維看起來像是毛球

GA125 圈毛地毯 500mm 方形（6.5mm 厚）| 參考價格：JPY 7,400/m²（TOLI）

方塊地毯

以針織方式製成的壓克力纖維或聚脂纖維等不織布地毯。顏色豐富。雖然缺乏彈性，但施工上相當便利

OC9025-182 不織布地毯 合成橡膠底 | 1,820mm×20m（4mm 厚）| 參考價格：JPY 2,200/m²

織物地毯

硬質感的平織狀產品。背面有可吸附地板的特殊加工

紡織地毯 7000 FF 7004 500mm 方形（7mm 厚）| 參考價格：JPY 8,400/m²、JPY 2,100/ 塊（TOLI）

織物地毯

與左圖為同產品、不同色系。設置彈性層，厚 12mm 的類型

紡織地毯 9000 FF 9001 500mm 方形（12mm 厚）| 參考價格：JPY 10,400/m²、JPY 2,600/ 塊（TOLI）

織物地毯

搭配剪毛與圈毛的地毯，表面是仿手工的圖案

SUMAI FEEL SQUARE 2500 FF 2503 500mm 方形（10mm 厚）| 參考價格：JPY 8,400/m²、JPY 2,100/ 塊（TOLI）

織物地毯

搭配不同顏色與長度（高度）、漸層的圈毛地毯毯面纖維長度為 5mm 與 3mm

SUMAI FEEL LONG 5100 FF 5101 250mm×1,000mm（10mm 厚）| 參考價格：JPY 7,400/m²、JPY 1,850/ 塊（TOLI）

PVC 卷材地板

POINT

● PVC 卷材地板是卷狀的塑膠地板，由於原材料是聚氯乙烯，因此具有優良的耐久性與耐磨耗性。相似的材料還有橡膠製的單層地板。

在塑膠材質的地板材料當中，卷狀的塑膠地板是指 PVC 卷材地板。由於主要材料是聚氯乙烯，所以耐久性與耐磨耗性都很優良，經常被用於學校或醫院等場所。此外，只要懂得活用這種罕見的性能或圖樣，即使是一般住宅也能使用。

PVC 卷材地板依照日本 JIS 規格，可分成多層複合型 PVC 卷材地板與單層 PVC 卷材地板。多層複合型 PVC 卷材地板是在聚酯纖維或玻璃纖維之類的基布上做一層 PVC 層的產品，厚度大約 2～2.5 公釐左右。主要類型分成以透明塗膜保護圖樣層的類型以及表面的圖樣層深達接近背面的類型。在日本，後者常被用於高級公寓的陽台等地方，耐久性高且價格也較為昂貴。

而單層 PVC 卷材地板是指全部材質都是 PVC 樹脂的產品。這種產品具有高承重性，而且因為從表面到背面都是同樣的圖樣，所以即使表面有了磨耗也不會破壞設計感。

在施工步驟方面，首先預鋪、確認表面有無裂痕或色斑。還有由於 PVC 卷材地板有方向性，必須注意圖案花樣有無對齊。正式施工時，地板的單側邊緣先以切邊機切掉 15 公釐左右，與旁邊的卷材地板重疊約 15～20 公釐後，再以裁切用的工具裁切掉重疊部分。乾燥基底時用各產品的專用黏合劑塗布整個基底面，待張貼完後再用滾輪滾壓，以確保有壓緊密合。接縫與邊緣部位必須用手持式壓平滾輪仔細壓緊。

合成橡膠的單層地板

橡膠製的單層地板與卷材十分相似。優點是具有橡膠產品特有的高耐久性，和不必特別維護的緻密表面。以產品來說，最具代表性的是「NORA 系列」（ABC 商會），這款產品占有全球橡膠地板的一半市場、是數一數二的大品牌。尺寸是寬 1.22 公尺、厚 2.0 公釐，顏色多達 48 色、相當豐富。另外，馬舍地板用或牛舍地板用的產品「PX SHEET」（Sapporo Rubber Co.,LTD.），其魅力在於堅固且具有天然橡膠獨有的高性能。雖然尺寸是寬 1.8 公尺、厚 10 公釐，但透過拼接可組成大尺寸的地板。

多層複合型PVC卷材地板

沒有發泡層的多層複合型 PVC 卷材地板。照片是標準的砂粒圖樣。適用於步行頻繁高的步道，具抗菌性

FLOORLEUM RITTI　20FL223　1,820mm×9 m（2mm厚）｜參考價格：JPY 3,600/m²、JPY 6,550/m（TOLI）

多層複合型PVC卷材地板

與左圖為同產品、不同色系的淺灰色產品。色彩繽紛的顆粒設計，令人印象深刻

FLOORLEUM RITTI　20FL212　1,820mm×9 m（2mm厚）｜參考價格：JPY 3,600/m²、JPY 6,550/m（TOLI）

多層複合型PVC卷材地板

這款同樣也是多層複合型 PVC 卷材地板。採用抑制表面反射光線、以格子為基調所製成的方格花紋產品

FLOORLEUM LATTICE　20FL706　1,820mm×9m（2mm厚）｜參考價格：JPY 3,400/m²、JPY 6,190/m（TOLI）

多層複合型PVC卷材地板

沒有發泡層的 PVC 卷材地板基本款。17% 以上使用再生塑膠。標準黑色

FLOORLEUM PLAIN　20FL49　1,820mm×9 m｜參考價格：JPY 2,750/m²、JPY 5,010/m（TOLI）

多層複合型PVC卷材地板

與左圖為同產品、不同色系。最普遍的顏色是白色

FLOORLEUM PLAIN　20FL47　1,820mm×9 m（2mm厚）｜參考價格：JPY 2,750/m²、JPY 5,010/m（TOLI）

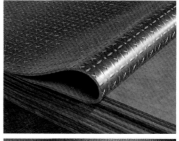
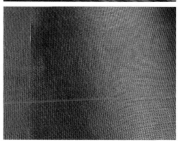

橡膠地板

橡膠製的超耐久地板。用於通路等須具有止滑功能的場所。單一塊的寬度是 1,800 mm，透過拼接可組成大尺寸的地板

照片上＿PX SHEET 1,800mm×30m（10 mm厚）、照片下＿SR SHEET 單面、雙面布紋圖樣 1,200mm×20 m（1 或 2mm厚）（Sapporo Rubber）

PVC 地磚

POINT
● PVC 地磚也稱為塑膠地磚，以 PVC 異質地磚和 PVC 同質地磚為主要種類。以 30% 的聚氯乙烯含有量標準區分兩者，前者的 PVC 含有量在 30% 以下；而後者的 PVC 含有量則超過 30%。

PVC 地磚，依照日本 JIS 規格可分成 PVC 異質地磚（Composition Vinyl Tile，KT 類）、單層 PVC 地磚（TT 類）、多層複合型 PVC 地磚（FT 類）、背膠式 PVC 地磚（FOA 類）、薄型背膠式 PVC 地磚（FOB 類）。在上述產品當中，單層 PVC 地磚與多層複合型 PVC 地磚一直到到二〇一一年日本 JIS 規格更正為止，一直都被稱做 PVC 同質地磚（Homogeneous Vinyl Tile，HT 類），此名稱現在仍通用。因此，本節也用舊名稱來做說明。

PVC 地磚的主要種類是 PVC 異質地磚和 PVC 同質地磚。PVC 含有量 30% 以下的產品稱為 PVC 異質地磚；PVC 含有量超過 30% 以上的產品則稱為 PVC 同質地磚。成分除了聚氯乙烯以外，大部分是填充材（纖維或碳酸鈣等）。

PVC 異質地磚是單層材料，透過捏合形塑出大理石紋或帶有斑點的圖案。特徵是即使磨耗也不會損及圖樣的美觀。這款產品不但是 PVC 地磚當中具高耐燃性的品項，耐藥品性或耐水性也相當良好。雖然本身不易變形或翹曲，但因為 PVC 含有量少，所以質地較硬且脆弱些。表面上的細微凹凸，讓蠟容易附著，卻不易顯出光澤感。價格上相當便宜，尺寸是厚 2 ～ 3 公釐、大部分是 303 公釐方形或 304.8 公釐的方形產品。

PVC 同質地磚

PVC 同質地磚可分成單層 PVC 地磚與多層複合型 PVC 地磚，目前所有的產品幾乎都是以後者居多。多層複合型 PVC 地磚的結構是以含有 PVC 的那一層為基礎，然後搭配印刷膠膜、表面透明膜所構成的產品。此款地磚在質感上有很高的重現性。雖然耐磨耗性或耐藥品性、耐鹼性都很不錯，但缺點是熱膨脹率大。還有，施工後可塑劑會暫時轉移至表面，導致樹脂蠟不易附著。尺寸上，厚度約 3 公釐左右、大部分是 400 公釐方形或 457.2 公釐的方形產品。

單層 PVC 地磚的 PVC 含有量高，對於些微的裂紋或高低落差有追從性，所以不易產生裂痕。耐磨耗性則優於 PVC 異質地磚。

PVC地磚

表面有 0.3mm 透明膠層的多層複合型 PVC 地磚。照片是表面看起來有石頭質感的產品

ROYAL STONE MISTY PST266｜450mm 方形（3mm 厚）｜參考價格：JPY 4,300/m²（TOLI）

PVC地磚

與左圖為同產品、不同色系。這是時下最受歡迎的 MONOTONE（單色）色調

MISTY PST269｜450mm 方形（3mm 厚）｜參考價格：JPY 4,300/m²（TOLI）

PVC地磚

表面有 0.2mm 透明膠層的多層複合型 PVC 地磚。照片是具有噴塗質感的產品

CLEAR PLAIN PEARL CPT6401｜450mm 方形（3mm 厚）｜參考價格：JPY 4,100/m²（TOLI）

PVC地磚 珍珠光澤

與左圖為同產品、不同色系。在白色或灰色等標準色中，添加珍珠光澤的系列

CLEAR PLAIN PEARL CPT6402｜450mm 方形（3mm 厚）｜參考價格：JPY 4,100/m²（TOLI）

PVC地磚

表面有 0.3mm 透明膠層的多層複合型 PVC 地磚。照片是高人氣的寬幅板材系列

LOYAL WOOD SLALOM PWT309｜150×900mm（3mm 厚）｜參考價格：JPY 4,300/m²（TOLI）

PVC地磚

與左圖為同產品、不同圖樣。這是仿斑馬木木質地板的產品

LOYAL WOOD ZEBRA PWT396｜150×900mm（3mm 厚）｜參考價格：JPY 4,300/m²（TOLI）

PVC地磚

與上圖為同產品、不同圖樣。這是仿花旗松木質地板、具有復古風格的產品

LOYAL WOOD VINTAGE FIR PWT416｜150×900mm（3mm 厚）｜參考價格：JPY 4,300/m²（TOLI）

PVC地磚

與上圖為同產品、不同形狀和圖樣。有寬 & 長為 180 mm 的板狀產品，圖樣散發法式懷舊風

LOYAL WOOD WHITE PAINTING WOOD PWT415｜180×1,260 mm（3mm 厚）｜參考價格：JPY 4,300/m²（TOLI）

彈性地板

POINT

● 彈性地板是由表面層、彈力層、保護層所構成的產品，前兩層主要是以聚氯乙烯為主體。表面層可搭配印刷或壓花加工，展現多樣化設計。

彈性地板（Cushion Floor，簡稱 CF，又稱軟墊地板、KS 類）是薄片狀的發泡材料，屬於聚氯乙烯地板材料的一種。在日本 JIS 的規格當中，被定義為密度未滿 650kg／m³（比重 0.65）的產品。

彈性地板由表面層、彈力層、保護層所構成。表面層與彈力層是以聚氯乙烯為主體，表面層的印刷和壓花，可展現豐富多元的設計。而彈力層因為有發泡，所以具有一定程度的隔音性與衝擊吸收性。至於保護層是採用玻璃纖維等材質。此款產品不但便宜、施工性佳，耐水性或耐汙染性等也都不差，因此經常被用於住宅或店鋪。

彈性地板的尺寸大多是厚度 1.8 ～ 3.5 公釐左右、寬度為 1,820、2,000 公釐。住宅是以厚度 1.8 公釐的產品為主流，而店鋪則以較厚的 2.3 公釐為主。

高機能性產品

住宅用的彈性地板現已愈來愈高機能化，例如對應二世帶住宅（兩代同堂住宅）的吸音型產品等陸續問世，這是採用將彈力層增厚成 3.5 公釐、使其高發泡化

的「HOT FLOOR」（SINCOL 株式會社）以及彈性地板上張貼 2.9 公釐厚的 PU 泡棉（Polyurethane foam）的「隔音軟墊（L-45）」（SANGETSU Co.,Ltd.）之類的做法。

除此之外，也有訴求除臭機能與抗刮耐磨性、防滑性，專為飼養寵物設想的對應型商品，其除臭機能是指產品表面上的除臭劑可吸附臭氣；抗刮耐磨性是使表層材料硬化。而防滑性則是改良表面或做壓花加工，以增加狗腳掌肉墊的抓地力。還有，彈力層的厚度增加，也能減輕腳的負擔。

店鋪用的彈性地板具有豐富的設計，因此用於住宅的案例逐漸增多。例如，復古風的產品與仿古塗裝、重現「昭和」氛圍的格紋圖樣等，都相當受歡迎。近年來，日本住宅室內裝潢常見在 LDK 鋪設古材感的木質地板、在用水區域張貼同系列彈性地板的手法。

彈性地板

具有柔和木紋的櫻木系板材。板寬約100mm。圖案不重複

CF-H SHEET CF9024 櫻木 ｜ 1,820mm×30m（1.8mm 厚）｜ 參考價格：JPY 2,750/m²、JPY 5,010/m（TOLI）

彈性地板

顏色深、木紋看似有份量的樹種。板寬約100mm。圖案重複範圍是縱向1,240mm、橫向610mm

CF SHEET CF9032 紫檀木 ｜ 1,820×3,000mm（1.8mm 厚）｜ 參考價格：JPY 2,750/m²、JPY 5,010/m（TOLI）

彈性地板

白色塗裝的橡木的古材木質地板圖樣的產品。板寬約115mm。圖案重複範圍是縱向125mm、橫向910mm

CF SHEET P CF4126 ｜ 1,820mm×30 m（2.3mm 厚）｜ 參考價格：JPY 3,850/m²、JPY 7,010/m（TOLI）

彈性地板

張貼摩洛哥等的磁磚、AZULEJO 圖樣的產品。圖案重複範圍是縱向910mm、橫向910mm

CF SHEET H CF9003 ｜ 1,820mm×30m（1.8mm 厚）｜ 參考價格：JPY 2,750/m²、JPY 5,010/m（TOLI）

彈性地板

仿西洋棋黑白格子的產品。每格尺寸為150 × 150 mm。圖案重複範圍是縱向300mm、橫向300mm

CF SHEET H CF9115 ｜ 1,820mm×30m（1.8mm 厚）｜ 參考價格：JPY 2,750/m²、JPY 5,010/m（TOLI）

彈性地板

表面有植物圖樣壓花的產品。共有 2 色。圖案重複範圍是縱向300mm、橫向300mm

CF SHEET- H CF9002 ｜ 1,820mm×30m（1.8mm 厚）｜ 參考價格：JPY 5,010/m²（TOLI）

彈性地板

適合用於洗臉台等用水區域的馬賽克產品。抗菌系列，圖案重複範圍是縱向300mm、橫向60.7mm。也有白色搭配灰色的產品

H-FLOOR 素面 & 花面 HM4108 ｜寬 1,820mm（1.8mm 厚）等 ｜ 參考價格：JPY 5,200/m²（SANGETSU）

彈性地板

適用於外部走廊的止滑產品。耐候性或色耐度均優。共有 3 色

止滑 PX-4211 ｜寬 1,320mm（2.5mm 厚）等 ｜參考價格：JPY 3,550/m²（SANGETSU）

彈性地板

有 2.9mm 厚的 PU 泡棉，性能上具有隔音等級 L-45 的產品。因為全厚高達4.5mm，所以也具有衝擊吸收性。橡木圖樣共有 3 色

隔音軟墊 LM-4184 ｜寬 1,820mm（4.5mm 厚）等 ｜參考價格：JPY 5,100/m²（SANGETSU）

彈性地板的施工與收整

POINT

● 彈性地板的施工步驟，首先整平地板的基底，接著塗上接著劑，再以滾輪滾壓、黏貼地板，並切除多餘的邊緣，然後在地板接縫上注入處理劑即可。

　　彈性地板是指寬度為 1,820 公釐或 2,000 公釐左右的卷材地板。這種地板防水性高且易清潔，通常用於廁所或盥洗室。特別是進行長照保險的保險對象的住宅改造工程時，由於必須符合「變更為防滑地板」的規定，因此一般起居空間也會採用彈性地板。這種地板質地柔軟、不冰冷，所以相當適用於銀髮住宅，尤其是暖氣不足的房間，更是再適合不過了。

　　彈性地板的施工必須在土木工程完工後、安裝洗臉台或馬桶前進行。雖然這主要是裝潢業者的工作，但若是工期較短的裝修工程時，需要具備多項施工能力，因此也會委託水電工負責。

　　地板的基底是合板。由於針葉樹合板的表面凹凸不平，必須另做修補處理後才能使用，因此選用表面平整的柳安合板較佳。再加上，地板上方通常會裝設馬桶之類的設備，所以最好使用厚 12 公釐的針葉樹合板做為底襯板、搭配厚 12 公釐以上的柳安合板，較為理想。

　　住宅經常使用的厚度大多是 1.8 公釐與 2.3 公釐。與浴室採乾溼分離的洗臉台兼更衣室張貼這種地板時，於浴室入口的門框角鋼邊須預留一些空隙，讓地板邊緣可以順利插入、與角鋼緊密貼合。

　　施工的第一個步驟是修補、整平地板的基底。若基底是柳安合板的話，以合成樹脂乳膠漆補平；若是混凝土的話，則以修補砂漿整平。此時，彈性地板也要裁切好備用。地板的裁切必須使用裁切刀，不過，靠近牆壁邊緣的部位則需使用專門的裁切機。接著，以鋸齒狀鏝刀將接著劑塗布在基底上。接縫處的部分以專門的修補膠將兩邊的接縫加熱融合，防止剝離。最後，一邊以滾輪滾壓彈性地板，一邊裁掉邊緣多餘的部分，然後順著接縫處注入處理劑後便告完工。

PVC 卷材地板

　　PVC 卷材地板屬於普遍用於大樓建築的無發泡層地板材料，因為具有優良的耐久性與色彩豐富的圖樣，所以也會用於一般住宅。張貼於木地板時，使用接著劑直接張貼在較為平坦的柳安合板上。至於接合部位，只要以鋁製等收整材處理即可。

圖1　彈性地板的施工方法

①地板的基底先做好修補處理

鋪上彈性地板以測量長度，四周須預留 5cm 的長度

②對折、在露出地板基底的部分塗布接著劑

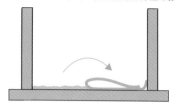

③以滾輪滾壓整平、黏合

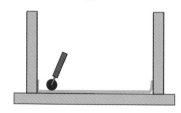

④細部地方使用裁切機

裁切刀
整平刀

長直線邊緣使用彈性地板專用的角落裁切機

⑤剩餘的半邊地板重覆②～④的步驟

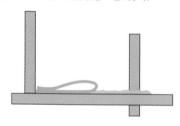

< 接縫處 >
接著劑

第一片除了與第二片的接合部分不塗布接著劑以外，其他部分塗上接著劑。接著，將第二片重疊於第一片接合部分上面並對齊未塗接著劑的邊線，再沿左圖虛線切斷，把兩片的切口處接合塗膠

修補膠

接縫處以滾輪滾壓後，使用修補膠填補

沿虛線裁切後接合（接縫的旁邊）

圖2　彈性地板的收整

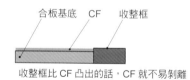

合板基底　CF　收整框

收整框比 CF 凸出的話，CF 就不易剝離

使用五金構件（ㄑ字型）可防止剝離（以螺絲固定）

圖4　地板基底採用兩層合板

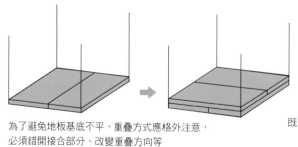

為了避免地板基底不平，重疊方式應格外注意，必須錯開接合部分、改變重疊方向等

圖3　更新彈性地板時的注意事項

在改造工程方面，衛浴系統化等工程大多會伴隨裝修廁所跟洗臉台兼更衣室

・更新方法為
①剝除既有的彈性地板，直接張貼新的上去
②改成與走廊等處的地板間無高低落差的無障礙空間
→做新的地板基底

・通常會一併更換牆壁或天花板的壁貼
→依實際設置狀況判斷是否拆除設備，由於有馬桶和浴缸、洗臉台、照明等多種設備，拆除工程相當費工

圖5　使用格柵的無障礙空間

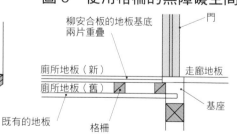

柳安合板的地板基底兩片重疊

門

廁所地板（新）

走廊地板

廁所地板（舊）

基座

既有的地板

格柵

鋼板的製造工程

POINT

● 利用熔解鐵礦石取出鐵成分，和其他原料經高爐減少碳含量製成鋼，鋼再經壓延變薄、施加電鍍或塗裝以製成鋼板。

鋼板的原料與製造工程

鐵的原料是鐵礦石。鐵礦石有紅鐵礦（赤鐵礦）、磁鐵礦、褐鐵礦等各式各樣的種類[原注]。將鐵礦石熔解取出鐵分除了必須有鐵礦石輔助以外，也要有焦炭（烘烤石炭製成的材料）與石灰石。其他也會使用廢鐵或錳鐵之類的副原料。把這些原料放入一種稱為高爐的巨大鍋爐中，製成碳含量達4～5%的生鐵（銑鐵）。順帶一提，所謂高爐主要是指高度100公尺以上、且容積為5,000m³以上的巨大設備。

由於生鐵含碳，以致質硬、易脆。因此，必須徹底減少碳含量，同時去除磷或硫磺、矽等不純物質。而且，透過這項作業，可將生鐵製成具有延展性的鋼。做法是把熔解後的鋼（鋼液）注入鑄模內，然後連續取出鑄模裡逐漸凝固的鋼，製成一整條帶狀的鋼胚半成品。這個鋼胚半成品還可用瓦斯切割機（氣動切割機）切割成所需長度，製成稱為扁鋼胚或小鋼胚、大鋼胚等的半成品。

利用加熱爐加熱扁鋼胚等半成品，然後輸送至粗軋機便可加工軋製成鋼材。用於建築或汽車的鋼板，其生產線長達數百公尺，而且輸送過程中還會施加4,000噸的壓力軋製成薄鋼板。生產線的速度最快可達到時速90km以上。先用粗軋機軋製成數公分厚的板材後，再用精軋機軋製成所需厚度，然後切割成一定寬度、收整，便可製成卷狀鋼材。

鋼板的電鍍工程

製成鋼捲後接下來進行電鍍工程。以鋁鋅鋼板來看是施加含有55%鋁的合金電鍍。電鍍工程是把鋼捲加熱熔解，再次流動於生產線上，接著浸入所謂的電鍍槽後，一邊以氣體噴射裝置（WIPING DEVICE）噴出氣體來控制電鍍厚度，一邊使其冷卻，最後再製成鋼捲出貨。後續可因應需求添加塗裝工程。

原注：日本國內使用的是以含鐵量60%左右的產品為主，也有從澳洲或巴西、印度進口的產品。

圖 鋼材的製造過程

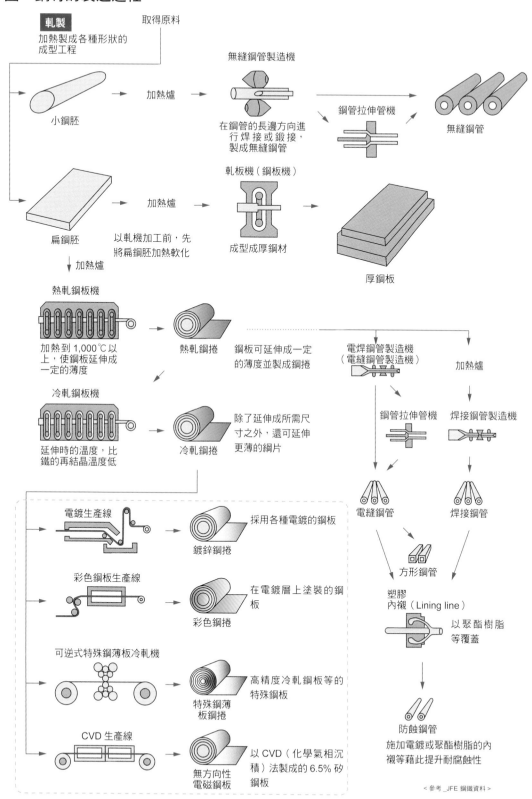

軋製
加熱製成各種形狀的成型工程

取得原料

小鋼胚 → 加熱爐 →

無縫鋼管製造機
在鋼管的長邊方向進行焊接或鍛接，製成無縫鋼管

→ 鋼管拉伸管機 → 無縫鋼管

扁鋼胚 → 加熱爐 →

軋板機（鋼板機）
成型成厚鋼材

厚鋼板

以軋機加工前，先將扁鋼胚加熱軟化

↓ 加熱爐

熱軋鋼板機
加熱到 1,000℃ 以上，使鋼板延伸成一定的薄度

→ 熱軋鋼捲

鋼板可延伸成一定的薄度並製成鋼捲

電焊鋼管製造機（電縫鋼管製造機）

加熱爐

冷軋鋼板機
延伸時的溫度，比鐵的再結晶溫度低

→ 冷軋鋼捲

除了延伸成所需尺寸之外，還可延伸更薄的鋼片

鋼管拉伸管機

焊接鋼管製造機

電縫鋼管

焊接鋼管

電鍍生產線 → 鍍鋅鋼捲
採用各種電鍍的鋼板

彩色鋼板生產線 → 彩色鋼捲
在電鍍層上塗裝的鋼板

可逆式特殊鋼薄板冷軋機 → 特殊鋼薄板鋼捲
高精度冷軋鋼板等的特殊鋼板

CVD 生產線 → 無方向性電磁鋼板
以 CVD（化學氣相沉積）法製成的 6.5% 矽鋼板

方形鋼管

塑膠內襯（Lining line）
以聚酯樹脂等覆蓋

防蝕鋼管
施加電鍍或聚酯樹脂的內襯等藉此提升耐腐蝕性

< 參考 _JFE 鋼鐵資料 >

鋼板

● 用於室內裝潢的鐵板，有黑皮鐵板、冷軋鋼板、電鍍鋅鋼板、熱浸鍍鋅鋼板、鋁鋅鋼板等各式各樣的種類。

　　本節說明的表面處理是以厚度小於 3 公釐的薄板[譯注]為主。

　　表面被製造過程中所生成的黑色氧化皮膜覆蓋的板材，稱為黑皮鐵板。可塗上透明塗料抑制生鏽。而熱軋鋼板的氧化皮膜經酸洗，會使表面呈現無光澤的鋁色板，則稱為酸洗鐵板。這些薄板的尺寸有 1.6 或 2.3 公釐等。

　　冷軋鋼板是冷間壓延製成的鋼板，表面呈現有光澤的銀色。由於表面經研磨處理，因此必須施以電鍍。薄板尺寸分成 0.5、0.6、0.8、1.0、1.2、1.6、2.0、2.3 公釐等。日本新日鐵公司的產品當中，有一種稱為「BONDE 鋼板」的板材，就是指電鍍鋅鋼板。原本用以提升塗裝性能，但若用於室內裝潢的話也可以以無塗裝，維持原有的灰色色調。薄板尺寸有 0.6、0.8、1.0、1.2、1.6、2.0 公釐等。

各式各樣的電鍍鋼板

　　熱浸鍍鋅鋼板的表面結晶稱為鋅花。降低鉛的含有率，就會形成零鋅花（zero spangle）的平滑表面。鋁鋅鋼板是指由 55% 的鋁、43% 的鋅、1.6% 的矽所合金而成、且經過電鍍的鐵板。具備的耐腐蝕性能是鍍鋅鋼板的數倍，特徵是表面有亮晶晶的結晶。「鍍鋁鋅鋼板」（日新製鋼株式會社）是指表面覆蓋了雙層（鋁層與 Al-Fe 合金層）的鋼板，可發揮極高的防腐蝕性與耐熱性。外觀看起來與鋁板十分相像。「ZAM 鋼板」（日新製鋼株式會社）是電鍍了鋅（Zn）、鋁（Al）、鎂（Mg）的鋼板，具有鍍鋅鋼板數十倍的耐腐蝕性能、且切斷面也有電鍍層保護，外觀呈現出質感極佳的灰色。這些薄鋼板的尺寸有 0.27、0.3、0.4、0.5、0.6、0.8、1.0、1.2、1.6、2.0、2.3 公釐等。

　　塗裝鋼板是指鋁鋅鋼板等經過塗裝處理的鋼板。顏色上除了單色以外，也有印刷木紋等圖樣的「DESIGN COAT」（Daito Industry Co.,Ltd.）或有質感消光的「SUNNEO MAT」（日鐵住金鋼板株式會社）、大圖樣縮小模樣的「Neo Silky」（日鐵住金鋼板株式會社）等。

譯注：厚度 6 公釐以上的鋼板，稱為厚鋼板（簡稱厚板）；厚度介於 3 公釐至 6 公釐之間，稱為中厚鋼板（簡稱中板）；厚度 3 公釐以下，則稱為薄鋼板（簡稱薄板）。

I型鋼

I型鋼（扁鋼）的表面。尺寸規格上，寬度從9~400mm都有，厚度則有3～50mm等

黑皮表面

鐵板鑄造後的材質。鈍面、呈無光澤的鉛色。為了維持黑皮的樣貌，可塗上透明塗料等，避免表面接觸到空氣而變質

耐氣候性鋼板

耐氣候性鋼板表面上穩定的鏽可當做保護膜用來防止腐蝕。極細的鏽看來十分美觀（千曲鋼材）

鐵鏽表面

照片是在塑膠膜上進行鐵粉、鐵鏽、透明塗層等加工製成裝飾用的板材。可特別訂製顏色鐵鏽板材焦褐色水漬／橫向

TKA0021 1,100×3,000mm ｜ 參考價格：JPY 4,200/m² (Nakagawa Chemical)

熱浸鍍鋅鋼板的表面

鋼板表面施加一層耐腐蝕性優良的鋅保護膜。不但可做為鐵的防鏽處理，也是目前最普遍、經濟實惠的方法。表面具有光澤、閃耀銀色光輝（那須電氣鐵工）

鍍鋅鐵板

鋼板上有鍍鋅。由於表面的鐵容易造成腐蝕、生鏽，因此會利用鍍鋅層保護鐵板。產品有平板與波浪板兩種

ZAM鋼板

電鍍層含有鋅、鋁、鎂成分的鋼板。隨著時間，表面會形成緻密且附著性強的保護膜。耐腐蝕性優良（日新製鋼）

Galvstar

鋅合金電鍍層含有鋁成分的鋼板。耐腐蝕性與ZAM同樣優良。表面呈銀白色的鋅花圖樣（日新製鋼）

沖孔金屬板

以沖孔模具開孔的薄鋼板。可用於隔間材料、溝蓋等。照片是1.6mm厚的板材，板材表面每2.5mm的跨距，便有一個4mm長的長孔（METAL-TECH）

沖孔金屬板

3mm厚的板材上，每9mm的跨距，設有ø6mm、凹凸狀的孔。止滑用的板材（METAL-TECH）

沖孔金屬板

1.6mm厚的板材，以碎花圖形打孔。可依需求特別訂製造型或圖樣（METALTECH）

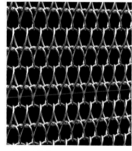

金屬絲網

以不鏽鋼編織而成的產品。雖然素材屬於硬質材料，但具有穿透性與彎曲性，可活用製成窗簾或屏幕

Niagara B-15絲網的厚度12mm（ISEYASU WIRENET CREATION）

不鏽鋼板

POINT

● 不鏽鋼是含有 50% 以上的鐵、10.5% 以上的鉻之合金。建築用的不鏽鋼,其耐腐蝕性與焊接性都很優良,其中最常用的是 SUS304、以及性能與其類似的 SUS430。

不鏽鋼是含有 50% 以上的鐵、10.5% 以上的鉻之合金。從組成上可分成奧氏體不鏽鋼、鐵素體不鏽鋼、馬氏體不鏽鋼與雙相不鏽鋼四種,建築會用到的種類是前兩種。

奧氏體不鏽鋼具有高延展性與韌性,不僅深抽(引伸)成型或彎曲加工等的冷軋加工性良好,耐腐蝕性與焊接性也很優良。製造量超過不鏽鋼生產量的六成以上。最具代表性的是 SUS304。

鐵素體不鏽鋼用熱處理幾乎不會硬化,因此會在退火(軟質)的狀態下使用。由於成型加工性與耐腐蝕性佳,焊接性也很優良,所以經常用於廚房用品或室內裝潢材料。其中,以 SUS430 最具代表性。SUS430 的耐腐蝕性雖然比 SUS304 稍微差些,但較便宜。

不鏽鋼具有各種不同的表面處理方法,大多是採用 No.2D(鈍面)、No.2B(霧面)、No.4(細砂)、BA(亮面)、HL(髮絲面)這幾種手法。No.2D 是無光澤的消光灰色處理。No.2B 的表面會比 No.2D 平滑。No.4 的處裡則呈砂光的光澤。BA 的光澤近似於鏡面。HL 的表面一般都是使用 150 ～ 240 號的研磨帶,研磨出如髮絲般一條一條細長的紋路。

其他表面處理

研磨表面使表面具有漩渦紋路的表面處理方法,稱為鏡面處理。而亂紋處理是指沒有方向性的研磨方法,這種方法的修補性佳且相當柔和。至於噴砂處理則是指以高壓氣體噴射玻璃珠的研磨方法,研磨後的表面看起來就像毛玻璃一樣。另外,蝕刻處理是指在設計好的圖案上覆蓋具有耐酸性的被覆材料,然後其餘未覆蓋到的部分,則用腐蝕液溶解,藉此使圖案浮出的表面處理方法。離子鍍著是把金屬放在真空中加熱[譯注],藉此著色成灰色、黑色、白色、金色或藍色等的處理方法。

不鏽鋼具有許多形狀與尺寸。以 SUS304 的 HL 或 2B 的不鏽鋼板為例,厚度上可分成 0.3、0.4、0.5、0.6、0.8、1.0、1.2、1.5、2.0、2.5、3.0 公釐的薄板,尺寸上最大的有 1,219 × 2,438 公釐的產品。

譯注:把金屬放在真空中加熱,使該金屬變成氣體而蒸發的原理,稱為真空蒸著。

鏡面處理
依序用細小顆粒的研磨劑研磨成鏡面用的漩渦紋路，使表面具有高反射率

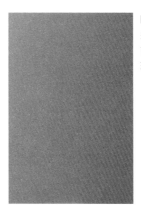

噴砂處理
利用鋼珠、玻璃珠、鋼砂等在鏡面材上研磨出梨地花紋的表面處理

髮線處理
利用適當顆粒大小的研磨帶，在表面上研磨出如髮線般的紋路

亂紋處理
表面是無方向性的髮線研磨處理

壓花處理
以壓花加工的方式做類似特殊滾輪機打印或機械性蝕刻的表面處理。照片是黑白格紋的圖樣（新日鐵住金不鏽鋼）

壓花處理
與左圖同樣是用滾輪機製造表面圖紋。本圖是以砂灘為主題的細砂模樣（新日鐵住金不鏽鋼）

消光處理
表面有細微的凹凸痕跡。反射率低、具有防眩效果。傷痕也較不明顯（新日鐵住金不鏽鋼）

彩色不鏽鋼
這是利用電使表面形成氧化被膜，藉以著色的方法。顏色的顯色情況會依光線干涉的程度而定。除了照片上的金色之外，其他還有紅色系與青色系等各種不同的色調

鋁板、銅板、黃銅板

POINT
● 用於建築材料的鋁大多會採用 JIS A5005、A6063 等；而銅則是黃銅板三種（黃銅）、丹銅板二種（青銅）、精銅或韌煉銅一種（銅等）。

　　根據日本 JIS 規格，鋁依照組成可編號至 A7000 號（型號）。其中，A5005 號用於室內裝潢，而 A6063 號則是用於窗框。使用的厚度大多都是 0.2 公釐以上。最容易取得的尺寸是 1,000 × 2,000 公釐。

　　一般來說，鋁都會施加陽極氧化處理（氧化鋁膜處理），使其具備防蝕機能。陽極氧化處理是把鋁浸泡在電解液中做電解氧化，進而生成一層厚氧化皮膜的方法。也能藉此著色成銀（白）、黑、紅或青色等顏色。

　　為了得到高光澤度，可進行電解研磨或化學研磨。無論採用哪一種研磨方法，都能將表面上細微凹凸的凸出部分溶解，讓表面變得更加平滑、有光澤。最後，再以陽極氧化處理賦予防蝕機能。還有，若再研磨的話，便可做成鏡面[原注]。

　　另外，像砂之類的材料以高壓噴射附著，可使表面布滿梨地花紋。而且，運用化學研磨，也能強調凹凸上的差異，藉此創造梨地花紋。其他，像壓花處理或蝕刻處理也都一樣可以獲得相同效果。後者以「鋁製打孔板」的既製品最為普遍。

銅

　　同樣的，根據日本 JIS 規格，銅依照組成可編號至 C7000 號（型號）。建築上大多採用黃銅板三種（黃銅）、丹銅板二種（青銅）、精銅或韌煉銅一種（銅）。使用的厚度大多都是 0.1 公釐以上。最容易取得的尺寸是 1,000 × 2,000 公釐。銅板色調會隨著經年變化而改變，外部色調的變化從石榴紅色→褐色→暗褐色到黑褐色→青綠色。而內部色調的變化則是緩慢進行。

　　銅的表面處理是以硫化處理最具代表性。在產品上塗布硫化染色劑，使產品表面生成一層有色的薄氧化皮膜。其他類似的表面處理還有 GB 電鍍，這是用藥水浸漬（鍍鋅）使其發黑，再用刷洗法進行調色的方法。以上兩種方法完工時，都必須塗上透明塗料保護表面。

　　另外，也可以用人工的方式使銅產生青綠色。只要在銅板表面塗布或噴塗一種以鹽基性碳酸銅為主成分的水溶液就能顯色。

原注：做成鏡面時，可利用透明塗料保護表面、避免生鏽。

鋁製打孔板

在 5mm 厚的鋁板上，以相同間距打孔的打孔板。大多用於需遮蔽場所等使用

鋁製打孔板 MS5052 100mm 方形（5mm 厚）孔徑 Ø52.5mm ｜定價：JPY 315/ 塊（含稅）（祖峰企劃）

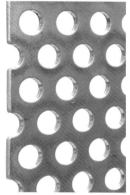

鋁製打孔板

與左圖為同產品，3mm 厚的鋁製打孔板。有許多不同的板厚、孔徑與打孔間距

鋁製打孔板 MS5052 100mm 方形（3mm 厚）孔徑 Ø12.4mm ｜定價：JPY 315/ 塊（含稅）（祖峰企劃）

黃銅 仿大理石紋

表面上浮現的結晶是構成合金的物質，形成仿大理石紋的表面。黃銅尤其容易形成（ubushina）

黃銅 滾筒研磨

與研磨液一起放入滾筒研磨機內，利用滾筒迴轉進行拋光。表面可產生相當有質感的光澤（ubushina）

銅 青銅結晶

銅煮過後結晶會浮上表面形成一片片的銅片（ubushina）

銅 青銅色

表面的氧化面（紅銅）上有青綠色與蜜蠟的斑點（ubushina）

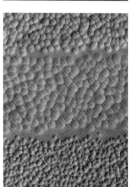

鎚起 石紋表面

利用敲打銅板表面製成凹凸狀。使用大小不同的鎚，可創造出各種新奇的表情。這是傳統的急須（泡茶用的茶壺）或茶釜（盛水用的茶壺）等成形方法（ubushina）

鎚起 竹編紋

利用細鎚敲打表面，使表面布滿竹編紋般的線狀紋路（ubushina）

金屬板的施工與收整

● 不鏽鋼板大多用於廚房檯面板或瓦斯爐前的牆壁等。檯面板覆蓋在櫥櫃上時，必須以接著劑黏著。張貼在牆壁上時，也同樣要以接著劑黏著。

不鏽鋼板的施工

　　住宅室內裝潢用的金屬素材以不鏽鋼板居多。厚度到 4.0 公釐為止的不鏽鋼板，可由板金業者在施工現場直接加工裝設。厚度超過 4.0 公釐以上時，就必須在工廠內裁切，然後再由不鏽鋼板的業者或工匠裝設。厚度愈厚質感愈好，太薄的板材一旦出現歪斜看起來就相當廉價。無論哪種厚度，都必須在木工工程完成以後施工。

　　不鏽鋼板是防火材料，可做為廚房檯面板或瓦斯爐周圍的牆壁或天花板使用。此時，使用的不鏽鋼板厚度大多是板金業者也能裁切的 0.35 公釐。若是張貼在牆壁或天花板時，必須到現場量測尺寸，再到工廠進行彎曲或裁切的加工。固定方法是使用雙面膠與黏合劑。由於一旦貼上後便無法拆下，因此施工時務必謹慎處理。還有，施工時大多伴隨安裝抽油煙機，所以特別注意與換氣扇之間的接合部分。使用厚度 0.5 公釐以上的板材必須在工廠裁切。固定方法等都與上述相同。裝設上只要注意是否平坦即可。

　　當做為料理台的檯面板時，必須以圖面輔助給予不鏽鋼加工業者明確的指示後再下單。料理台的檯面板在搬運至裝設現場前，會先與洗水槽以及背面的合板接合，所以後續只要以五金構件固定在下方的櫥櫃上即可。

鋁鋅鋼板的施工

　　鋁鋅鋼板也是廚房用水區域的一大選擇。鋁鋅鋼板不但耐水且色彩豐富，再加上可以使用磁石，所以像掛鉤等輔助工具都便於裝設。可使用的鋼板厚度是 0.27 ～ 0.5 公釐左右，但最好使用 0.4 公釐以上的板材較不易歪斜。基礎可選用柳安合板或矽酸鈣板、石膏板，並以黏合劑固定。因為用雙面膠會造成不平，所以只要在鋼板與板材上塗快乾膠黏合即可。如上述提醒，施工時應謹慎處理。另外，與角落或料理台之間的接合，可用密封材處理。

圖1　不鏽鋼板用於廚房檯面板的範例

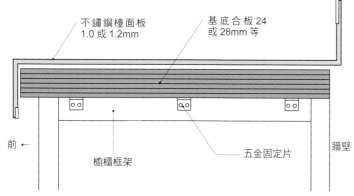

不鏽鋼檯面板
1.0 或 1.2mm

基底合板 24
或 28mm 等

前 ←

櫥櫃框架

五金固定片

牆壁

搬運不鏽鋼檯面板時，為了
確保強度，應先與基底合板
接著後再搬運。在沒有接著
基底合板的情況下，應將檯
面板確實包裹後再搬運

圖2　不鏽鋼板張貼於牆壁的範例

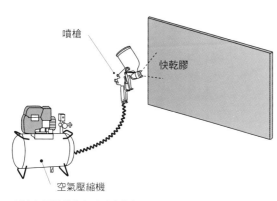

噴槍

快乾膠

空氣壓縮機

以空氣壓縮機均勻地噴出快乾膠

在牆壁上與不鏽鋼板上噴快乾膠，一口氣張貼就位。
一旦貼上後就無法調整

圖3　使用鋁板與鋼板的範例

廚房用水區域的櫥櫃門可選用鋁製
打孔板、瓦斯爐旁邊的牆壁可選用
鋁鋅鋼板

（設計 _ Atelier l'Aube）

打孔板因質輕且有孔，通風良好，
適用於櫥櫃門（上圖）。鋁鋅鋼板
的牆壁利於磁石吸附，相當方便

詞彙翻譯對照表

PU 泡棉	発泡ウレタン	Polyurethane Foam	210,211
PVC 樹脂	塩ビ樹脂	Polyvinylchloride Resin	206
α- 烯烴	αオレフィン/アルファオレフィン	Alpha Olefin	52
α- 纖維素	αセルロース	Alpha Cellulose	179

一劃

| 乙烯基 | ビニルエステル | Vinyl Ester | 88 |
| 乙烯 - 醋酸乙烯酯共聚合物 | エチレン酢酸ビニル共重合体 | Ethylene Vinyl Acetate Copolymer | 126 |

二劃

| 二甲苯 | キシレン | Xylene | 162 |
| 二度底漆 | サンディングシーラー | sanding sealer | 60,64 |

三劃

| 三聚氰胺貼面板 | メラミン化粧板 | decorative melamine laminate | 58,174,178,179, 186,187,190,191 |
| 山毛櫸 | ブナ / ビーチ | Beech | 17,18,19,22,30 |

四劃

不飽和聚酯	不飽和ポリエステル	Unsaturated Polyester	84,88
丹寧酸	タンニン	Tannin	21
化學氣相沉積法	CVD 法	Chemical Vapor Deposition	215
天然水硬性石灰	NHL	Natural Hydraulic Lime	144
天然橡木	ナチュラルオーク	Naturia Oak	29
孔版印刷	シルクスクリーン印刷	silk screen printing	95,105,200
巴西花梨（非洲巴花）	ブビンガ	Bubinga	20,46,47
心材	心材	heart wood	8,9,10,11,14,18, 20,21,25,33,42, 44,45,46,47,49, 56,57,60,63,65, 150
日本七葉樹	トチ / 栃の木	Aesculus Turbinata	44,45
日本肉荳蔻木	カヤ / 榧	Japanese Nutmeg Tree	49
日本黑松	クロマツ	Japanese Black Pine	48,49

日本鐵杉、栂	ツガ / 栂	Japanese Hemlock	13,48
木里	木裏	heart side	50,51,62
木表	木表	sap side	50,51,62
木屑材	チップ材	woodchips	8
木栓	埋め木	wooden plug	8
木粉	木粉	wood flour	50
木紋	木目	grain	8,9,11…etc.
木管	木管	wooden pipe	20
木漿	木質パルプ / 木材パルプ	wood pulp	23
木螺絲	木ネジ	wood screw	50,60,133
木鏝	木ゴテ	wood trowel	82,145,150
水平隅撐	火打ち	horizontal angle	54
水合作用	水和反応	hydration reaction	112
水成岩	水成岩	Aqueous Rock	156
水性高分子異氰酸酯系接著劑	水性高分子‐イソシアネート系接着剤	water based polymer isocyanate adhesive	52
水鋁英石	アロフェン	Allophane	110,111
水磨石	セメントテラゾ	Cement Terrazzo	86,87
火燒（火燒面）	バーナー仕上げ	Flamed	72
牛皮紙	クラフト紙	kraft paper	171,178,179,186, 187

五劃

丙烯酸乳膠漆（AEP）	アクリルエマルジョン塗料	Acrylic Emulsion Paint	154,156
丙烯醯胺	アクリルアミド	Acrylamide	192
主題牆（重點牆）	アクセントウォール	accent wall	32,96,97,104,112, 194
凸版	トパン	toppan	61
凸榫接合	吸い付き桟	dovetailed ledge	48
加拿大一枝黃花	セイタカアワダチソウ	Solidago Altissima	34,35
半纖維素	ヘミセルロース	Hemicellulose	24
卡條式工法	グリッパー工法	gripper	204
平切單板	突板	sliced veneer	28,34,35,53,56
平頂格柵	野縁	ceiling joist	40,41,115,176

225

黑胡桃木	ブラックウォルナット	Black Walnut	20,21,45,47

詞彙翻譯對照表

231

歐洲槭樹	シカモア	Sycamore	18,27,201
熱浸鍍鋅	溶融亜鉛メッキ	Hot Dip Galvanizing	157,216,217
熱壓接合	熱圧着	thermocompression bonding	193
線膨脹係數	線膨張係数	linear expansion coefficient	188
踢腳板	幅木 / 巾木	skirting board	36,37,39,67,115, 150,172,203
銷釘	ピンネイル	pin nail	37,38,41,66,67
鋁鋅鋼板	ガルバリウム鋼板	Galvalume	67,214,216,222, 223

詞彙翻譯對照表

235

建材廠商名冊

備註：日本廠商為本書取材來源，台灣廠商則為補充參考

日本廠商（按字母筆畫排序）

企業名	網址	企業名	網址
ABC 商會	https://www.abc-t.co.jp/	Nippon Polyester	http://www.nippoly.co.jp/
AD WORLD	http://www.ad-world.co.jp/	NIPPONPAINT	http://www.nipponpaint.co.jp/
ADVAN	https://www.advan.co.jp/	nomic	http://nomic.co.jp/
AGC MATEX	http://www.agm.co.jp/	nostamo	http://nostamo.com/
AICA TECH KENZAI	http://www.aica-tech.co.jp/	Nurikan	(台灣國碼)+008148-479-5580
AICA 工業	http://www.aica.co.jp/	OS.PRODUCTS	(台灣國碼)+00813-568-0180
Aimori	http://www.aimori.net/	O-SHIKA	http://www.oshika.co.jp/
AR,TEE's	http://www.artees.jp/	Planet Japan	http://www.planetjapan.co.jp/
Arvicon International	http://www.arvicon.com/	Porter's Paints	http://porters-paints.com/
Asahi Kasei Technoplus	http://www.aktp.co.jp/	SAKAI	http://www.sakairib.com/
Awagami Factory	http://www.awagami.or.jp/	Samejima Corp.	http://www.samejima.co.jp/
Bio board	(台灣國碼)+008152-837-6026	SANGETSU	https://www.sangetsu.co.jp/
CAN'ENTERPRISES	http://www.can-net.co.jp/	SANWA COMPANY	https://www.sanwacompany.co.jp/
CHIYODA UTE	http://www.chiyoda-ute.co.jp/	Sapporo Rubber	http://www.sarogom.com/
CHUBU CORPORATION	https://www.chubu-net.co.jp/	S-BIC	https://www.s-bic.co.jp/
Colorworks	http://www.colorworks.co.jp/	SEIWA CERAMICS	http://www.seiwaceramics.co.jp/
MRC. DuPont	http://dupont-corian.net/Corian/ja_JP/	SEKISTONE	http://www.sekistone.com/
Daito	http://www.daito-kogyo.co.jp/	Senideco	http://senidecofrance.co.jp/
DUCALE	http://www.ducale.jp/	SINCOL	http://www.sincol.co.jp/
escompo	http://www.escompo.co.jp	Stucco	http://www.stuccoplus.co.jp/
EuroDesignHaus	https://www.eurodesignhaus.com/	SUNDAY PAINT	http://www.sundaypaint.co.jp/
Foretto	http://www.foretto.com/	TAIYO CEMENT INDUSTRIAL	https://www.taiyo-ecobloxx.com/
GARASU LAND	(台灣國碼)+00813-3235-1671	Tetsuya Japan	http://tetsuya-jp.com/
GLASS CUBE	http://www.glass3.jp/	Toa-Cork	http://toa-cork.co.jp/
Green Elephant	http://www.greenelephantco.com/	TOLI	http://www.toli.co.jp/
Green wood	http://www.green-wood.tv/	TOMIYAMA	https://www.kakishibu.com/
HiRATA TILE	http://www.hiratatile.co.jp/	ubushina	http://www.ubushina.com/
HOKUYO PLYWOOD	http://www.hokuyo-group.co.jp/	UJIGAWA BLOCK	http://www.ujigawa.co.jp/
I.O.C	http://www.iocjapan.biz/	WOOD HEART	http://www.woodheart.co.jp/
iikide.com	http://iikide.com/	ZRC JAPAN	http://www.zrc-japan.com/
ISEYASU WIRENET CREATION	http://www.iseyasu.co.jp/	三菱商事建材	http://www.mckenzai.co.jp/
kaneki 製陶所	http://www.kaneki.co.jp/	三菱樹脂	(台灣國碼)+00813-6748-7400
KISHIMOTO	http://www.kishimoto-osaka.co.jp/	上田敷物工場	http://www.uedashikimono.co.jp/
KISOARTECH	http://www.kiso-artech.co.jp/	上野左官工藝	(台灣國碼)+00813-3972-4715
KURARAY	http://www.kuraray.co.jp/	丸天星工業	http://marutenboshi.com/
Livos	http://www.livos-jp.com/	丸紅木材	http://www.naturallumber.com/
LIXIL	http://www.lixil.co.jp/	丸嘉	http://www.muku-flooring.co.jp/
MARUHON	http://www.mokuzai.com	千曲鋼材	http://www.chikuma-kozai.co.jp/
METALTECH	http://www.metaltech.co.jp/	大谷石材同業工會	http://ooya-stone.jp/
MIHASHI	http://www.mihasi.co.jp/	大阪石材工業	http://www.osaka-sekizai.co.jp/
moribayashi	http://www.moribayashi.com/	大阪高分子化學	http://www.osaka-kobunshi.com/
muku-flooring.com	https://www.muku-flooring.com/	大建工業	https://www.daiken.jp/
NAGOYA MOSAIC-TILE	https://www.nagoya-mosaic.co.jp/	小川製材所	http://aki-hinoki.com/
Nakagawa Chemical	http://www.nakagawa.co.jp/	山內混凝土磚	https://www.yamauchi-cb.jp/
NANKAI PLYWOOD	https://www.nankaiplywood.co.jp/	山本材木店	http://www.ee-wood.com/
NICHIAS	http://www.nichias.co.jp/	山宗	http://www.yamaso.co.jp/
Nihon Decoluxe	http://www.decoluxe.co.jp/	川田石材工業	http://www.fukaiwa.jp/

企業名	網址
五感	http://www.muku-flooring.jp/
太田油脂	http://www.ohtaoilmill.co.jp/
日之木	http://www.woodys.co.jp
日本 Osmo	http://osmo-edel.jp/
日本 Runafaser	http://www.runafaser.co.jp/
日本月桃	http://www.gettou.top/
日本旭硝子	http://www.agc.com/cn/
日本電氣硝子	http://www.neg.co.jp/
日東板材	http://www.k-nitto.co.jp/
日東紡績	http://www.nittobo.co.jp/
日新製鋼	http://www.nisshin-steel.co.jp/
木之床 .net	http://www.kinoyuka.net/
木村左官工業所	http://www.kazuu.co.jp/
北零 WOOD	http://www.rakuten.co.jp/hokurei/
四國化成	http://www.shikoku.co.jp/
巧左官工藝	http://www.takumi-sakan.com/
永井製材所	http://nagaiseizaisho.co.jp/
田中石灰工業	http://www.tanakasekkai.jp/
白井石材	http://www.shirai-ishi.com/
仲吉商事	http://www.nakayo-shi.jp/
伊千呂	http://www.ichirodesign.jp/
光洋產業	http://www.koyoweb.com/
吉野中央木材	http://www.homarewood.co.jp/
吉野石膏	http://yoshino-gypsum.com/
竹村工業	http://www.takemura.co.jp/
米屋材木店	http://yoneyazaimokuten.com/
西京工業	(台灣國碼)+00813-3419-9811
佐久間木材	http://www.sakuma-mokuzai.com/
佐佐木工業	http://sasaki-kougyo.com/
何月屋銘木店	http://www.nangatuya.co.jp/
那須電氣鐵工	http://www.nasudenki.co.jp/
林友家工業	http://www.rinyuwood.com/
河西左官	(台灣國碼)+00813-3973-5597
原田左官工業所	http://www.haradasakan.co.jp/
泰斗	http://www.tayt-inc.com/
祖峰企劃	www.sohou.co.jp/
紙之溫度	https://www.kaminoondo.co.jp/
高千穗 Shirasu	http://www.takachiho-shirasu.co.jp/
高正	http://kousei-muku.com/
朝日 WOODTEC	https://www.woodtec.co.jp/
菱晃	https://www.kkryoko.co.jp/
新日鐵住金不鏽鋼	https://nssc.nssmc.com/
福田金屬箔粉工業	http://www.fukuda-kyoto.co.jp/
積水樹脂 PLAMETAL	http://www.plametal.co.jp/
瀧澤合板	http://www.takizawaveneer.co.jp/
藤田商事	http://www.fujitashoji.co.jp/

台灣廠商（按字母筆畫排序）

企業名	網址
AR 精品馬賽克	http://www.ar-mosaic.com/
力特石材有限公司	http://leader-stone.com/
三洋磁磚	http://www.stg.com.tw/
三葉造漆工業	http://www.chingyehpaint.com.tw/
大谷塗料	http://www.otanipaint.com.tw/
太松實業（板材進口商）	http://www.dynachem.com.tw/
台灣三菱商事	http://www.mitsubishicorp.com/tw/zh/
台灣旭硝子	http://www.agct.com.tw/
台灣杜邦	http://www.dupont.com.tw/
台灣首德	http://www.schott.com/taiwan/chinese/
台灣愛克工業（AICA）	http://www.aica.com.tw/
台灣電氣硝子	04-2657-0099
台灣驪住（LIXIL）	http://www.lixil.com.tw/
永逢建材（板材進口商）	http://www.efcl.com.tw/
永富玻璃	http://www.yfg-glass.com/
石茂興實業（石材進口商）	http://www.mostseek.com.tw/
自然材（白堊紀自然塗料進口商）	http://www.naturemate.tw/
泛亞材料（歐洲自然建材進口商）	http://pamaterial.com/
威佐開發（板材進口商）	http://www.kingleader.com.tw/
宣煒科技（高千穗 Shirasu 進口商）	http://www.xwkj.com.tw/
建金精品建材行（磁磚進口商）	http://www.kgs.com.tw/
科甸建材（JULUX 進口商）	http://www.kedian-living.com/
英邦企業（TOLI 進口商）	02-25965886
益材木業	http://www.bestwood.com/
陸暘國際（Listone Giordano 進口商）	http://www.luy.com.tw/
博森林業	06-583-1587
喜地精品磁磚	http://www.tilenet.com.tw/
富必至實業（地毯進口商）	http://www.fbj.com.tw/
富益泰建材（石材進口商）	http://www.fytnet.com.tw/
新弘股份有限公司（板材進口商）	http://www.shing-hwang.com.tw/
新麗好（磁磚進口商）	http://www.tilestore.com.tw/
群峰玻璃	http://www.topglass.com.tw/
綠康元（高千穗 Shirasu 進口商）	http://www.acogreen.com/
聚采國際傢飾（和紙進口商）	http://colorsworld2012.pixnet.net/blog
廣昇木材	http://www.wood-design.tw/hinoki/
翰可國際建材（板材進口商）	http://www.skwentex.com/bm/
興立富實業（賽麗石進口商）	http://www.coallmax.com/
薩鉅國際（磁磚進口商）	http://www.bingjyu.com/
羅特麗磁磚精品	http://www.pdh.com.tw/
懿晟（磁磚進口商）	02-2230-1433

取 材 協 力 廠 商

內 容 取 材 （ 按 筆 畫 排 列 ）

ABC商會
AICA TECH KENZAI
AICA工業
Atelierl'Aube
atelierorb
CAN'ENTERPRISES
EuroDesignHaus
GARASU LAND
LIXIL
MARUHON
NAGOYA MOSAIC-TILE
NENGO
Oriental-ind產業
SANGETSU
SANWA COMPANY
SEIWA CERAMICS
SEKISTONE
TOLI
大谷石材同業工會
大阪石材工業
何月屋銘木店
原田左官工業所
朝日WOODTEC

照 片 提 供 （ 按 筆 畫 排 列 ）

ADVAN
AICA工業
Arvicon International
CAN'ENTERPRISES
CHUBU CORPORATION
Copyright Du Pont-MRC
EuroDesignHaus
GARASU LAND
HiRATA TILE
LIXIL
MARUHON
NAGOYA MOSAIC-TILE
NENGO
Oriental-ind產業
Samejima Corp.
SANGETSU
SANWA COMPANY
SEIWA CERAMICS
TOLI
大阪石材工業
五感
日本電氣硝子
伊千呂
佐佐木工業
原田左官工業所
高千穗Shirasu
朝日WOODTEC

作者簡介

通用技術調查室

大菅力

（負責本書構成、編集以及材料的部分）
生於1967年。
於1994-2012年間任職於X-Knowledge。擔任過建築專業雜誌[月刊建築知識]、家具專業雜誌[iA]的總編輯等。現為自由業。致力於各種企劃與編集、著作。

菅沼悟朗

（負責編輯施工與收整的部分）
生於1967年。
曾從事設計、監督、工匠等，於2008年開設一級建築士事務所 菅沼建築設計。從新建房屋到翻修以及支援客製化住宅等，經手的業務範圍相當廣泛。

譯者簡介

洪淳瀅

高雄人。國立高雄第一科技大學應用日語所碩士，2009年取得日本交流協會主辦的「貿易人才赴日研修計劃」資格，赴日研習貿易實務及國際化戰略等課程，並取得結業證明。
曾從事服務業、貿易業、製造業、電子精密零件等行業，鑽研各專業領域多年。也因曾任職於耐火材料公司，而了解相關原料、混練機、成型機等各種材料與機械。於2012年12月設立純子中日翻譯工作室，成為專職譯者，協助各企業主翻譯電子電機、機械化工、建築設計、醫學保健、財務金融、專利契約等領域的專業技術文件。譯有《圖解環保住宅》（易博士出版）、《圖解建築材料》（易博士出版），合譯《鴻海為什麼贏得夏普：前夏普技術長為你揭開百年品牌犯下的二大致命失策》（商業周刊出版）。

國家圖書館出版品預行編目（CIP）資料

装潢建材 / 通用技術調查室作；洪淳瀅譯. -- 修訂一版. -- 臺北市：易博士文化，
城邦文化出版：家庭傳媒城邦分公司發行, 2019.07
　　面；　　公分
譯自：世界で一番やさしい仕上げ材[內裝編]
ISBN 978-986-480-088-9 (平裝)
1.建築材料

441.53　　　　　　　　　　　　　　　　　108010242

日系建築知識 11

装潢建材：全面涵蓋各類世界建材╳原理性質施工應用全圖解

原 著 書 名 ╱ 世界で一番やさしい仕上げ材[內裝編]
原 出 版 社 ╱ X-Knowledge
作　　　者 ╱ 通用技術調查室
譯　　　者 ╱ 洪淳瀅
選 書 人 ╱ 蕭麗媛
編　　　輯 ╱ 鄭雁聿、呂舒峮

業 務 經 理 ╱ 羅越華
總 編 輯 ╱ 蕭麗媛
視 覺 總 監 ╱ 陳栩椿
發 行 人 ╱ 何飛鵬
出　　　版 ╱ 易博士文化　城邦文化事業股份有限公司
　　　　　　　台北市中山區民生東路二段141號8樓
　　　　　　　電話：（02）2500-7008　傳真：（02）2502-7676
　　　　　　　E-mail：ct_easybooks@hmg.com.tw
發　　　行 ╱ 英屬蓋曼群島商家庭傳媒股份有限公司城邦分公司
　　　　　　　台北市中山區民生東路二段141號11樓
　　　　　　　書虫客服服務專線：（02）2500-7718、2500-7719
　　　　　　　服務時間：週一至週五上午09:30-12:00；下午13:30-17:00
　　　　　　　24小時傳真服務：（02）2500-1990、2500-1991
　　　　　　　讀者服務信箱：service@readingclub.com.tw
　　　　　　　劃撥帳號：19863813　戶名：書虫股份有限公司
香港發行所 ╱ 城邦（香港）出版集團有限公司
　　　　　　　香港灣仔駱克道193號東超商業中心1樓
　　　　　　　電話：（852）2508-6231　傳真：（852）2578-9337
　　　　　　　E-mail：hkcite@biznetvigator.com
馬新發行所 ╱ 城邦（馬新）出版集團Cite(M) Sdn. Bhd.
　　　　　　　41, Jalan Radin Anum, Bandar Baru Sri Petaling,
　　　　　　　57000 Kuala Lumpur, Malaysia.
　　　　　　　電話：（603）90578822　傳真：（603）90576622
　　　　　　　E-mail：cite@cite.com.my

美 術 編 輯 ╱ 簡單瑛設
封 面 構 成 ╱ 簡至成
製 版 印 刷 ╱ 卡樂彩色製版印刷有限公司

SEKAI DE ICHIBAN YASASHII SHIAGEZAI NAISOU HEN © Hanyogijyutsu Chyousashitsu 2012
Originally published in Japan in 2012 by X-Knowledge Co., Ltd.
Chinese (in complex character only) translation rights arranged with X-Knowledge Co., Ltd.

■2017年04月20日 初版一刷
■2019年07月23日 修訂一版
ISBN 978-986-480-088-9

定價800元　HK＄267